窄带物联网（NB-IoT）标准与关键技术

戴博 袁弋非 余媛芳◎主编

人民邮电出版社
北京

图书在版编目（CIP）数据

窄带物联网（NB-IoT）标准与关键技术 / 戴博，袁弋非，余媛芳主编. -- 北京 : 人民邮电出版社，2016.12
ISBN 978-7-115-43760-0

Ⅰ. ①窄… Ⅱ. ①戴… ②袁… ③余… Ⅲ. ①互联网络—应用②智能技术—应用 Ⅳ. ①TP393.4②TP18

中国版本图书馆CIP数据核字(2016)第243344号

内 容 提 要

本书介绍了 NB-IoT 标准的背景、技术内容和未来发展，涵盖了网络架构、控制面协议、用户面协议、物理层技术和关键过程等多方面内容；还重点介绍了 NB-IoT 协议与现有 LTE 协议的差异，描述了相关技术方案在标准会议中讨论的情况；并且，通过一些关键过程的详细描述，将各层协议的相关内容串联起来，从而帮助读者对相关技术可以有一个比较全面、系统的理解。另外，本书还介绍了 NB-IoT 的关键射频指标，以及 NB-IoT 标准后续版本中的关键技术和未来的发展方向。

本书主要面向对 LTE 协议有一定了解的移动通信领域从事研究、开发和工程等相关工作的人员，也可供高等院校师生参考。

◆ 主　　编　戴　博　袁弋非　余媛芳
　责任编辑　李　强
　责任印制　彭志环

◆ 人民邮电出版社出版发行　　北京市丰台区成寿寺路 11 号
　邮编　100164　　电子邮件　315@ptpress.com.cn
　网址　http://www.ptpress.com.cn

◆ 开本：800×1000　1/16
　印张：20.5　　　　　　2016 年 12 月第 1 版
　字数：337 千字　　　　2016 年 12 月北京第 1 次印刷

定价：79.00 元

读者服务热线：(010)81055488　印装质量热线：(010)81055316
反盗版热线：(010)81055315

序

移动通信历经四十年发展，深刻地改变了人们的生活方式和社会生产方式，正在成为经济社会发展的重要基础设施。当前，移动通信仍处在快速变革中，核心业务从话音加速向数据更迭，宽带无线从支撑移动互联创新加速向支撑垂直行业移动物联扩展。

近年来，移动物联呈现迅猛的发展势头，特别是窄带物联业务具有数据传输速率低，长距离深度覆盖，电池使用寿命长等特点，适用于水、电、气抄表，物流，消防预警等众多领域，前景广阔。同时，移动物联网的发展也一直面临碎片化问题，应用场景分散，标准林立，产业和应用难于形成规模发展。

窄带物联网（Narrow Band Internet of Things，NB-IoT）是面向低功耗、广覆盖的全球统一标准。NB-IoT 的出现为移动物联标准的推广和应用带来了曙光。NB-IoT 标准在3GPP 的制定中几乎受到所有运营及设备制造企业的关注，大家都意识到未来物联网的强大潜在市场以及非传统通信厂家巨大的市场压力。在巨大的推动力和广泛参与下，3GPP在短短 9 个月的时间里，克服各种技术设计挑战，经历多轮艰难的方案融合和筛选，最终于 2016 年 6 月完成 NB-IoT 的核心标准。

在 NB-IoT 国际标准化过程中，中国企业发挥了重要的作用，在第一时间敏锐地发现并启动了 NB-IoT 标准研究工作；在 NB-IoT 国际标准研制中，中国企业与国际企业一道，对最终技术标准的制定做出了重大贡献。当前，全球移动运营及制造企业积极投身于NB-IoT 研发和市场应用推广，推动移动网络与服务的转型发展。虽然全球移动通信与垂直行业的深度融合仍在探索中，但我们相信 NB-IoT 业务依托移动网络快速部署、统一标准及强大的产业，将会为践行我国“互联网+”“工业制造 2025”国家战略迈出坚实的一步。

本书主要作者袁弋非博士及其团队，在 NB-IoT 的标准化中，大胆创新，既兼顾了LTE 已有的标准设计理念，又突出了 NB-IoT 的特性。他们根据国际标准制定的亲身经历，以及技术预研的思考，整理出了这一本系统介绍NB-IoT标准和关键技术的书。这是一本非常及时的书，相信这本书的出版会帮助大家更好地认识和了解NB-IoT。

工业和信息化部信息通信发展司司长　闻库

前　言

人类社会进入工业社会，经历了三次工业革命。第一次工业革命是以蒸汽机为代表的蒸汽动力广泛使用，这个时代也被称为蒸汽时代；第二次工业革命的主要特征则是电能的广泛使用，这个时代也被称为电气时代；第三次工业革命则是计算机的大规模使用和普及，这个时代也被称为信息化时代。

近期第四次工业革命的概念正在兴起，其主要特点就是物与物之间协作连接。物与物之间的通信是实现物与物之间协作连接的必要条件。由于物联网可以应用到各个领域，如工业、农业、医疗、公共事业和家居等领域，物联网对速率的要求也存在各种需求。目前，高速率使用 3G、4G 通信系统可以满足，中速率使用 2G 通信系统可以满足，低速率还没有完善的低功耗蜂窝标准协议。现有的 4G、3G、2G 通信标准协议无法满足低功耗、低成本、广覆盖和大容量的需求，其他一些低功耗标准协议，如 Lora、Sigfox、Wi-Fi，在信息安全、移动性和容量等方面存在缺陷。因此，一个新的蜂窝物联网标准需求越来越迫切。经过全球业界超过 50 家公司的积极参与和一年多的努力，NB-IoT 标准协议核心部分在 2016 年 6 月正式宣告完成。

为了更好地促进 NB-IoT 产业发展，更好地推动物联网的快速普及，以及为了使研究、开发和工程人员可以更好地理解 NB-IoT 标准协议，更好地进行产品算法设计，缩短产品研发周期，同时也为了让高等院校师生更深入地研究无线通信技术，推动无线通信技术的发展，我们特撰写了本书。本书主要介绍了 NB-IoT 标准背景、网络架构、控制面协议、用户面协议、物理层协议，以及 8 个重要关键过程、射频性能指标和窄带低功耗标准的未来发展。在标准协议内容描述时，重点突出了 NB-IoT 标准协议与现有 LTE 标准协议的差异，以及在标准制定过程中一些其他候选方案和待解决问题产生的原因，通过方案对比和背景介绍，使读者可以更好地理解窄带通信系统的特性和解决方法的基本途径，从而更好地进行产品设计，以及相关技术研究。另外，为了使读者更好地理解标准协议，我们用专门的一章，将散在各个协议标准中与关键过程相关的内容汇集起来，使读者能够整体把握，较为系统地理解方案细节，减少在看原始标准协议过程中形成碎片化的理解以及在查找多个协议文本才能对某个过程有比较全面清晰理解的麻烦。此外，书中也介绍了一些射频指标，供产品实现人员参考；对 NB-IoT 后续版本中的关键技术、5G 海量物联网场景的关键技术和未来窄带低功耗标准的发展也有简要描述。

本书各章节编写分工如下：方惠英编写第 1 章和第 5.1、6.1 节，李志军、梁爽、高音编写第 2 章；余媛芳编写第 3 章和第 7.7、7.8 和 7.11 节；戴谦编写第 4 章和第 7.5 节，梁春丽编写第 5.2 节；陈宪明编写第 5.3、5.5 和 5.6 节；石靖编写第 5.4、5.8、7.10.1.1 和 7.10.1.2 节；张雯编写第 5.7 和 6.6 节；杨维维编写第 6.2、6.3、6.5、7.10.2.1 和 7.10.2.2 节，刘锟编写第 6.4 和 6.7 节，陈泽为编写第 6.8、7.10.1.3 和 7.10.2.3 节，卢飞编写第 7.1 节，艾建勋编写第 7.2 节；陆婷编写第 7.3 节，刘旭和高音编写第 7.4 节，沙秀斌编写第 7.6 和 7.9 节，李卫敏编写第 7.10.1.4 和 7.10.2.4 节；薛飞编写第 8 章；李书鹏编写第 9 章。全书由戴博和袁弋非统稿。在这里要感谢王欣晖、杜忠达、胡留军、郁光辉、柏刚等技术专家的支持，感谢人民邮电出版社的大力支持和高效工作，使本书能尽早与读者见面。

本书是基于作者的主观视角对标准化讨论过程和结果的理解，观点难免有欠周全之处。对于书中存在不当之处，敬请读者谅解，并给予宝贵意见。

作者

目　录

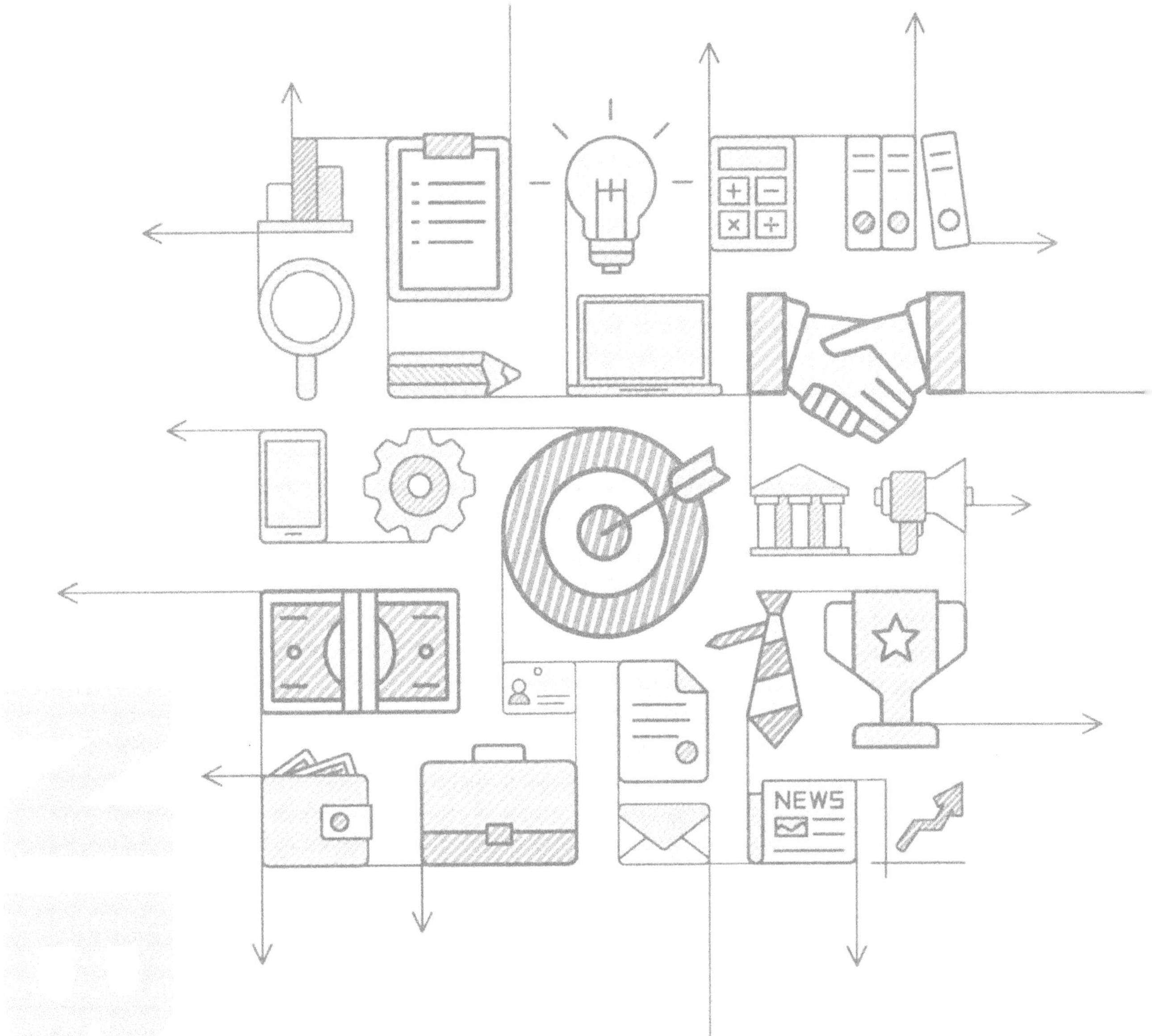

Chapter 1

第1章

背景及概述

1.1 NB-IoT 背景简介

窄带物联网（NB-IoT）的研究和标准化工作是根据 3GPP 标准组织进行的。3GPP（The 3rd Generation Partnership Project）是欧美中日韩标准化组织合作进行的 3G 标准化项目，创建于 1998 年 12 月，现已延伸到 5G。包括欧洲 ETSI，美国 T1，日本 TTC，ARIB 和韩国 TTA 以及我国 CCSA 都作为组织伙伴（OP）积极参与了 3GPP 的各项活动。3GPP 的项目须得到这些地区的无线通信领域标准化组织的批准。3GPP 项目所标准化的产品包括 GSM、WCDMA、TD-CDMA、TD-SCDMA、LTE 以及 LTE-Advanced，当前的重点项目为 5G（New RAT）。在 TSG GERAN 组关闭前，3GPP 分为 GSM EDGE 无线接入网（GERAN）组、业务和系统结构组（SA）、核心网和终端（CT）组和无线接入网（RAN）组。2016 年，3GPP 在 TSG RAN 工作组下设立 WG6 Legacy RAN radio and protocol，负责维护 GERAN 工作组相关的协议，逐渐关闭了 TSG GERAN 工作组，更新后的 3GPP 组织架构如图 1.1 所示。

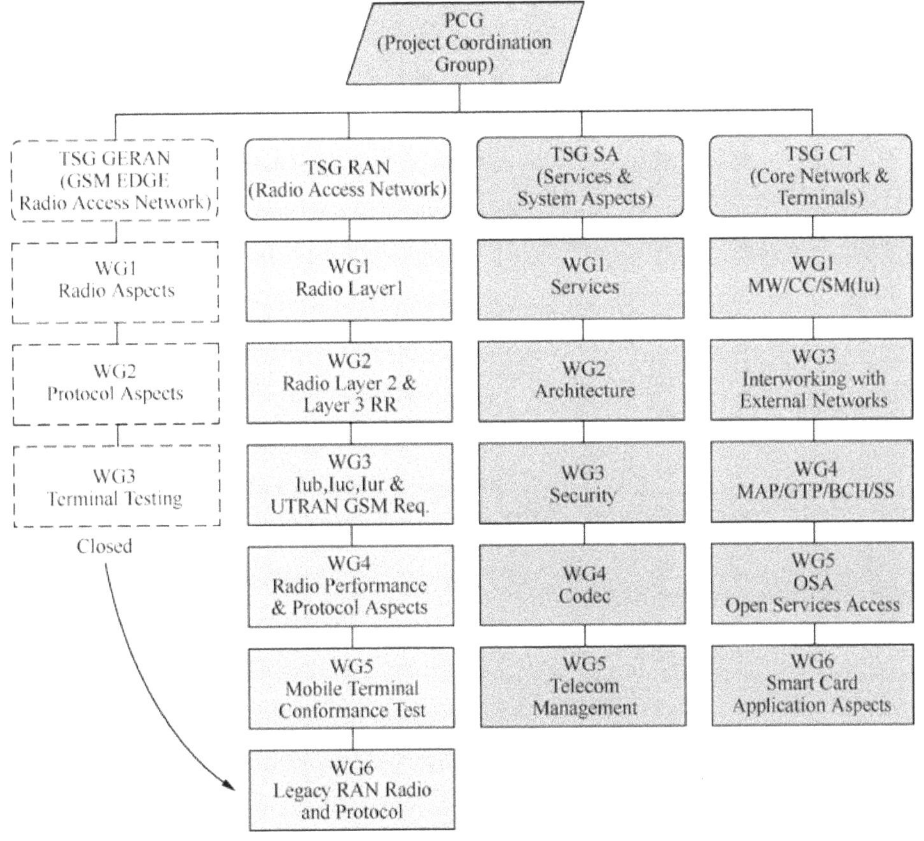

图 1.1 3GPP 的组织架构

NB-IoT 的由来

在 GERAN 工作组关闭前的 GERAN #62 次全会上，通过了 GP-140421 SID “Cellular System Support for Ultra Low Complexity and Low Throughput Internet of Things”，着手研究非后向兼容传统 GSM 系统的蜂窝物联网（Cellular IoT）方案，以实现在 200 kHz 系统带宽上支持窄带物联网技术。 GERAN 工作组中前期研究的 Cellular IoT 方案[4]是非后向兼容的方案，主要针对 Stand-alone 部署的场景。2015 年 8 月，GERAN 工作组输出与窄带物联网相关的研究报告 TR 45.820。3GPP PCG #34 决定将与窄带物联网相关的标准化工作转至 3GPP RAN 进行，NB-IoT 标准化的时间进度参见图 1.2。

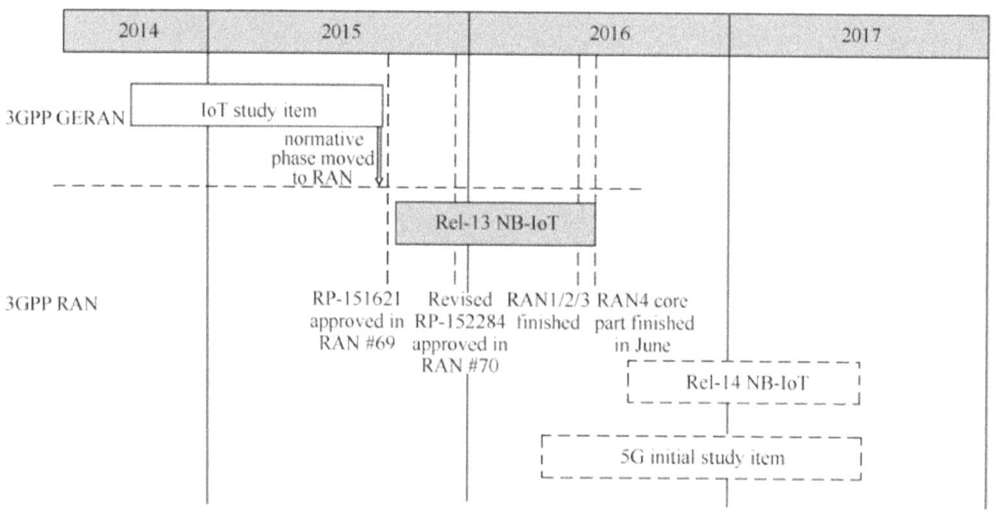

图 1.2　NB-IoT 标准化时间进度图

在 TR45.820 中，最有影响的技术是 NB-LTE 和 NB-CIoT 两个技术。其中，NB-CIoT 技术下行采用 3. 75 kHz 子载波间隔的 OFDMA 技术，上行采用 FDMA（基于单载波 single carrier +GMSK 调制）技术，该技术主要适用于 Stand-alone 的部署场景。NB-LTE 下行采用 15 kHz 子载波间隔的 OFDMA 技术，上行采用 SC-FDMA 技术，能更好地和现有 LTE 系统兼容，该技术除了用于 Stand-alone 部署场景，还能很好地支持 In-band 和 Guard-band 的部署场景。

NB-IoT WI 于 2015 年 9 月 RAN #69 次会议正式立项[1]，立项文件中确定：下行采用 OFDMA 的多址技术，但没有确定子载波间隔是 15kHz 还是 3.75kHz；上行将 GMSK 的 FDMA 方案和 SC-FDMA 技术列为两个备选技术，通过 RAN1 小组的技术评估确定选用哪种技术。RAN1 #82bis 和 RAN1 #83 两次会议上多家公司提交了大量仿真评估文稿。RAN1 #83 次会议对各家公司的仿真结果进行了分析和汇总[2]。对于下行 15kHz 和 3.75kHz 的子载波间隔，在 Stand-alone、Guard-band 和 In-band 3 种部署场景下，下行各信道都能满足在极端覆盖下要求的 164 MCL 的覆盖目标；对于容量性能，下行 15kHz 子载波间隔能满足 3 种部署场景下的容量目标，在 In-band 部署场景下，采用 3.75kHz 子载波间隔的 NB-IoT 系统和传统 LTE 系统之间将会有很大的干扰，主要体现在 LTE CRS 与 NB-IoT 间的干扰以及 NB-IoT 系统对 LTE 控制信道的影响。考虑到在 In-band 场景下，采用 15kHz

的子载波间隔不会对 LTE 系统产生干扰，15kHz 子载波间隔也能满足 NB-IoT 系统的需求，多数公司支持下行采用 15kHz 的子载波间隔。从各公司的仿真结果上看，上行 SC-FDMA 和基于 GMSK 的 FDMA 的技术都能满足极端覆盖下的覆盖目标。但基于 GMSK 的 FDMA 方案由于各用户的载波彼此不正交，相邻载波之间都需要保护带，开销较大，上行系统容量不如基于 SC-FDMA 的方案。因此，多数公司支持 SC-FDMA 技术。在 RAN1 #83 次会议上基本确定下行采用基于 15kHz 子载波间隔的 OFDMA 方案，上行采用 SC-FDMA 技术，支持单子载波（Single-tone）发送和多子载波（Multi-tone）发送，终端需要指示对单子载波发送和多子载波发送的支持能力。

在 RAN#70 次会议上更新了 NB-IoT 立项[3]，明确 NB-IoT 下行采用基于 15 kHz 子载波间隔的 OFDMA 方案，上行采用 SC-FDMA 技术。

除了 TSG RAN 工作组之外，在 3GPP SA 工作组#67 次会议上通过了“New Study on Architecture enhancements of cellular systems for ultra low complexity and low throughput Internet of Things（Cellular IoT）”[5]，旨在对物联网的网络架构进行增强。2015 年 7 月，3GPP SA2 启动对 Cellular IoT 的网络架构增强的研究。

1.2 NB-IoT WI 目标

根据 NB-IoT WI，其立项目标为“The objective is to specify a radio access for cellular internet of things, based to a great extent on a non-backward-compatible variant of E-UTRA, that addresses improved indoor coverage, support for massive number of low throughput devices, low delay sensitivity, ultra low device cost, low device power consumption and（optimised）network architecture. ”定义蜂窝物联网的无线接入，在很大程度上基于非后向兼容的 E-UTRA，增强室内覆盖，支持大量的低吞吐量设备，低延迟敏感度，超低成本、低功耗设备和（优化）网络体系架构。

NB-IoT 要支持 3 种操作模式：

（1）Stand-alone：利用目前 GERAN 系统占用的频谱，替代目前的一个或多个 GSM 载波；

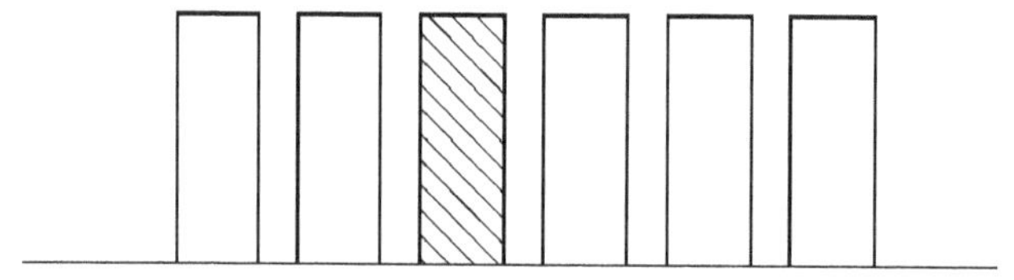

图 1.3　Stand-alone 操作模式

（2）Guard-band：利用目前 LTE 载波保护带上没有使用的资源块；

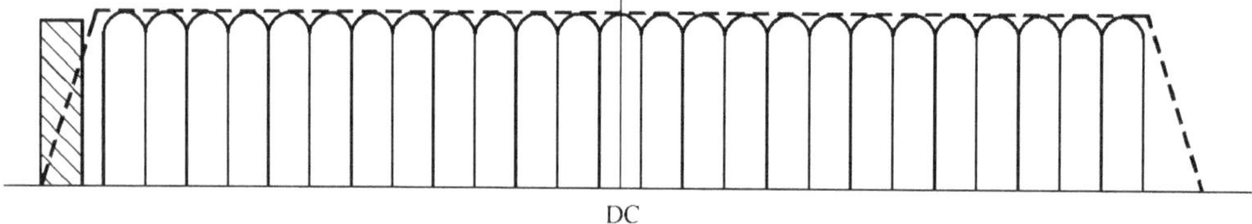

图 1.4　Guard-band 操作模式

（3）In-band：利用 LTE 载波内的资源块。

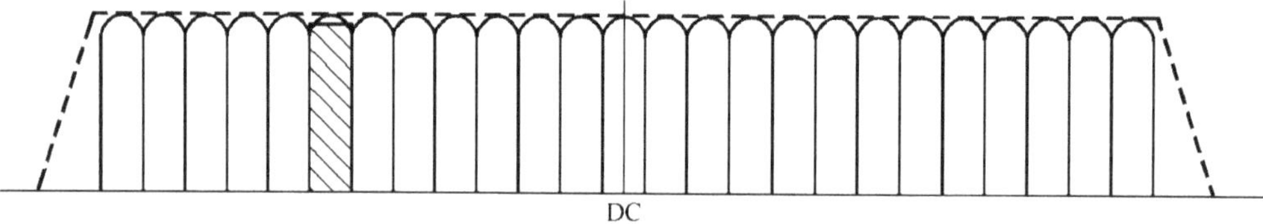

图 1.5　In-band 操作模式

1.3　NB-IoT 系统需求

NB-IoT 系统要满足以下需求。

- 下行和上行链路终端射频带宽都是 180kHz。
- 下行链路是 OFDMA 方式，对于 3 种操作模式都是 15kHz 的子载波间隔。
- 对于上行链路：支持 Single-tone 和 Multi-tone 传输。
  - 对于 Single-tone 传输，网络可配置子载波间隔为 3.75kHz 还是 15kHz。
  - Multi-tone 传输采用基于 15kHz 子载波间隔的 SC-FDMA。

- UE 需要指示对 Single-tone 和 Multi-tone 传输的支持能力。
- NB-IoT 终端只要求支持半双工操作，在 Rel-13 阶段不需要支持 TDD，但要求保证对 TDD 前向兼容的能力。
- 对不同的操作模式只支持一套同步信号，包括与 LTE 信号重叠的处理。
- 针对 NB-IoT 物理层方案，基于当前 LTE 的 MAC、RLC、PDCP 和 RRC 过程优化。
- 优先考虑支持 Bands 1、3、5、8、12、13、17、19、20、26、28。
- S1 interface to CN 以及相关无线协议的优化。

1.4　NB-IoT 标准进展

NB-IoT WI 最初计划在 2016 年 3 月完成标准化工作，由于 RAN1、RAN2 和 RAN4 的进展低于预期，延期到 2016 年 6 月完成标准化工作。为加速 NB-IoT 的标准化进展，RAN1/2/4 在 3GPP 常规会议（2015.10、2015.11、2016.2、2016.4、2016.5）的基础上，增加了多次 NB-IoT Ad-Hoc（临时）会议，确保在 2016 年 6 月能够完成 NB-IoT 立项核心部分的标准化工作。

截至 2016 年 6 月底，NB-IoT Core part 在 RAN 的标准化工作已经基本完成，在 2016 年 6 月 RAN#72 全会后已经发布 NB-IoT 最初版本，涉及 36.211、36.212、36.213、36.214、36.300、36.304、36.306、36.321、36.322、36.323、36.331、36.101 和 36.104 等。

1.5　NB-IoT 市场动态

中国市场启动迅速，中国移动、中国联通、中国电信都计划于 2017 年上半年商用，并且，已经开始实验室测试，计划 2016 年第四季度进行外场测试，中兴、爱立信、华为、诺基亚等公司产品开发进展迅速。沃达丰、日本软银、南非电信、新加坡电信、（中国）香港电信，德国电信、法国电信、意大利电信、韩国 KT 等运营商也有 2017 年商用计划。

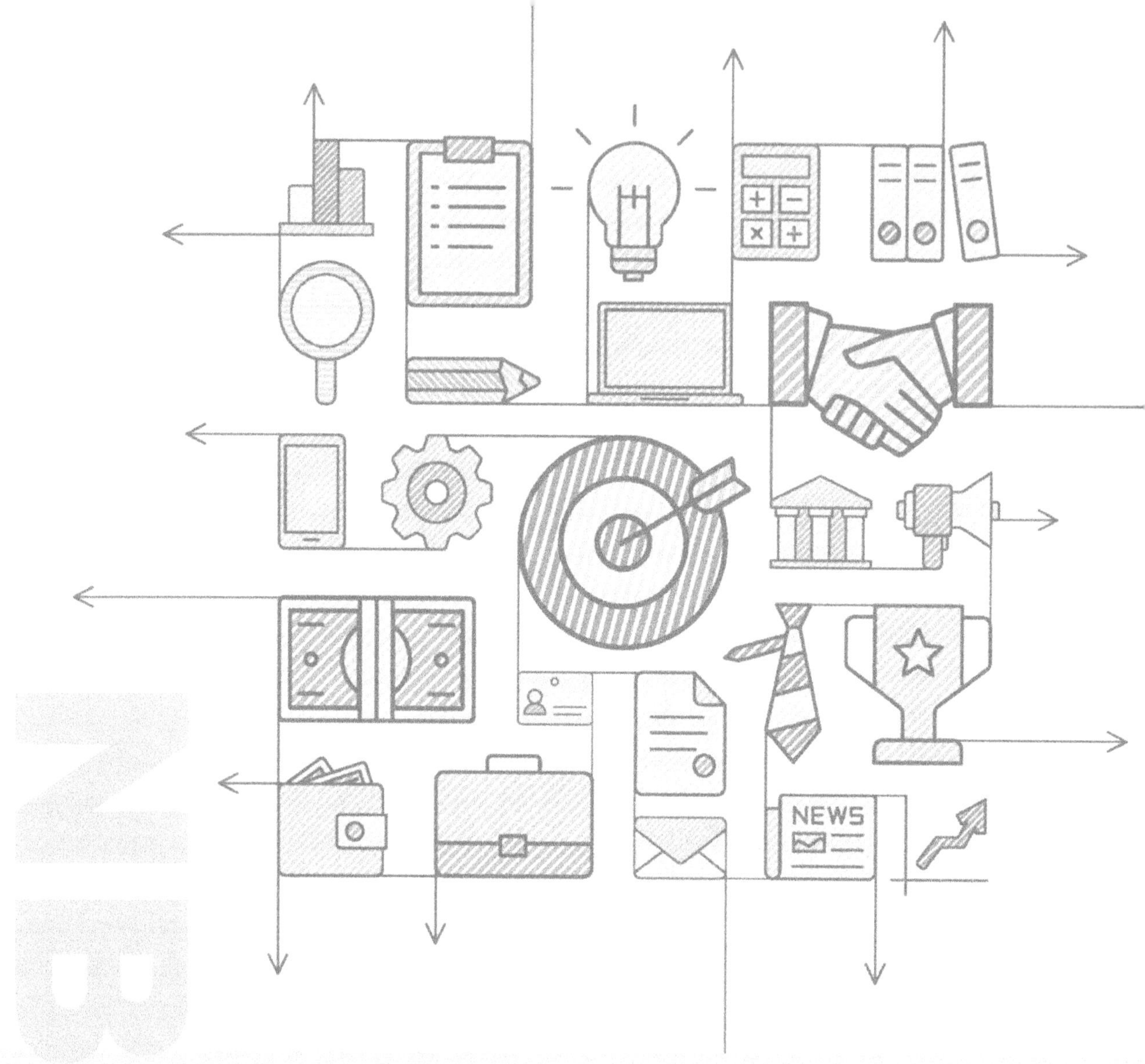

Chapter 2

第2章

NB-IoT 网络架构

2.1 引　言

窄带物联网（NB-IoT）的引入，对 LTE/EPC 网络带来了很大的改进要求。传统 LTE/EPC 网络的设计，主要目的是为了适应宽带移动互联网的需求，即为用户提供高带宽、高响应速度的上网体验。然而，与宽带移动互联网相比较，NB-IoT 具有显著的差别：终端数量众多、终端节能要求高、以收发小数据包为主且数据包可能是非 IP 格式的。

现有 LTE/EPC 流程，对 NB-IoT 终端而言，发送单位数量的数据，终端能耗和网络信令开销太高。一方面，为了发送或接收很少字节的数据，终端从空闲态进入连接态，所消耗的网络信令开销远远大于数据载荷本身大小；另一方面，基于 LTE/EPC 的复杂的信令流程，对终端的能耗也带来很大开销。

为了适应 NB-IoT 终端的接入需求，3GPP 对网络整体架构和流程进行了增强，提出了控制面优化传输方案和用户面优化传输方案。控制面优化传输方案的基本原理是通过控制面信令来实现 IP 数据或非 IP 数据在 NB-IoT 终端和网络间的传输。遵循该方案，UE 可以在请求 RRC 连接的过程中，在无线信令承载 SRB 中携带 NAS 数据包，在 NAS 数据包中携带 IP 数据或非 IP 数据，达到利用控制面来传输用户面数据的目的。用户面优化传输方案的基本原理是引入 RRC 连接挂起和恢复流程，在终端进入空闲态后，基站和网络仍然存储终端的重要上下文信息，以便通过恢复流程快速重建无线连接和核心网连接，降低了网络信令的交互。

特别地，在 EPC 网络侧，针对非 IP 数据的传输，基于控制面优化传输方案，3GPP 提出了两种模式的非 IP 数据传输方案。一种是利用服务能力开放单元（SCEF），在移动性管理实体（MME）和能力开放单元（SCEF）间建立 T6 连接来实现非 IP 数据的传输；另一种是升级 P-GW 使其支持非 IP 数据传输，基于现有 SGi 接口通过隧道来实现非 IP 数据的传输。

2.2 总体框架概述

NB-IoT 的网络架构和 4G 网络架构基本一致，但针对 NB-IoT 优化流程，在架构上面也有所增强。图 2.1 描述了 NB-IoT 网络的总体架构[1][2]。

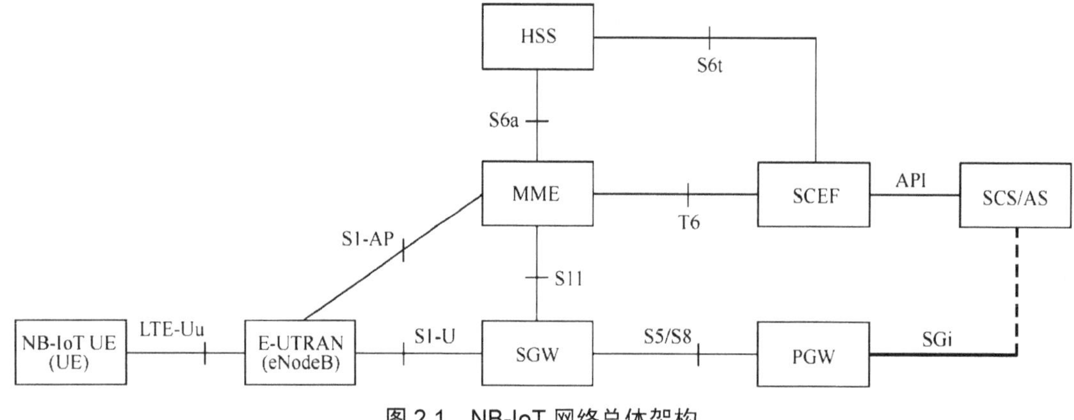

图 2.1 NB-IoT 网络总体架构

在 NB-IoT 的网络架构中，包括：NB-IoT 终端、E-UTRAN 基站（即 eNodeB）、归属用户签约服务器(HSS)、移动性管理实体(MME)、服务网关(S-GW)和 PDN 网关(P-GW)。计费和策略控制功能(PCRF)在NB-IoT架构中并不是必须的。以及为了支持MTC、NB-IoT 而引入的网元也不是必须的，包括：服务能力开放单元（SCEF）、第三方服务能力服务器（SCS）和第三方应用服务器（AS）。其中，SCEF 也经常被称为能力开放平台。

和传统 4G 网络相比，在架构上，NB-IoT 网络主要增加了业务能力开放单元（SCEF）以支持控制面优化方案和非 IP 数据传输，对应地，引入了新的接口：MME 和 SCEF 之间的 T6 接口、HSS 和 SCEF 之间的 S6t 接口。

在实际网络部署时，为了减少物理网元的数量，可以将部分核心网网元（如 MME、S-GW、 P-GW）合一部署，称之为 CIoT 服务网关节点（C-SGN），如图 2.2 所示。

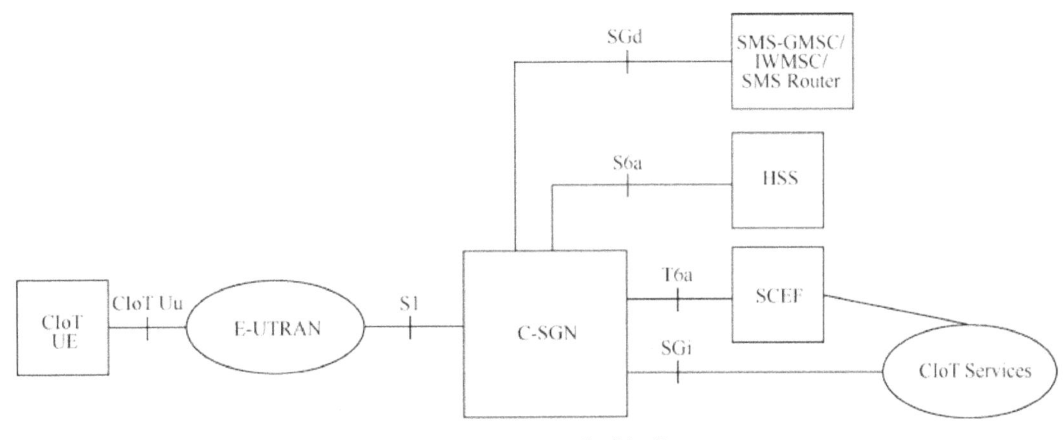

图 2.2　C-SGN 集成架构

总体上看，C-CSGN 的功能可以设计成 EPS 核心网功能的一个子集，必须支持的功能如下[1]：

- 用于小数据传输的控制面 CIoT 优化功能；
- 用于小数据传输的用户面 CIoT 优化功能；
- 用于小数据传输的必须安全控制流程；
- 对仅支持 NB-IoT 的 UE 实现不需要联合附着（Combined Attach）的短信 SMS 支持；
- 支持覆盖优化的寻呼增强；
- 在 SGi 接口实现隧道，支持经由 PGW 的非 IP 数据传输；
- 提供基于 T6 接口的 SCEF 连接，支持经由 SCEF 的非 IP 数据传输；
- 支持附着时不创建 PDN 连接。

对于 NB-IoT，SMS 短信服务是非常重要的业务。仅支持 NB-IoT 的终端，由于不支持联合附着（Combined Attach），所以不支持基于 CSFB 的短信机制。对仅支持 NB-IoT

的终端，NB-IoT 技术允许 NB-IoT 终端在 Attach、TAU 消息中和 MME 协商基于控制面优化传输方案的 SMS 短信支持，即按照控制面传输优化方案在 NAS 信令包中携带 SMS 短信数据包。对于同时支持 NB-IoT，又支持联合附着的终端，可继续使用 CSFB 的短信机制来获取 SMS 服务。

对网络而言，如果网络不支持 CSFB 的 SGs 接口短信机制，或对仅支持 NB-IoT 的终端无法使用 CSFB 机制来实现 SMS 短信服务，则可考虑在 NB-IoT 网络中引入基于 MME 的短信机制（SMS in MME），即 MME 实现 SGd 接口，通过该接口和短信网关、短信路由器实现 SMS 的传输，该架构如图 2.3 所示[3]。

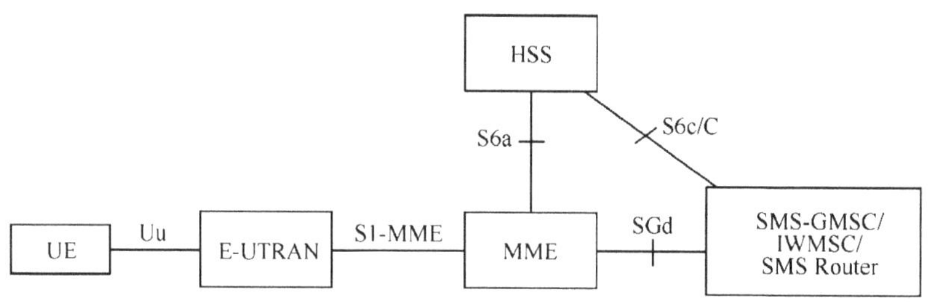

图 2.3 MME 直接实现 SGd 接口的 SMS 架构

2.3 协议栈架构

在 NB-IoT 技术中，用户面优化方案对 LTE/EPC 协议栈没有修改或增强。

区别于传统 LTE/EPC 架构，支持控制面优化方案对协议栈有比较大的修改和增强。

控制面优化方案又包括两种：

- 基于 SGi 的控制面优化方案；
- 基于 T6 的控制面优化方案。

这两种不同的控制面优化方案，其协议栈架构，在 MME 到 PGW、或 MME 到 SCEF 间有所不同。

2.3.1 基于 SGi 的控制面优化协议栈

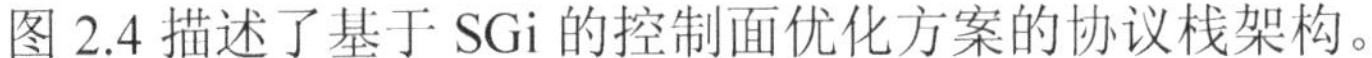

图 2.4 描述了基于 SGi 的控制面优化方案的协议栈架构。

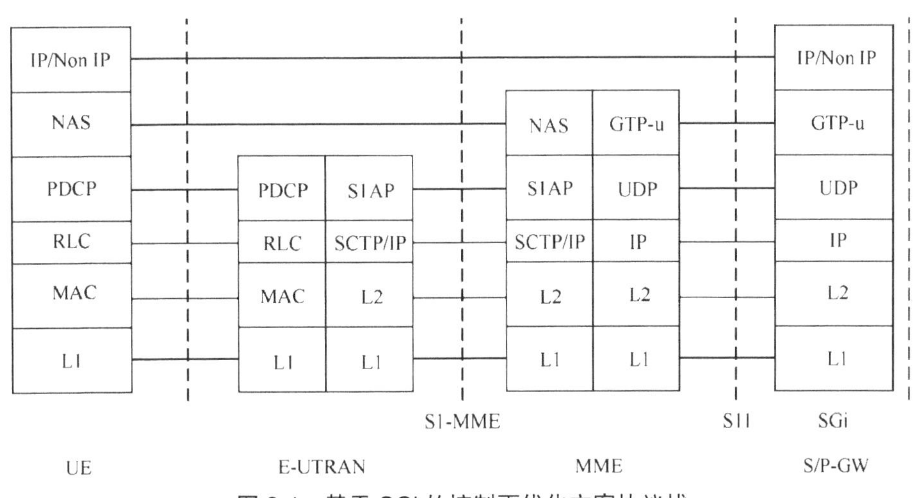

图 2.4 基于 SGi 的控制面优化方案协议栈

从上述协议栈可以看出：

- UE 的 IP 数据/非 IP 数据包，是封装在 NAS 数据包中的；
- MME 执行了 NAS 数据包到 GTP-U 数据包的转换。对于上行小数据传输，MME 将 UE 封装在 NAS 数据包中的 IP 数据/非 IP 数据包，提取并重新封装在 GTP-U 数据包中，发送给 SGW。对于下行小数据传输，MME 从 GTP-U 数据包中提取 IP 数据/非 IP 数据，封装在 NAS 数据包中，发送给 UE。

2.3.2 基于 T6 的控制面优化协议栈

图 2.5 描述了基于 T6 的控制面优化方案的协议栈架构。

从上述协议栈可以看出：

- UE 的 IP 数据/非 IP 数据包，是封装在 NAS 数据包中的；

- MME 执行了 NAS 数据包到 Diameter 数据包的转换。对于上行小数据传输，MME 将 UE 封装在 NAS 数据包中的 IP 数据/非 IP 数据包，提取并重新封装在 Diameter 消息的 AVP 中，发送给 SCEF。对于下行小数据传输，MME 从 Diameter 消息的 AVP 中提取 IP 数据/非 IP 数据，封装在 NAS 数据包中，发送给 UE。

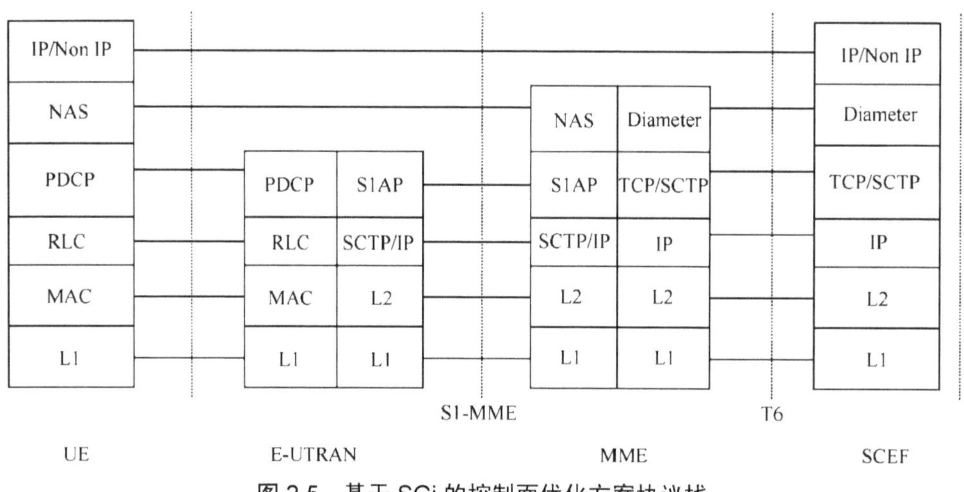

图 2.5 基于 SGi 的控制面优化方案协议栈

2.4 网络接口

为了支持 NB-IoT，下列接口均需要进行相应的增强。

Uu 接口

Uu 接口用以在 UE 和 eNodeB 之间提供 RRC 连接管理。在 NB-IoT 技术中， Uu 接口引入了 NB-IoT 能力协商、控制面优化流程支持和用户面优化流程支持等内容。

在 Uu 口上，一方面，NB-IoT 终端需要和 eNodeB 之间交互终端的能力信息，终端需要将自身的 NB-IoT 详细能力报告给 eNodeB；另一方面，NB-IoT 终端从系统广播和 RRC 信令交互中，获取基站 eNodeB 对 NB-IoT 的支持能力。

对于控制面优化方案，在 Uu 接口上，eNodeB 允许 NB-IoT 终端在请求 RRC 连接建立的过程中，在无线信令承载 SRB 中携带 NAS 数据包，在 NAS 数据包中封装上行小数据包。该小数据包可以是一个 IP 数据包，也可以是一个非 IP 数据包。同样地，在 RRC 连接过程中，下行小数据包也可以被封装在 NAS 数据包中，发送给 UE。

对于用户面优化方案，在 Uu 接口上，NB-IoT 终端可以发起 RRC 连接挂起（RRC Resume）、RRC 连接恢复（RRC Resume）过程。不同于 UE 进入空闲态，在 RRC 连接被挂起后，在 UE、eNodeB 上，仍然会保存 UE 的接入层上下文的关键信息。在 NB-IoT 终端发起 RRC 连接恢复时，eNodeB 可以利用先前保存的信息，快速重建 RRC 连接、恢复先前给 UE 分配的无线空口承载、恢复 S1 连接，从而快速恢复上行数据传输通道。

X2 接口

X2 接口用以在 eNodeB 和 eNodeB 之间实现信令和数据交互，比如支持 UE 在 eNodeB 之间的切换，以及基站间信息传输。在 NB-IoT 技术中，X2 接口引入了如下内容：跨基站用户上下文恢复。

- 跨基站用户上下文恢复：在用户面优化方案下，UE 在旧基站被挂起后，如果 UE 移动到新基站，UE 向新基站发起 RRC 连接恢复过程，携带先前从旧基站获得的恢复 ID（Resume ID）。新基站在 X2 接口向旧基站发起用户上下文获取流程（Retrieve UE Context），从旧基站获取 UE 在旧基站挂起时保存的用户上下文信息。利用这些信息，可以在新基站上将该 UE 快速恢复，该技术实现了 NB-IoT 用户的移动管理。

S1 接口

S1 接口的控制面用以实现 eNodeB 和 MME 之间的信令传递，S1 接口的用户面用以实现 eNodeB 和 SGW 之间的用户面数据传输。在 NB-IoT 技术中，S1 接口引入了如下内容：RAT 类型上报、UE 无线能力指示、控制面优化方案支持和用户面优化方案支持等。

- RAT 类型上报：请求 NB-IoT 流程的 UE，可能从 NB-IoT RAT 接入，也可能从 E-UTRAN 接入，为了让核心网能区分当前 UE 从哪个 RAT 接入。在 S1 接口上，eNodeB 向 MME 上报当前 UE 所接入的 RAT 类型时，通过 TAC 来指示 RAT 类型，不同的 RAT 所分配的 TAC 应不一样。
- UE 无线能力指示：在某些优化场景下，基站需要第一时间知道 UE 的无线能力信息。在 S1 接口上，控制面优化方案下，MME 可以使用连接建立指示（Connection Establishment Indication）消息、或下行 NAS 传输（Downlink NAS Transport）消息向 eNodeB 发送 UE 的无线能力。而对于用户面优化方案，MME 通过用户初始文本建立请求（Initial Context Setup Request）消息向 eNodeB 发送 UE 的无线能力，或者通过下行 NAS 传输（Downlink NAS Transport）消息向 eNodeB 发送 UE 的无线能力。

- 控制面优化方案支持：如果 UE 初始附着时，MME 没有为 UE 建立 PDN 连接，则在 S1 接口上不会携带无线承载信息，eNodeB 也不会为 UE 建立无线数据承载 DRB。当 eNodeB 建立无线承载时，需要知道该承载是否是非 IP 类型（Non-IP），从而判断是否需要执行头压缩。因此在用户初始文本建立请求（Initial Context Setup Request）、E-RAN 建立请求（E-RAB Setup Request）和 S1/X2 切换过程中的切换请求（Handover Request）消息中增加了承载类型（Bearer Type IE），指示该承载为 IP 或者非 IP 类型。在 S1 接口上，使用初始 UE 消息（Initial UE Message）或上行 NAS 传输消息（Uplink NAS Transport）来投递上行小数据包，使用下行 NAS 传输消息（Downlink NAS Transport）来投递下行小数据包。在 S1 接口上，还引入了连接建立指示消息（Connection Establishment Indication），在 UE 有多个上行数据包发送的场景下，通过该消息实现将 MME 为 UE 分配的 S1-AP 接口 ID（MME UE S1AP ID）发送给基站，基站可利用上行 NAS 传输消息（Uplink NAS Transport）来实现后续上行数据的发送。

- 用户面优化方案支持：在 S1 接口上，MME 通过用户初始文本建立请求（Initial Context Setup Request）消息、S1 切换过程中的切换请求（Handover Request）消息、X2 切换过程中的路径切换请求确认（Path Switch Request Acknowledge）消息，向 eNodeB 指示 UE 是否支持用户面优化方案（UE User Plane CIoT Support Indicator）。另外，在 S1 接口上，引入了新的 UE 上下文挂起流程（UE Context Suspend）和 UE 上下文恢复流程（UE Context Resume）。eNodeB 将 UE 状态设为 RRC 空闲态后，eNodeB 发起 UE 上下文挂起流程请求 MME 在 EPC 挂起 UE 上下文以及相应承载上下文。成功完成 UE 上下文挂起流程后，UE 相关的信令连接被设置为挂起。eNodeB 和 MME 保存恢复 UE 信令连接必须的所有数据相关上下文，无需再交换信息。后续 UE 请求 RRC 连接恢复时，eNodeB 向 MME 发起 UE 上下文恢复流程，指示 UE 已经恢复了 RRC 连接，请求 MME 在 EPC

恢复UE上下文和相关承载上下文。若UE上下文在核心网侧无法恢复，则MME向eNodeB发送用户文本恢复失败消息，eNodeB释放RRC连接以及清除本地资源。

S10 接口

S10 接口用以实现在 MME 之间的信令交换，以支持切换等操作，S10 基于 GTP-C 接口。在 NB-IoT 技术中，S10 接口引入了如下内容：NB-IoT 信息传递、NB-IoT 承载上下文传递等。

- NB-IoT 信息传递：在 MME 重定位过程中，由于目标 MME 和源 MME 所支持的 RAT 类型、NB-IoT 能力等均可能不一致，所以，在 S10 接口上，需要传递 RAT 类型、NB-IoT 能力、IP 头压缩配置信息等。

- NB-IoT 承载上下文传递：在 MME 重定位过程中，需要在 MME 之间传递 NB-IoT 的 PDN 连接、EPS 承载上下文。在传递 PDN 连接、EPS 承载上下文时，源 MME 需要根据目标MME的能力来有取舍地传递。或者，目标MME根据自身能力，舍弃和自身NB-IoT能力不匹配的 PDN 连接、EPS 承载。

S11 接口

S11 接口用以实现 MME 和 SGW 之间的信令交换，S11 接口的控制面基于 GTP-C 协议。在 NB-IoT 技术中，S11 接口引入了如下内容：S11 用户面接口（即 S11-U）、非 IP 的 PDN 连接建立、RAT 类型汇报、速率控制信息传递和异常数据用量汇报等。

- S11 用户面接口：根据控制面优化方案，当 MME 收到 UE 在 NAS 包中携带的小数据包时，需要将小数据包封装在 GTP-U 数据包中发送给 SGW。为此，MME 需要引入 S11 用户面接口，即增加 S11-U 接口，该接口基于 GTP-U 协议。在 S11 接口中，MME 在指示信元（Indication）中增加 S11-U 模式指示，向 SGW 指明当前应使用 S11-U 而不是 S1-U 来传输数据。根据 S11-U 模式，MME 需要分配 S11-U 用户面地址和 S11-U TEID，SGW 也需要分配 S11-U 用户面地址和 S11-U TEID。

- 非 IP 的 PDN 连接建立：根据控制面优化方案，MME 可向 SGW/PGW 发起非 IP 的 PDN 连接建立。在 PDN 连接类型中，增加非 IP（Non-IP）的 PDN 连接类型，用于向 SGW 指明当前 PDN 连接用于非 IP 小数据传输。若 MME 将一个 PDN 标记为仅用于控制面（Control Plane Only），则用于向 SGW/PGW 指明当前 PDN 连接仅用于控制面 CIoT 优化。

• RAT 类型汇报：在 RAT 接入类型中增加 NB-IoT RAT，当 UE 当前接入类型为 NB-IoT 时，MME 需向 SGW 指明当前 RAT 接入类型为 NB-IoT。当 SGW/PGW 产生计费数据时，需要根据 RAT 类型正确产生计费数据。

• 速率控制信息传递：在控制面优化方案中，UE 和 MME 之间，使用的是无线信令、NAS 信令来承载用户面数据，出于保护信令资源的目的，为了避免该方式被滥用，MME 会根据服务网络的策略，决定是否启用速率控制。当启用速率控制（Rate Control）后，MME 将速率控制信息传递给 SGW/PGW，由 PGW 来执行具体的上下行速率控制。

• 异常数据用量汇报：NB-IoT 终端除了发送正常的小数据包外，还可能在检测到紧急情况时发送异常报告（Exception Report），该异常报告被网络视作异常数据（Exception Data），在优先级调度上要优先于正常小数据包，且可能采取远低于正常小数据包的计费策略。

S5/S8 接口

S5/S8 接口用以实现 SGW 和 PGW 之间的信令和数据交换。S5/S8 接口的控制面基于 GTP-C 协议，用户面基于 GTP-U 协议。在 NB-IoT 技术下，对 S5/S8 接口的改进和 S11 接口基本相同，包括：支持 NB-IoT RAT 类型、支持非 IP 的 PDN 连接、支持异常数据用量报告、S11-U 和 S1-U 模式切换汇报等。

• 非 IP 的 PDN 连接建立：SGW 接收在 S11 接口上 MME 发送给 SGW 的非 IP 的 PDN 连接建立请求，并将该 PDN 连接请求发送给 PGW，具体细节同 S11 接口。

• RAT 类型汇报：SGW 收到 MME 报告的 RAT 类型，在 S5/S8 接口上向 PGW 报告该 RAT 类型，具体细节同 S11 接口。

• 速率控制信息传递：SGW 收到 MME 发送的速率控制信息，在 S5/S8 接口上向 PGW 发送速率控制信息，具体细节同 S11 接口。

• 异常数据用量汇报：SGW 收到 MME 所报告的异常数据用量，在 S5/S8 接口上向 PGW 发送异常数据用量，具体细节同 S11 接口。S11-U 和 S1-U 模式切换汇报：在计费系统中，对使用控制面传输模式（即 S11-U 模式）还是使用用户面传输模式（即基于 S1-U 模式）的计费策略可能是有差别的。对 PGW 而言，需要明确当前 PDN 连接基于 S11-U 模式还是基于 S1-U 模式，因此，在 S5/S8 接口上，SGW 需要将该模式信息传递给 PGW。

S6a 接口

S6a 接口用以实现 MME 和 HSS 之间的信令交互，如获取用户签约数据等。S6a 接口基于 Diameter 协议。在 NB-IoT 技术中，S6a 接口引入了如下内容：针对 NB-IoT 的接入限制、针对非 IP 的 APN 配置和指定用于 SCEF 连接（T6 连接）的 APN 配置等。

- NB-IoT 接入限制：在用户签约数据中，对接入限制，增加 NB-IoT 是否准入的限制。对 NB-IoT 终端，允许通过 NB-IoT 的 RAT 接入。对普通用户终端，可设置不允许通过 NB-IoT 的 RAT 接入。
- 非 IP 的 APN 配置：针对非 IP 的 PDN 连接，在用户签约数据中，增加用于非 IP（Non-IP）的 PDN 连接的默认 APN 配置。即增加一个专用于非 IP 连接的 APN 配置，该 APN 配置被标记了 Non-IP 指示。
- 指定用于 SCEF 连接的 APN 配置：如果一个非 IP 的 PDN 连接是由 SCEF 来实现，而不是由 PGW 来实现，则在用户签约数据中，对相应的 APN 配置，需要设置 SCEF 连接指示，并配置 SCEF 标识或地址。

S6t 接口

S6t 接口用以实现 SCEF 和 HSS 之间的信令交互，如配置 MTC 相关业务配置信息、验证非 IP 数据传输（Non-IP Data Delivery，NIDD）授权等。S6t 接口基于 Diameter 协议。

在 NB-IoT 技术中，S6t 接口引入了如下内容：NIDD 授权验证。

- NIDD 授权验证：当 SCEF 收到 MME 投递的上行小数据包后，SCEF 需要检查是否有对应的 SCS/AS 向 SCEF 请求过 NIDD 配置，即检查是否有已授权的 SCS/AS 作为接收端。当 SCS/AS 向 SCEF 请求 NIDD 配置时，SCEF 需要向 HSS 执行 NIDD 授权验证。只有 NIDD 授权验证成功，SCS/AS 才可以向 UE 发送下行小数据包，或从 UE 接收上行小数据包。

T6 接口

T6 接口用以实现 MME/SGSN 和 SCEF 之间的信令交互，其中，MME 和 SCEF 接口为 T6a，SGSN 和 SCEF 之间接口为 T6b。T6 接口基于 Diameter 协议。在 NB-IoT 技术中，T6 接口是新引入的接口，实现如下内容：T6 连接管理、上下行非 IP 数据投递等。

• T6 连接管理：为了在 T6 接口上投递上下行 NIDD 数据，需要首先建立 T6 连接。T6 连接的建立，由 MME 向 SCEF 发起。T6 连接的更新和释放，可由 MME 或 SCEF 发起。

• 上下行非 IP 数据投递：通过 T6 接口，允许 MME 向 SCEF 投递上行非 IP 数据，允许 SCEF 向 MME 投递下行非 IP 数据。

2.5 网元实体

在 NB-IoT 架构和流程中，如下网元实体均有相应的功能增强：UE、eNodeB、MME、HSS、SGW、PGW 和 SCEF。

UE

在 NB-IoT 技术中，对 UE 引入了如下内容：和网络协商 NB-IoT 能力、支持控制面优化流程、支持用户面优化流程和执行上行速率控制等。

• 和网络协商 NB-IoT 能力：UE 可以在附着（Attach）、跟踪区域更新（TAU）流程中，向网络上报自身所支持的 NB-IoT 能力，如：是否支持附着时不建立 PDN 连接；是否支持控制面优化传输方案；是否支持用户面优化传输方案和是否支持基于控制面优化方案的短信等。在响应消息中，MME 将网络所支持的 NB-IoT 能力反馈给 UE。后续 UE 发起上行数据传输时，可根据能力协商情况，自行选择是采用控制面优化传输方案还是用户面优化传输方案。

• 支持控制面优化流程：在 NB-IoT 技术中，控制面优化流程是 UE 和网络必须支持的。使用该流程，UE 可以在 RRC 连接建立流程中，通过信令携带上行小数据包，即在无线信令承载 SRB 中携带 NAS 数据包，在 NAS 数据包中封装 UE 要发送的 IP、非 IP 数据。同理，也可以在 RRC 连接建立流程中，从信令中获取网络下发的下行小数据包。

• 支持用户面优化流程：在 NB-IoT 技术中，用户面优化流程是可选支持的。若 UE 支持用户面优化流程，则 UE 需要支持 RRC 连接挂起、RRC 连接恢复流程。

• 支持控制面优化流程向用户面优化流程的切换：即使 UE 和网络同时支持控制面优化和用户面优化两种模式，在任一时刻，UE 只允许使用控制面优化或用户面优化一种模式。但是，当前 UE 使用控制面优化模式时，允许 UE 从控制面优化模式向用户面优化模式切换。

• 支持上行速率控制：MME 可根据服务网络的情况，产生服务网络级别的速率控制信息。PGW 可根据 APN 设置或本地策略，产生 PDN 连接级别的速率控制信息。速率控制信息分上行和下行两部分，MME、PGW 将上行速率控制信息发送给 UE 后，UE 必须按照该上行速率信息，控制上行小数据传输。

eNodeB

在 NB-IoT 技术中，对 eNodeB 引入了如下内容：NB-IoT 能力协商、支持控制面优化方案和支持用户面优化方案。

• NB-IoT 能力协商：为了支持 NB-IoT 流程，UE 需要知道 eNodeB 的 NB-IoT 能力，而 eNodeB 也需要知道 UE 的 NB-IoT 能力。UE 可从 eNodeB 的系统广播获取基本的 NB-IoT 能力。在 RRC 连接过程中，UE 可以和 eNodeB 交互更详细的 NB-IoT 能力信息。eNodeB 还可以在 S1 接口上，从 MME 获得 UE 的 NB-IoT 能力信息。

• 可通过 RRC 连接过程和 eNodeB 交换 NB-IoT 能力支持 UE 和 eNodeB 协商 CIoT 能力信息，以及向 MME 汇报 UE 当前接入的 NB-IoT RAT 信息。

• 支持控制面优化方案：eNodeB 需要控制面优化的流程，比如，不为 UE 建立无线数据承载 DRB、允许在 RRC 连接建立流程中通过 NAS 信元传输小数据包等。

• 支持用户面优化方案：eNodeB 需要支持 RRC 连接挂起（RRC Suspend）和 RRC 连接恢复（RRC Resume）过程。在 RRC 连接挂起后，eNodeB 需要在本地缓存 AS 安全上下文、无线承载信息、S1 连接信息等 UE 上下文，以便在 RRC 连接恢复流程时快速恢复 RRC 连接和 S1 连接。

MME

在 NB-IoT 技术中，对 MME 引入了如下内容：NB-IoT 能力协商、附着时不建立 PDN 连接、创建非 IP 的 PDN 连接、支持控制面优化方案、支持用户面优化方案和支持有限制性的移动性管理等。

• NB-IoT 能力协商：UE 可通过附着（Attach）、跟踪区域更新（TAU）流程和 MME 协商 NB-IoT 能力。另外，若需要 IP 头压缩时，UE 和 MME 之间需要协商头压缩算法和参数。

• 附着时不建立 PDN 连接：UE 附着时可请求不创建 PDN 连接，则 MME 不为 UE 创建默认 PDN 连接。如果 UE 接入 NB-IoT 仅为发送 SMS 短信，则 UE 在初始附着时可请求不创建 PDN 连接。

• 创建非 IP 的 PDN 连接：根据 UE 请求、或 APN 设置，MME 可为 UE 创建非 IP 的 PDN 连接。NB-IoT 实现了两种类型的非 IP 的 PDN 连接，一种是基于 SGi 的非 IP 的 PDN 连接（即基于 PGW），一种是基于 T6 的非 IP 的 PDN 连接（即基于 SCEF）。MME 根据 APN 的配置，选择创建何种类型的非 IP 的 PDN 连接。

• 支持控制面优化方案：在 NB-IoT 技术中，控制面优化方案是必选的，MME 必须支持。在基于 SGi 的非 IP 的 PDN 连接中，MME 需要和 SGW 建立基于 GTP-U 的 S11-U 连接。在基于 T6 的非 IP 的 PDN 连接中，MME 需要和 SCEF 建立基于 Diameter 的 T6 连接。对上行非 IP 小数据传输，MME 从 NAS 数据包中提取上行非 IP 小数据包，封装在 GTP-U 数据包中发送给 SGW，或封装在 Diameter 消息中发送给 SCEF。对下行非 IP 小数据传输，MME 从 GTP-U 数据包中提取下行非 IP 小数据包，或从 Diameter 消息中提取下行非 IP 小数据包，然后封装在 NAS 数据包中发送给 UE。

• 支持用户面优化方案：在 NB-IoT 技术中，用户面优化方案是可选的。若 MME 支持用户面优化方案，MME 需要支持新引入的 S1 接口流程：UE 上下文挂起、UE 上下文恢复。在收到 UE 上下文挂起消息后，MME 将 UE 置入空闲态，保存 UE 上下文，并触发 SGW 释放 S1-U 连接。在收到 UE 上行文恢复消息后，MME 将 UE 置入连接态，并向 SGW 发送 eNodeB 的下行 S1-U 接口上下文，触发 SGW 恢复 S1-U 连接。

• 支持有限制性的移动性管理：在切换 MME 时，根据不同 MME 对 NB-IoT 的支持能力，源 MME 有选择地交换 PDN 连接和 EPS 承载上下文，或目标 MME 有选择地接收 PDN 连接和 EPS 承载上下文。

HSS

在 NB-IoT 技术中，HSS 引入了如下内容：对 UE 签约 NB-IoT 接入限制、为 UE 配置非 IP 的默认 APN 和验证 NIDD 授权等。

• NB-IoT 接入限制：在 UE 的签约数据中，针对 NB-IoT 设置接入限制。NB-IoT 应允许从 NB-IoT 的 RAT 接入，非 NB-IoT 终端可禁止从 NB-IoT 的 RAT 接入。

• 配置非 IP 的默认 APN：在 UE 的签约数据中，配置用于非 IP（Non-IP）连接的默认 APN，指定该 PDN 连接是基于 SGi（即基于 PGW），还是基于 T6（即基于 SCEF）。对基于 SCEF 的 PDN 连接，配置 SCEF 标识或地址。

• 验证 NIDD 授权：接收 SCEF 的 NIDD 授权，验证请求 NIDD 的 SCS/AS 是否允许发起或接收 NIDD。

SGW

在 NB-IoT 技术中，SGW 引入了如下内容：支持 NB-IoT 的 RAT 类型、支持 S11-U 隧道、转发速率控制信息等。

• 支持 NB-IoT 的 RAT 类型：当 MME 向 SGW 发送 NB-IoT 的 RAT 类型，SGW 需要将该 RAT 类型转发给 PGW。SGW/PGW 在产生计费数据时，需要记录 NB-IoT 的 RAT。

• 支持 S11-U 隧道：在控制面优化方案中，MME 在创建 PDN 连接请求中会指示 SGW 建立 S11-U 隧道。当 SGW 收到下行数据时，若 S11-U 连接存在，SGW 将下行数据投递给 MME，否则触发 MME 执行寻呼。

• 转发速率控制信息：当 SGW 收到 MME 发送的速率控制信息后，需要转发给 PGW。当 SGW 收到 PGW 发送的扩展 PCO 时，需要转发给 MME。MME 可根据服务网络情况，产生服务网络级别的速率控制信息，发送给 SGW/PGW。PGW 可根据 APN 设置和本地策略，产生 PDN 连接级别的速率控制信息，并将该速率信息封装在扩展 PCO 中，经由 MME 发送给 UE。

• 支持由 MME 触发的在控制面优化、用户面优化间的切换，即在 S11-U、S1-U 传输方式间的切换。

PGW

在 NB-IoT 技术中，PGW 引入了如下内容：支持 NB-IoT 的 RAT 类型、创建非 IP 的 PDN 连接和执行速率控制等。

• 支持 NB-IoT 的 RAT 类型：SGW 向 PGW 报告 NB-IoT 的 RAT 类型，PGW 在产生计费数据时，需要记录 NB-IoT 的 RAT。

• 创建非 IP 的 PDN 连接：对非 IP 的 PDN 连接，PGW 不为 UE 分配 IP 地址，或者即使为 UE 分配 IP 地址但是该 IP 地址也不会发给 UE。PGW 和外部 SCS/AS 间使用隧道通信，如 PPP 隧道。通常，用于非 IP 的 APN，将指使 PGW 和一个特定的 SCS/AS 建立隧道。

- 执行速率控制：MME 可根据服务网络情况，产生服务网络级别的速率控制信息，发送给 SGW/PGW、UE。PGW 可根据 APN 设置和本地策略，产生 PDN 连接级别的速率控制信息，并将该速率信息封装在扩展 PCO 中，经由 MME 发送给 UE。PGW 在产生 PDN 级别的速率控制信息时，需要参考 MME 所设置的服务网络级别的速率控制信息。根据速率控制，PGW 需要对下行数据传输执行速率控制，PGW 还可能根据运营商要求，对上行数据传输执行速率控制。
- 有区别产生计费数据：根据计费系统的要求，需要记录当前 PDN 连接是使用控制面传输模式（即 S11-U 模式）、还是用户面传输模式（即 S1-U 模式），PGW 需要从 SGW 获取该模式信息，从而产生有区别的计费 CDR。

SCEF

在 NB-IoT 技术中，SCEF 引入了如下内容：非 IP 数据传输授权检查、T6 连接管理和上下行非 IP 数据投递等。

- 非 IP 数据传输授权检查：SCEF 接收 SCS/AS 的非 IP 数据传输（NIDD）配置请求，对该 SCS/AS 的非 IP 数据传输配置请求，需要向 HSS 请求授权验证，确保该 SCS/AS 被允许执行非 IP 数据传输。
- T6 连接管理：SCEF 接收 MME 发起的 T6 连接建立请求，据此建立 T6 连接。根据 MME 的请求，SCEF 还对 T6 连接执行更新、释放等操作。
- 上下行非 IP 数据投递：SCEF 接收 MME 在 T6 连接上发起的上行数据投递，并将数据前转给 SCS/AS。或者，SCEF 接收 SCS/AS 发起的下行数据投递，并在 T6 连接上将数据前转给 MME。

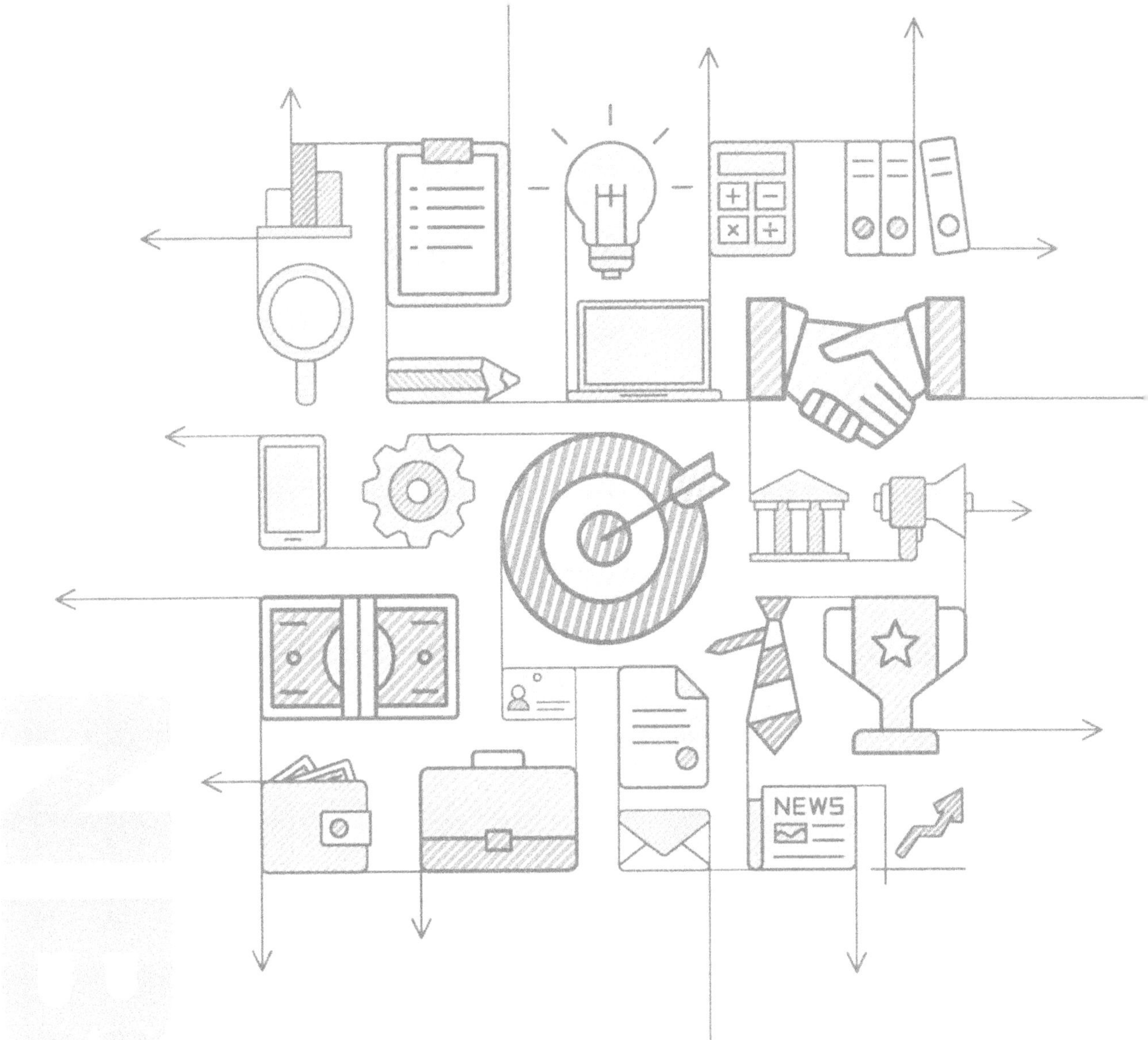

Chapter 3

第 3 章

NB-IoT 空口控制面协议

对于基于 3GPP R13 版本的 NB-IoT 系统，不支持以下功能：异制式间的移动性、切换、测量报告、公共告警、GBR、CSG、HeNB、载波聚合、双连接、NAICS、MBMS、实时业务、IDC、接入网辅助的 WLAN 互操作、设备之间通信、MDT、紧急业务和 CSFB。

本书中对 NB-IoT 空口控制面和用户面协议功能的描述将不会涉及这些功能。

3.1 概　述

NB-IoT 采用的空口控制面协议栈如图 3-1 所示，主要负责对无线接口的管理和控制，包括 RRC 协议、PDCP 协议、RLC 协议、MAC 协议以及物理层协议。其中，对于仅支持控制面优化传输方案的 NB-IoT 终端，将不使用 PDCP 协议；对于同时支持控制面优化传输方案和用户面优化传输方案的 NB-IoT 终端，在接入层安全（AS security）激活之前不使用 PDCP 协议。

NB-IoT 空口控制面各协议子层功能主要包括：

- 无线资源控制 RRC 子层执行系统消息广播、寻呼、RRC 连接管理（连接建立/恢复/释放/挂起，其中，NB-IoT 增加连接恢复和连接挂起）、无线承载控制、无线链路失败恢复、空闲态移动性管理、与非接入层 NAS 间的交互、接入层安全以及对各底层协议提供参数配置等功能；
- PDCP 子层执行对信令无线承载的加密和完整性保护等功能，具体参考第 4.3 节；
- RLC 子层、MAC 子层和物理层执行数据传输的相关功能，具体参考第 4.1 节，

第 4.2 节和第 5 章。

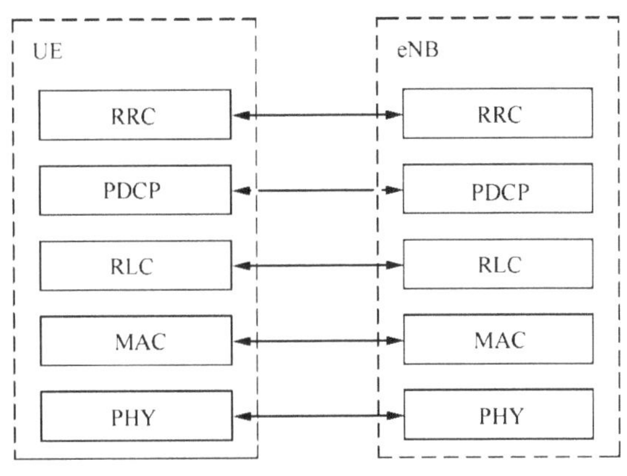

图 3.1 空口控制面协议栈

空口控制面的功能主要由 RRC 实现，本章将对 NB-IoT 的 RRC 功能进行介绍。

3.2 RRC 架构

无线资源控制（RRC，Radio Resource Control）协议位于空口控制面协议的最高层，涉及的主要规范包括 TS36.300（整体描述）、TS36.331（连接模式）、TS36.304（空闲模式）以及 TS36.306（终端能力）。

NB-IoT 系统支持两个 RRC 状态：空闲（RRC_Idle）状态和连接（RRC_Connected）状态。当终端和基站间进行连接建立或连接恢复时，终端从空闲态迁移到连接态；当终端和基站间进行连接释放或连接挂起时，终端从连接态迁移到空闲态。RRC 状态模型如图 3.2 所示。

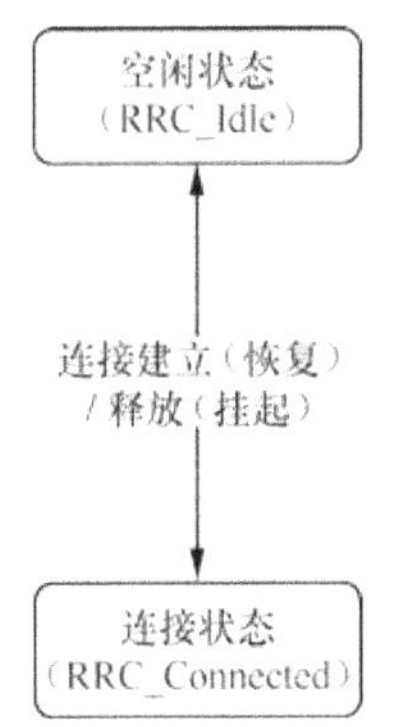

图 3.2 RRC 状态模型

NB-IoT 系统中的空闲态除支持和 LTE 中相同的获取系统消息、监听寻呼、发起 RRC 连接建立以及终端控制的移动性机制，还具有以下特征：

- 可以发起 RRC 连接恢复过程；
- 在终端和基站上保存接入层的上下文（仅适用于用户面优化传输方案）；

- 不支持终端专门的空闲态 DRX。

NB-IoT 系统中的连接态对 LTE 的连接态功能进行了简化，除支持和 LTE 相同的执行资源调度操作、接收或发送 RRC 信令以及在已建立的数据承载/信令承载上收发数据，还具有以下特征：

- 不支持网络控制的移动性（切换、测量报告等）；
- 不监听寻呼和系统消息；
- 不支持信道质量反馈。

NB-IoT 中支持 3 个信令无线承载（Signalling Radio Bearer，SRB），分别是 SRB0，SRB1 和 SRB1bis（考虑到 NB-IoT 系统中对信令承载的功能进行了简化，因此 NB-IoT 系统中不支持 SRB2，但为了减少 PDCP 安全功能的封装开销，引入了 SRB1bis），用于传输 RRC 消息和 NAS 消息，它们的功能包括：

- SRB0，用于承载 CCCH 上的 RRC 消息，这些消息用于 RRC 连接建立、RRC 连接恢复或者 RRC 连接重建立；
- SRB1，用于在接入层安全激活之后承载在 DCCH 上的 RRC 消息和 NAS 消息；
- SRB1bis，用于在接入层安全激活之前承载在 DCCH 上的 RRC 消息和 NAS 消息；SRB1bis 仅用于 NB-IoT 系统，LTE 系统中不支持 SRB1bis。

对于仅支持控制面优化传输方案的终端，使用 SRB0 和 SRB1bis；对于同时支持控制面优化传输方案和用户面优化传输方案终端，在接入层安全激活前使用 SRB0 和 SRB1bis，在接入层安全激活后使用 SRB0（例如，重建立请求消息）和 SRB1。

对于 NB-IoT，支持的 RRC 处理过程主要包括：连接控制、NAS 专用信息传输（第 7.11 节）、系统消息（第 7.2 节）和终端能力传输（第 7.8 节）等。本章将介绍 NB-IoT 连接控制过程，对于 RRC 的其他处理过程可以参考本书第 7 章的内容。

3.3 连接控制

对于 NB-IoT，在 RRC 连接建立过程中会同时建立 SRB1bis 和 SRB1，在 RRC 连接建立消息中只包含 SRB1 配置不包含 SRB1bis 的配置，SRB1bis 被隐式建立，这是因为 SRB1bis 和 SRB1 的主要差别在于是否支持 PDCP（SRB1bis 上不支持 PDCP，SRB1 支持 PDCP），所以 SRB1bis 可以使用和 SRB1 相同的配置但需要使用不同的逻辑信道识别。在接入层安全激活之前使用 SRB1bis，在接入层安全激活之后使用 SRB1。

为了简化终端处理以及通过减少 RRC 信令过程实现更低功耗，对于仅支持控制面优化传输方案的终端的 RRC 连接具有以下特征：

- 上下行 NAS 信令消息或携带数据的 NAS 消息可以通过上下行的 RRC 消息传输；
- 不支持 RRC 连接重配置和 RRC 连接重建立；
- 不使用数据无线承载 DRB；
- 不使用接入层安全；
- 在接入层不区分数据类型（例如，IP，非 IP 或 SMS）。

为了在降低终端处理复杂度和减少 RRC 信令过程的基础上，更好地支持对较大数据的传输，用户面优化传输方案的 RRC 连接具有以下特征：

- RRC 连接挂起处理，RRC 连接释放时，基站可以请求终端在空闲态保存接入层承载上下文（包括终端能力）；
- RRC 连接恢复处理，用于从空闲态迁移到连接态，在空闲态保存的接入层上下文可用于恢复连接。在连接恢复请求中，终端提供恢复识别（Resume ID）用于基站获取存储的终端接入层上下文来恢复连接（可能会涉及基站间的接入层上下文信息获取）；
- 通过连接挂起到连接恢复的处理，接入层安全可以重新激活。ShortMAC-I 作为鉴权码被基站用于对终端的校验；在连接恢复操作中，基站和终端会重置 COUNT；
- 支持 RRC 连接重配置和 RRC 连接重建立；
- 最多支持 2 个数据无线承载（少于 LTE 中的 8 个数据无线承载）；
- 不支持在空闲态到连接态的过程中进行逻辑信道 CCCH 和 DTCH 的复用；
- 非锚点载波（Non-Anchor Carrier，关于非锚点载波可参考本书第 7 章关于多载波的处理）可以在 RRC 连接建立、重建、恢复或连接重配过程中配置。

RRC 连接管理主要包括 RRC 连接建立、恢复、释放、挂起、修改以及接入层安全激活等过程，还包括利用 RRC 连接进行的参数配置和控制过程。总体上由 RRC 连接建立过程、RRC 连接恢复过程、RRC 连接释放/挂起过程、RRC 连接重建立过程、RRC 连接重配置过程以及接入层安全激活过程（参考本书第 7 章关于安全机制的介绍）等基本过程构成。

3.3.1 RRC 连接建立过程

NB-IoT 系统中的 RRC 连接建立过程和 LTE 类似，但具体的消息内容不同于 LTE（可参考本章节的描述）。RRC 连接建立过程适用于控制面优化传输方案和用户面优化传输方案。

通过空闲态的终端触发 RRC 连接建立过程来发起一个呼叫或响应寻呼。

终端收到 RRC 连接建立过程的触发后，根据 NAS 层的触发原因（例如，NAS 进行 attach/TAU/detach 操作时的连接触发原因为终端始发的信令，NAS 需要传输数据时的连接触发原因为终端始发的数据等）和系统消息中的接入限制信息，通过一系列检查来判断自己当前是否被允许进行接入过程。如果可以，则执行 RRC 连接建立过程；如果接入控制执行的结果是禁止接入小区，则通知 NAS 层 RRC 连接建立失败。对于 NB-IoT 的接入控制处理，可以参考本书的第 7.5 节。

RRC 连接建立成功的流程如图 3.3 所示。

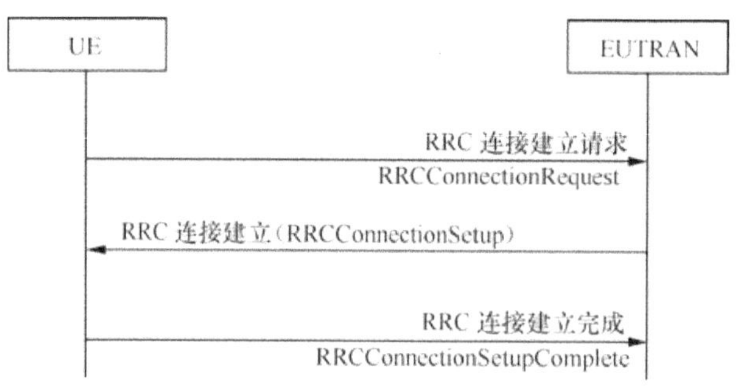

图 3.3　RRC 连接建立成功流程

（1）终端通过上行逻辑信道 UL-CCCH 在 SRB0 上发送 RRC 连接建立请求（RRCConnectionRequest-NB），其中携带终端的初始标识（来自 NAS 的 S-TMSI，如果没有 S-TMSI，则终端自行产生随机数）、连接建立原因（由于 NB-IoT 系统对功能进行了简化，因此支持更少的 RRC 连接建立原因，除和 LTE 相同的建立原因，如终端始发的信令、终端始发的数据以及被叫，NB-IoT 新增终端始发的异常数据触发的 RRC 连接建立）、终端的多 tone 支持能力（如果终端支持的话）以及终端的多载波支持能力（如果终端支持的话）等信息，触发 UE 的低层实体（MAC 和物理层）及进行基于竞争的随机接入（具体可参考本书第 7 章相应的章节），RRC 连接建立请求对应于低层随机接入过程的 Msg3。

（2）eNB 通过下行逻辑信道 DL-CCCH 在 SRB0 上回复 RRC 连接建立（RRCConnection Setup-NB）消息，该消息对应于低层随机接入过程的 Msg4，其中携带有 SRB1 的完整配置信息，包括 PHY/MAC/RLC 等各个实体的配置参数。

（3）终端按照 RRC 连接建立消息配置完 SRB1bis 和 SRB1 后（终端同时建立 SRB1bis 和 SRB1），通过上行逻辑信道 UL-DCCH 信道在 SRB1bis（在接入层安全激活之前，只使用 SRB1bis）上发送 RRC 连接建立完成（RRCConnectionSetupComplete-NB）消息，此消息中还可以携带来自 NAS 层的指示信息。例如，终端是否支持不建立 PDN 连接的附着和终端是否支持用户面优化传输方案的指示信息，eNB 可以根据这些信息选择合适的 MME 来建立 S1 连接；此消息中还可以携带上行的初始 NAS 消息，如 attach request、TAU request、detach request、service request、NAS 数据等，对于支持控制面优化传输方案的终端可以通过此消息传递数据；eNB 收到此消息后，将其中的 NAS 信息转发给 MME 用于建立 S1 连接。

在第 2 步中，如果 eNB 拒绝为终端建立 RRC 连接，则通过下行逻辑信道 DL-CCCH 在 SRB0 上回复 RRC 连接拒绝消息（RRCConnectionReject-NB），流程如图 3.4 所示。

图 3.4　RRC 连接建立失败流程

在 RRC 连接拒绝消息中，eNB 携带扩展的等待时间信息，终端将收到的扩展等待时间信息传递给 NAS（用于在 NAS 层进行接入控制）；在 NB-IoT 系统中，为了简化接入层对接入控制的处理，不支持接入层的接入等待时间机制。

3.3.2 RRC 连接恢复过程

在 NB-IoT 中，RRC 连接恢复过程不适用于仅支持控制面优化传输方案的终端。

处于空闲态且存储了终端接入层上下文（UE AS Context）的终端通过触发 RRC 连接恢复过程来发起一个呼叫或响应寻呼。

终端收到 RRC 连接恢复过程触发后，根据 NAS 层的触发原因和系统消息中的接入限制信息，通过一系列检查判断自己当前是否被允许进行接入过程。如果可以，则执行 RRC 连接恢复过程；如果接入控制执行的结果是禁止接入小区，则通知 NAS 层 RRC 连接恢复失败。

RRC 连接恢复成功的流程如图 3.5 所示。

图 3.5 RRC 连接恢复成功流程

（1）终端通过上行逻辑信道 UL-CCCH 在 SRB0 上发送 RRC 连接恢复请求（RRCConnectionResumeRequest-NB），其中携带恢复识别（Resume ID）、连接建立原因（终端始发的信令、终端始发的数据、终端始发的异常数据或者终端终呼）和短消息完整性鉴权码 ShortMAC-I 等信息，触发 UE 的低层实体（MAC 和物理层）及进行基于竞争的随机接入（具体可参考本书第 7 章相应的章节），RRC 连接恢复请求对应于低层随机接入过程的 Msg3。

（2）eNB 通过下行逻辑信道 DL-DCCH 在 SRB1 上回复 RRC 连接恢复（RRCConnection

Resume-NB）消息并对该消息进行了完整性保护，该消息对应于低层随机接入过程的msg4，其中携带用于让终端重新计算安全密钥的参数（下一条链路计数值NextHopChainingCount），还可以可选地携带PHY/MAC/RLC等各个实体的配置参数以及是否需要重置数据无线承载DRB上的头压缩状态信息的指示。

（3）终端接收到RRC连接恢复消息后，主要进行以下操作：

- 根据存储的终端接入层上下文恢复RRC配置和安全上下文；
- 重建信令无线承载SRB1和数据无线承载DRB上的RLC实体；
- 恢复PDCP状态、重建信令无线承载SRB1和数据无线承载DRB上的PDCP实体；
- 如果RRC连接恢复消息中指示需要继续数据无线承载DRB上的头压缩状态信息的指示，则通知PDCP层RRC进行了连接恢复操作，以便PDCP重置相应的数据传输计数值，并在数据无线承载上继续使用原有的头压缩协议上下文；否则，只是通知PDCP层RRC进行了连接恢复操作，以便PDCP重置相应的数据传输计数值，并重置数据无线承载上的头压缩协议上下文；
- 恢复信令无线承载SRB1和数据无线承载DRB；
- RRC连接恢复消息中NextHopChainingCount参数更新安全密钥；并基于更新的安全密钥生成完整性保护密钥并进行完整性保护验证，如果完整性保护验证成功，则继续生成加密密钥；并指示PDCP立即激活完整性保护和加密功能，即完整性保护和加密功能将可以应用后续终端收发的信息。对于SRB上的数据，需要进行完整性保护和加密，对于DRB上的数据，只进行加密；
- 通过上行逻辑信道UL-DCCH在SRB1上发送RRC连接恢复完成（RRCConnection ResumeComplete-NB）消息，此消息中可以携带上行的NAS消息，如TAU request、detach request、service request和NAS数据等，对于支持控制面优化传输方案的终端可以通过此消息传递数据；eNB收到此消息后，执行eNB和MME之间的S1接口恢复流程。

在第2步中，如果eNB拒绝为终端恢复RRC连接（例如，由于网络拥塞等原因），则通过下行逻辑信道DL-CCCH在SRB0上回复RRC连接拒绝消息（RRCConnection Reject-NB），流程如图3.6所示。

在RRC连接拒绝消息中，eNB携带扩展的等待时间信息，终端将收到的扩展等待时间信息传递给 NAS；eNB 可以可选地携带是否需要继续保留终端存储的接入层上下文的指示信息，如果 eNB 指示释放接入层上下文，则终端丢弃已存储的接入层上下文和恢复识别，并通知 NAS 在 RRC 进行的连接恢复失败并且释放了接入层上下文，否则，终端继续保存已有的接入层上下文并通知 NAS 在 RRC 进行的连接恢复失败并且继续保存接入层上下文。

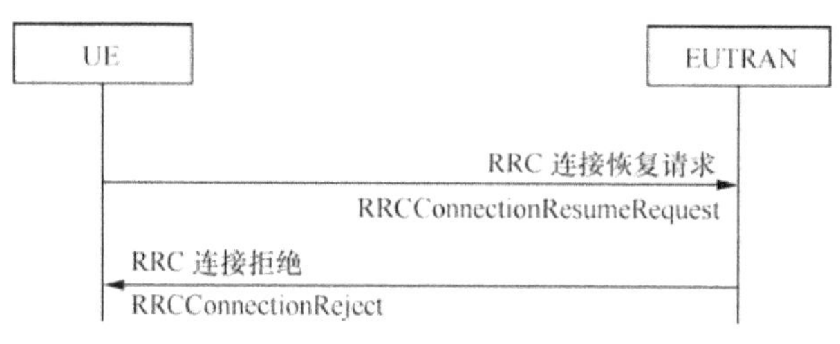

图 3.6　RRC 连接恢复失败流程

在第 2 步中，如果 eNB 不能为终端恢复 RRC 连接（例如，无法找到终端的接入承载上下文），则 eNB 可以将连接恢复过程回退到连接建立过程，则（2）、（3）变为（2′），（3′）流程如图 3.7 所示。

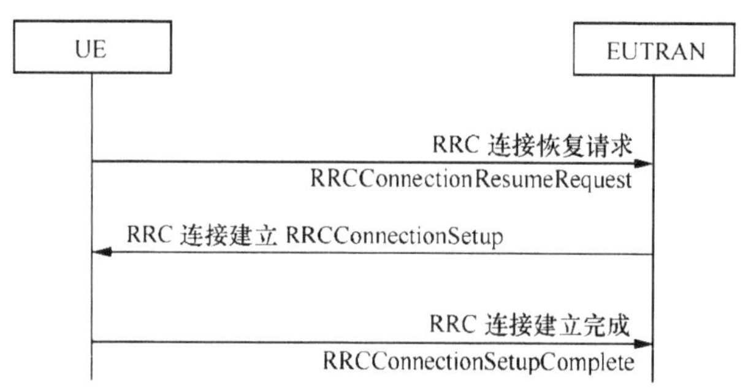

图 3.7　RRC 连接恢复回退到连接建立的流程

（2′）eNB 通过下行逻辑信道 DL-CCCH 在 SRB0 上回复 RRC 连接建立（RRCConnection Setup-NB）消息，功能如连接建立过程。

（3′）终端在收到 RRC 连接建立消息作为对 RRC 恢复请求消息的响应时，丢弃已存储的接入层上下文，并通知 NAS 在 RRC 进行的连接恢复已失败；终端按照 RRC 连接建立消息进行配置，通过上行逻辑信道 UL-DCCH 信道在 SRB1bis 上发送 RRC 连接建立完成（RRCConnectionSetupComplete-NB）消息，此消息中除包含第 3.3.1 节连接建立过程中的 RRC 连接建立完成消息所包含的信息之外，还可以可选地包含 S-TMSI 信息（RRC 连接建立过程中已经在 RRC 连接建立请求中包含了该信息，无需在 RRC 连接建立完成消息中包含该信息）。

3.3.3 RRC 释放/挂起过程

在 NB-IoT 系统中，RRC 释放过程与 LTE 系统类似，当 eNB 决定要释放 RRC 连接时，eNB 通过下行逻辑信道 DL-DCCH 在 SRB1bis/SRB1 发送 RRC 连接释放（RRCConnection Release-NB）消息，该消息中可以可选地携带重定向信息（用于小区选择，具体可参考本书第 7 章的相关内容）和扩展等待时间信息（终端将收到的扩展等待时间信息传递给 NAS）。由于 NB-IoT 系统中的终端有强烈的省电需求，因此如何让终端在业务结束时快速回到空闲态以便达到更低功耗在标准化过程中曾经被多次讨论，提出过多种解决方案，如 RRC 信令明确指示、NAS 层指示、终端和基站隐式直接释放（不发送释放消息）、新增 PDCP 释放指示控制包等。在讨论中争议最大的部分是如何判断业务结束（例如，后续没有数据包），特别是对于接入层如何能够获取这个信息更是争议很大，使得这个功能的实用性受到强烈质疑（由于业务模型的多样化，如果不合适的过早释放可能会导致更多的空口信令和终端耗电），最终没有形成空口的标准化解决方案。虽然在接入层没有引入相关的解决方案，对于控制面优化传输方案，在 NAS 层，可由 NAS 指示数据包传输是否完成（例如，NAS 信令携带释放辅助信息），从而由 MME 通知基站进行释放。

当 eNB 决定要挂起 RRC 连接时，eNB 通过下行逻辑信道 DL-DCCH 在 SRB1 发送 RRC 连接释放（RRCConnectionRelease-NB）消息，该消息中携带的释放原因为 RRC 挂起并携带恢复识别 ResumeID，终端进行接入层上下文挂起的相关操作。此外，该消息也可以可选地携带重定向信息、扩展等待时间信息。

终端挂起接入层上下文的相关操作主要包括以下几点。

- 存储终端的接入层上下文，包括：当前的 RRC 配置、当前的接入层安全上下文、PDCP 状态参数（包括 ROHC 状态）、当前小区使用的 C-RNTI 和小区识别（包括物理小区识别 PCI 和全局小区识别 CI），其中 C-RNTI 和物理小区识别主要用于在后续的连接恢复过程中产生用于 RRC 连接恢复请求消息中需要携带的 ShortMAC-I。

- 存储恢复识别 Resume ID。
- 挂起信令无线承载 SRB1 和所有的数据无线承载 DRB。
- 指示 NAS 在 RRC 进行了 RRC 连接挂起。

RRC 连接释放/挂起流程如图 3.8 所示。

图 3.8　RRC 连接释放/挂起流程

在 NB-IoT 中，终端也支持由 NAS 触发的 RRC 连接的主动释放。此时，终端不需要通知基站而直接进行空闲态。一种典型的场景是在 NAS 层的鉴权过程中，终端收到的消息没有通过鉴权检查，这样终端的 NAS 会认为当前网络不是一个合法网络，因此指示终端的 RRC 层立即释放 RRC 连接。

3.3.4　RRC 连接重建立过程

在 NB-IoT 中，RRC 连接重建立过程不适用于仅支持控制面优化传输方案的终端。

当处于 RRC 连接态但出现异常需要恢复 RRC 连接时，终端触发此过程。

在 NB-IoT 系统中，仅支持控制面优化传输方案的终端不支持此过程，主要是因为 RRC 重建立过程需要在接入层安全激活之后才能进行，而仅支持控制面优化传输方案的终端不支持接入层安全，因此无法进行 RRC 连接重建立操作。NB-IoT 空口标准化讨论过程中，也曾考虑在没有接入层安全机制的情况下支持 RRC 连接重建立操作，以便对于仅支持控制面优化传输方案的终端也可以在接入层层面快速地触发 RRC 连接恢复，但由于这种设计不符合 LTE 系统现有的安全机制，最终没有形成标准化方案。对于仅支持控制面优化传输方案的终端只能由非接入层触发数据传输的恢复，对应于空口的连接建立过程。

对于支持用户面优化传输方案的终端，在 NB-IoT 系统中支持的触发 RRC 连接重建立的异常场景包括无线链路失败、完整性校验失败以及 RRC 重配失败等，不支持切换失败触发的 RRC 连接重建立，并且 RRC 连接重建立过程基本和 LTE 系统类似，RRC 连接重建立成功流程如图 3.9 所示，RRC 连接重建立失败流程如图 3.10 所示，本书中就不再对 RRC 重建立的具体过程进行详细描述。

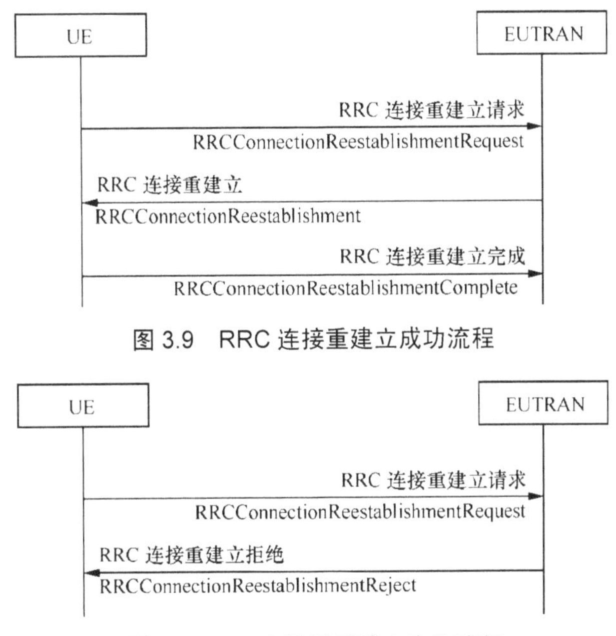

图 3.9 RRC 连接重建立成功流程

图 3.10 RRC 连接重建立失败流程

3.3.5 RRC 连接重配过程

在 NB-IoT 中，RRC 连接重配过程不适用于仅支持控制面优化传输方案的终端。

对于用户面优化传输方案，RRC 重配过程主要用于在接入层安全激活之后进行 DRB 的配置和低层参数的更新等；对于 RRC 连接恢复过程，RRC 连接恢复（RRCConnection Resume-NB）消息在 SRB1 上传输且进行了完整性保护，可以携带对 DRB 及物理层等进行重配的参数，因此在 RRC 连接恢复过程之后进行 RRC 连接重配过程对于 NB-IoT 是可选的，这种做法的目的主要是为了在连接恢复过程中尽量减少空口消息交互以便降低终端功耗。

RRC 连接重配过程由 eNB 发起，其正常流程如图 3.11 所示。

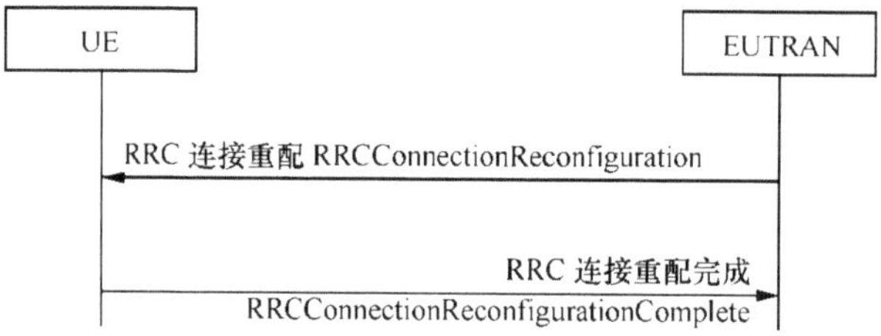

UE

EUTRAN

RRC 连接重配 RRCConnectionReconfiguration

RRC 连接重配完成

RRCConnectionReconfigurationComplete

图 3.11　RRC 连接重配过程

如果终端无法正确执行 RRC 连接重配（可能是信令内容有错误，如配置了终端不支持的功能，或者出现了协议不允许的参数组合），则终端执行异常流程：终端回退到收到 RRC 连接重配消息前的所有配置，然后发起 RRC 连接重建立过程。RRC 连接重配异常过程的流程如图 3.12 所示。RRC 连接重配置过程不允许出现部分执行，如果终端发现 RRC 连接重配消息中存在无法执行的操作时，无论该消息中的其他部分是否可以执行，终端都必须执行上述异常处理过程。

图 3.12　RRC 连接重配异常过程

3.3.6　无线资源配置

终端在建立 RRC 连接之前，使用通过 SIB2 获取的公共无线资源配置参数进行通信（例如，接收寻呼和发起随机接入等）；在 RRC 建立过程中，终端可以通过 RRC 连接建立（RRCConnectionSetup-NB）消息获得专用的无线资源配置参数，并且可以通过 RRC 连接重配（RRCConnectionReconfiguration-NB）消息获得更新的无线资源配置参数；在 RRC 连接恢复过程中，终端可以通过 RRC 连接恢复（RRCConnectionResume-NB）消息恢复已保存的无线资源配置参数，也可以通过 RRC 连接恢复（RRCConnectionResume-NB）消息更新无线资源配置参数；在 RRC 连接重建立过程中，可以通过 RRC 连接重配置

（RRCConnectionReestablishment-NB）消息获得无线资源配置。

公共无线资源配置包含小区的特定参数，适用于小区内的所有终端，包含终端在随机接入过程、监听寻呼和监听系统消息更新所需要的相关参数。

终端专用无线资源配置包含无线承载（包括信令无线承载和数据无线承载）的配置参数、MAC 层配置参数以及物理层配置参数等。无线承载的配置包括 RLC/PDCP 相应的参数，在 NB-IoT 中，对 RLC/PDCP 的功能进行了简化，因此相应的参数配置比 LTE 简化了很多；MAC 和物理层的配置参数只有一套，对于各个无线承载是通用的。无线资源配置的具体参数可参考文献[3]。

3.3.7 无线链路失败检测及操作

在 NB-IoT 系统中支持对无线链路失败的检测。终端通过 SIB2 或通过专用无线资源配置（例如，RRC 连接建立消息、RRC 连接恢复消息、RRC 连接重建立消息和 RRC 连接重配消息等）获取无线链路失败检测以及空口无线链路恢复需要的参数，包括 N310、N311、T301、T310 及 T311，参数说明参考表 3-1。

表 3-1 无线链路失败相关参数说明

参数	说明
N310	从物理层收到的连续失步指示的最大数量
N311	从物理层收到的连续同步指示的最大数量
T301	**启动条件**：终端发送 RRC 连接重建立请求消息时启动该定时器； **停止条件**：终端收到 RRC 连接重建立消息或 RRC 连接重建立拒绝消息或选择的小区不可用时，停止该定时器； **超时操作**：该定时器超时时，终端进入空闲态
T310	**启动条件**：终端收到 N310 连续失步指示，启动该定时器； **停止条件**：终端收到 N311 连续同步指示或者发起 RRC 连接重建立过程时停止该定时器； **超时操作**：该定时器超时时，如果接入层安全还未激活，则终端进入空闲态；如果接入层安全已经激活，则终端发起 RRC 连接重建立过程

续表

参数	说明
T311	**启动条件**：终端发起 RRC 连接重建立过程时，启动该定时器； **停止条件**：终端在选择到一个合适的 LTE 小区时停止该定时器； **超时操作**：该定时器超时时，终端进入空闲态

当终端检测到定时器 T310 超时或者在连接态收到 MAC 层指示发生随机接入问题（具体可参考第 7 章关于随机接入过程的介绍）时，终端认为发生了无线链路失败；然后终端进行以下操作：

- 操作 1：如果此时接入层安全还未激活，则终端会通知 NAS 层发生了 RRC 连接失败，然后进入空闲态；
- 操作 2：如果接入层安全已经激活，则终端发起 RRC 连接重建立过程。

对于仅支持控制面优化传输方案的终端，不会激活接入层安全，适用于操作 1。对于同时支持控制面优化传输方案和用户面优化传输方案的终端，在接入层安全激活前，适用于操作 1；在接入层安全激活后，适用于操作 2。

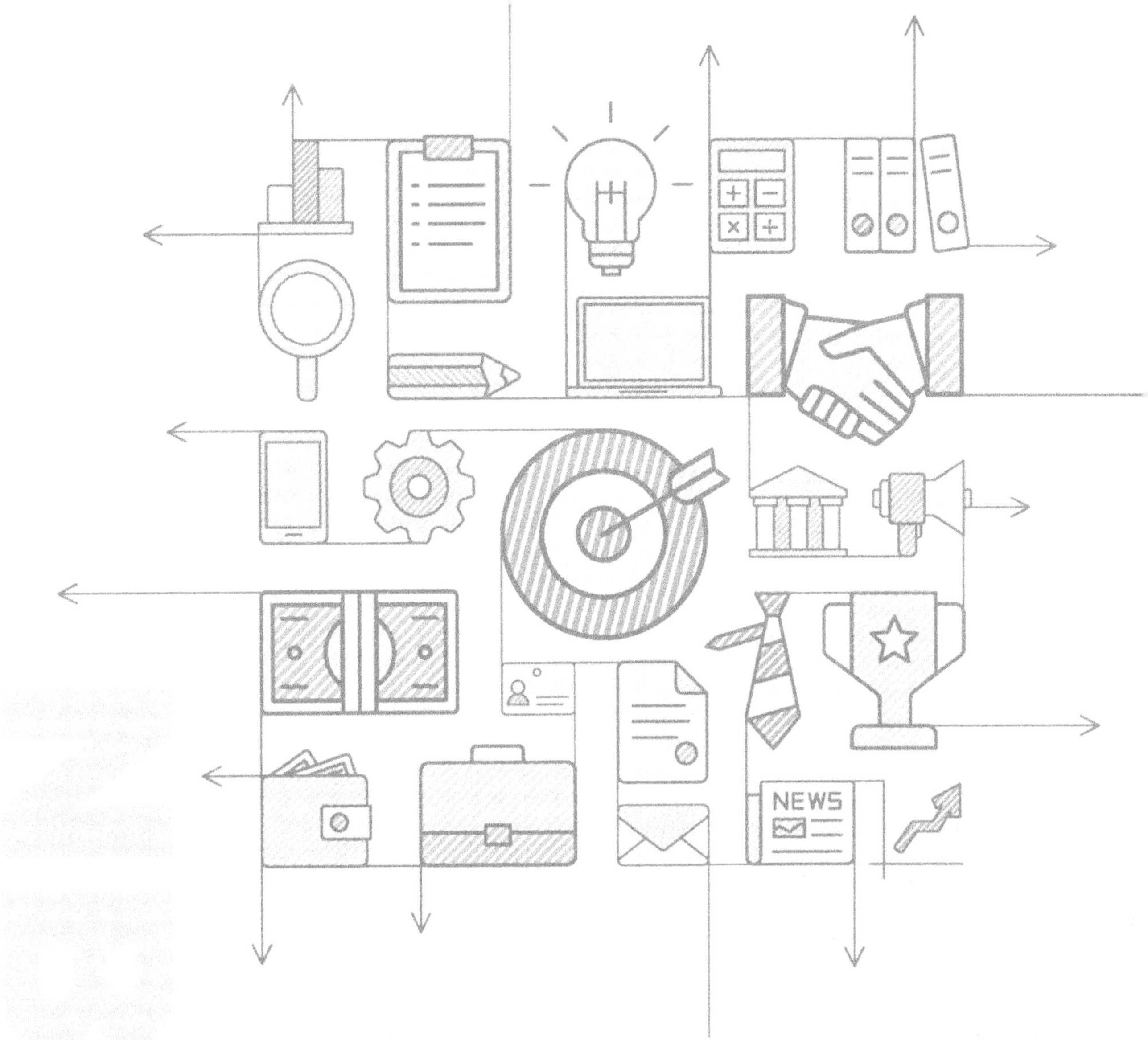

Chapter 4

第4章

NB-IoT 空口用户面协议

4.1 媒体接入控制 MAC

4.1.1 概述

R13 NB-IoT 主要支持时延不敏感、无最低速率要求、传输间隔大和传输频率低的业务，因此在 LTE 标准的基础上对 MAC 层的各项功能和关键技术过程均进行了大幅度的简化。本章对 NB-IoT 的 MAC 层各项主要功能做简要介绍。由于 NB-IoT 的 MAC 层机制均是在 LTE 的对应 MAC 层机制的基础上简化而来的，因此本章重点对 NB-IoT 哪些简化进行了介绍。和 LTE 现有机制相同的部分不在本章重复介绍，读者可参考目前最新的 LTE 相关协议和书籍并进行对比了解。

4.1.2 关键过程

NB-IoT 关键过程包括：调度请求 SR，缓存状态报告 BSR，功率余量上报 PHR，非连续接收 DRX，随机接入和 HARQ 部分，具体过程描述请参考第 7 章。

4.1.2.1 逻辑信道优先级

NB-IoT 在目前版本（R13）主要支持时延不敏感、无最低速率要求、传输间隔大和传输频率低的业务，因此没有保证速率的要求。在 LTE 系统中现有的 Prioritised Bit Rate、Bucket Size Duration、Logical Channel Prioritisation 以及逻辑信道分组等操作均不支持，仅支持对不同逻辑信道的优先级设置。

4.1.2.2 调度请求 SR

NB-IoT 在目前版本（R13）不支持 PUCCH（物理上行控制信道），因此不支持 LTE 系统原有的 SR 消息的发送（LTE 的 SR 在 PUCCH 上发送）。当终端有新数据到达待传输时，若当前终端没有收到接入网网元下发的资源指配信令，则 NB-IoT 仅支持终端使用随机接入来实现 SR 的功能；当接入网网元收到随机接入前导序列时，认为终端有业务数据需要发送，接入网网元可对终端进行资源调度。

4.1.2.3 缓存状态报告 BSR

NB-IoT 目前版本仅支持小数据包传输，因此不支持 LTE BSR 机制中的 Long BSR 格式，但可以支持 LTE 中的其他 BSR 格式，如 Short BSR、Padding BSR 以及周期 BSR 等。

对于 Short BSR 格式，在 NB-IoT 系统中，所有逻辑信道都归属于同一个逻辑信道组，即使是普通数据和 Exceptional 数据，也都归属于同一个逻辑信道组。

当终端触发了 Padding BSR 时，终端内未传输的 Regular BSR 或者周期 BSR 应当取消。

此外，NB-IoT 引入了快速数据传输机制，即在随机接入过程的第 5 条消息（简称消息 5）中将数据通过 RRC 信令发送给接入网，为此 NB-IoT 系统在随机接入过程的第 3 条消息（简称消息 3）中引入了待传数据量报告，详见下面的 DPR 子章节。

4.1.2.4 功率余量上报 PHR

考虑到 R13 NB-IoT 系统的业务需求主要是针对较小数据包的传输，因此对 PHR 机制进行了简化，详见下面的 DPR 章节；R13 NB-IoT 系统不支持 LTE 中定义的 PHR。但随着 NB-IoT 系统业务的多样化，在 NB-IoT R14 版本中是否会引入 PHR 还有待 3GPP 会议的讨论。

4.1.2.5 待传数据量和功率余量联合报告（DPR）

待传数据量和功率余量联合报告（DPR）是同时包含了 BSR 和 PHR 功能的一个报告信元，该信元仅为 1 个字节，在目前的 NB-IoT 版本中仅用于当 IDLE 态的终端产生待传数据而触发的随机接入过程中的消息 3 中（连接态终端因失步或者 SR 触发的随机接入过程中的消息 3 不支持使用 DPR），因为 NB-IoT 引入的控制面优化方案会在消息 5 上传业务数据，因此在消息 3 中需要引入一个数据量和功率余量报告以辅助接入网侧的资源调度和功率控制。

这个精简的 DPR 信元在目前的 R13NB-IoT 版本中仅能用于消息 3，暂不支持用于除了消息 3 以外的其他上行消息/数据中。

DPR 信元以 MAC 控制单元的形式在消息 3 中上报，为了节省消息 3 的开销，在当前 NB-IoT 中没有为 DPR 设置专用的 MAC PDU subheader，而是和 CCCH MAC SDU 共用同一个 MAC 子头，携带 LCID 为 CCCH（“00000”），该 DPR MAC CE 默认放在 Msg3 中的 CCCH MAC SDU 之前。

注：目前 DPR 只能和 CCCH 共用属于 CCCH 的 LCID，因此无法脱离 CCCH SDU 单独使用 DPR。

DPR MAC CE 大小固定为 1 个 8bits 字节，如图 4.1 所示。

包含内容如下。

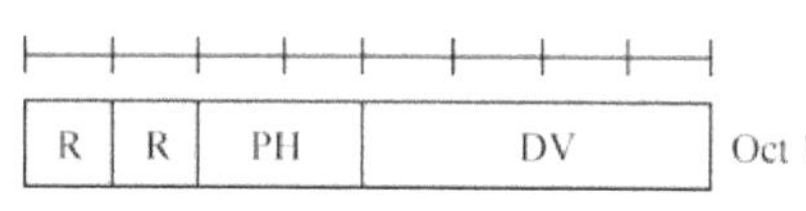

图 4.1　DPR MAC CE 格式

- DV：即待传输数据量，用于标识终端缓存内的所有待传输数据的总量，包括 RLC 层、PDCP 层和 RRC 层的所有待传数据，不包含 MAC 子头和 RLC 子头的开销，单位为字节，长度为 4bits；
- PH：即功率余量，用于标识终端距离额定功率还剩余的功率余量，长度为 2bits，单位为 dB；
- R：保留比特位，默认为“0”。

表 4-1　DV：待传输数据量映射表

Index	Data Volume (DV) value [bytes]	Index	Data Volume (DV) value [bytes]
0	DV = 0	8	67<DV≤91
1	0<DV≤10	9	91<DV≤125
2	10<DV≤14	10	125<DV≤171
3	14<DV≤19	11	171<DV≤234
4	19<DV≤26	12	234<DV≤321
5	26<DV≤36	13	321<DV≤768
6	36<DV≤49	14	768<DV≤1500
7	49<DV≤67	15	DV>1500

表 4-2 PH：功率余量映射表

PH	Power Headroom Level
0	POWER_HEADROOM_0
1	POWER_HEADROOM_1
2	POWER_HEADROOM_2
3	POWER_HEADROOM_3

R13 NB-IoT 目前遗留的争议主要针对 PH 的精度问题，有业界公司质疑 4 个 level 不能足够准确地提供功率余量，希望恢复 LTE 原先的精度。

4.1.2.6 非连续接收 DRX

4.1.2.6.1 LTE DRX 简述

LTE DRX 的原理是使终端进行不连续接收，即终端可以周期性地在一段时间里停止监听 PDCCH 信道 ，从而达到省电的目的。

DRX 分两种：IDLE DRX 和 ACTIVE DRX。

- IDLE DRX

UE 处于 IDLE 状态下的非连续性接收，主要是监听寻呼信道与广播信道，只要定义好固定的周期，就可以达到非连续接收的目的。若 UE 要监听用户数据信道，必须从 IDLE 状态先进入连接状态。IDLE 模式下的 DRX 可以减少功耗，寻呼 DRX 完全由 NAS 控制，控制 UE 监听 P-RNTI 加扰的 PDCCH。当 DRX 启用时，每个 DRX 周期中的 UE 只需要监测一个寻呼机会（PO）。

- ACTIVE DRX

UE 处在 RRC_CONNECTED 状态下的 DRX，可以优化系统资源配置，节约手机功率。在 RRC_CONNECTED 状态下，如果配置了 DRX，UE 按照指定的 DRX 操作和要求对 PDCCH 进行非连续的监听；否则 UE 需要连续监听 PDCCH。

RRC 通过配置参数 On DurationTimer、Drx Inactivity Timer、Drx Retransmission Timer（除广播进程外的每个下行 HARQ 进程均配有该参数）、Long DRX-Cycle、drxStartOffset 以及选择性配置参数 drxShortCycleTimer、shortDRX-Cycle 来对 DRX 的操作过程进行控制，并为每个下行 HARQ 进程（广播进程除外）定义了 HARQ RTT Timer。

在 RRC-Connected 状态下，UE 可以通过两种方式进入到 DRX 模式。

- UE 基于定时器的超时而进入到 DRX 状态。
- 网络侧通过 MAC 控制单元所携带的 DRX Command 来通知 UE 进入到 DRX 模式下，所有定时器和参数的设置都是通过 RRC 层来完成的。

与 DRX 相关的定时器主要有以下几种。

（1）On Duration Timer：每个 DRX 周期内，UE 需要监听的 PDCCH 的子帧数目。在其余的时间内，UE 就可以关闭其接收机。

（2）Drx Inactivity Timer：在 UE 成功地解码指示 UL 或 DL 初始传输的 PDCCH 后，所连续监听的非活动的 PDCCH 的子帧数目。也就是说，必须在此时间之内，没有监听到与 UE 相关的 PDCCH，UE 才能进入到 DRX 状态。

（3）Drx Retransmission Timer：在重传模式下，UE 预期接收 DL Retransmission 的时间，也就是需要这么多时间来接受下行重传。

3 种定时器运行期间将会开启接收天线监视 PDCCH。

（4）HARQ RTT Timer：UE 预期 DL Retransmission 到达的最少间隔时间，也就是说重传最早会什么时候到，那么 UE 暂且不需要理会，也就是说这一段时间，该怎样就怎样，等到这个定时器超时了，那么它就要处于醒着的状态。

（5）DRX cycle length：DRX cycle length 一旦配置/重配置就固定，即不会因为 Active Time 大于 On Duration 而变化。

DRX 周期分为短 DRX 周期和长 DRX 周期，短 DRX 周期如果被配置给 UE，则终端当满足进入 DRX 状态的条件时，会首先进入短 DRX 周期；在执行了预配置的若干次的短 DRX 周期后，再进入长 DRX 周期。短 DRX 周期的配置目的是为了配合终端可能在短时间内有数据到来的情况，可减少因进入 DRX 周期而导致的调度时延。

如果在使用短 DRX 周期，检查当前子帧是否满足下面的公式：

$$[(\mathrm{SFN}\cdot 10)+\text{subframe number}]\ \text{modulo}\ (\text{shortDRX-Cycle}) = (\text{drxStartOffset})\ \text{modulo}\ (\text{shortDRX-Cycle})$$

在使用长 DRX 周期，那么检查如下的公式：

$$[(\mathrm{SFN}\cdot 10)+\text{subframe number}]\ \text{modulo}\ (\text{longDRX-Cycle}) = \text{drxStartOffset}$$

在 DRX 模式下，UE 监听 PDCCH 的子帧，当上面的两个条件满足其中之一，那么就启动定时器 On Duration Timer，此时 UE 就要开始监听 PDCCH 信道了。

如果收到 DRX MAC 控制信息单元，也就意味着 eNB 要求 UE 进入睡眠状态，那么这时就会停止两个定时器（On Duration Timer 和 Drx Inactivity Timer），但是并不会停止跟重传相关的定时器。

4.1.2.6.2 NB-IoT 的 DRX 优化

NB-IoT 的 DRX 机制沿用了 LTE 的 DRX，为了优化 NB-IoT 终端的省电性能，同时支持 NB-IoT 的覆盖增强功能，NB-IoT 对 IDLE 态 DRX 和连接态 DRX 分别做了优化。

• NB-IoT IDLE DRX：对周期进行扩展，从而能支持覆盖增强场合下的寻呼信道接收，具体请参考本文寻呼相关的章节。

• NB-IoT 连接态 DRX：在 LTE DRX 基础上针对如何使 UE 在传输完一次数据后尽快进入 DRX 状态做了少量优化，在 LTE 现有 DRX 技术的基础上，对 Drx Inactivity Timer 定时器的启动/重启时间节点做了优化，具体见下面的描述。

NB-IoT 连接态 DRX 的处理过程进行了优化，包括以下内容。

• 如果正在进行的上下行数据传输超时（例如，HARQ RTT Timer 或 UL HARQ RTT Timer 超时），则终端启动/重启 Drx Inactivity Timer。

• 如果终端收到一个数据传输的调度指令（包括上行或下行，并不限于只是针对数据初传的调度），则终端停止正在运行的 Drx Inactivity Timer、Drx UL Retransmission Timer 和 On Duration Timer 等定时器。

以上几处优化将 Drx Inactivity Timer 的启动时刻从 LTE DRX 的“收到 PDCCH”后移至“HARQ RTT Timer 超时”，作用是能够更容易地准确配置 Drx InactivityTimer。例如，将其配置为一个较短的时间值，只要确保在当前数据之后没有后续数据很快到达，那么终端就能迅速进入 DRX 状态。

如果按照 LTE 的现有 DRX 机制，Drx Inactivity Timer 从收到 PDCCH 就开始启动，那么 Drx Inactivity Timer 的值就必须考虑留出数据传输的时间和 HARQ 重传的时间，在 LTE 中这是比较好估计的，但在 NB-IoT 中由于支持覆盖增强（在信道环境较差的地点，数据传输可以通过重复上百倍来实现发送增益增强），数据传输可能需要重复很长时间，会导致 Drx Inactivity Timer 的时间比较难以配置，因此在 NB-IoT R13 中做了上述优化。

NB-IoT 连接态 DRX 的参数变化有如下几点。

（1）取消了 shortDRX-Cycle，因为 NB-IoT 针对的多为不频繁发送的业务。

（2）longDRX-Cycle 改名为 DRX-Cycle R13，最大值域从 R12 版本的 2560 子帧扩展到 9216 子帧；这是因为 NB-IoT 的业务的数据传输间隔比较长，将 longDRX-Cycle 扩大后更有利于终端的省电。

（3）单位改变：为了支持覆盖增强，On Duration Timer-R13、Drx Inactivity Timer-R13、Drx Retransmission Timer-R13 和 Drx ULRetransmission Timer-R13 这 4 个定时器的单位改为 PDCCH period。PDCCH period 是一个长度动态可变的单位，因为 NB-IoT 支持覆盖增强技术。当使用覆盖增强时，控制信道和数据信道均会进行重复发送，重复发送的次数由基站动态配置，此时 PDCCH 的持续时间就不再是 R12 LTE 的 1ms 了，而是随着基站配置的重复次数而变化。当控制信道和数据信道均进行重复发送时，DRX 的各个定时器的计时也必须随之相应的加长。因此，上述定时器的单位统一改变为 PDCCH period。

详细参数见下（引用自 TS36.331[3]）：


```
DRX-Config-NB-r13 ::=               CHOICE {
    release                             NULL,
    setup                               SEQUENCE {
        onDurationTimer-r13                 ENUMERATED {
                                                pp1, pp2, pp3, pp4, pp8, pp16, pp32,
                                                spare},
        drx-InactivityTimer-r13             ENUMERATED {
                                                pp0, pp1, pp2, pp3, pp4, pp8, pp16, pp32},
        drx-RetransmissionTimer-r13         ENUMERATED {
                                                pp0, pp1, pp2, pp4, pp6, pp8, pp16, pp24,
                                                pp33, spare7, spare6, spare5,
                                                spare4, spare3, spare2, spare1},
        drx-Cycle-r13                       ENUMERATED {
                                                sf256, sf512, sf1024, sf1536, sf2048,
                                                sf3072, sf4096, sf4608, sf6144, sf7680,
                                                sf8192, sf9216,
                                                spare4, spare3, spare2, spare1},
        drx-StartOffset-r13                 INTEGER (0..255),
        drx-ULRetransmissionTimer-r13       ENUMERATED {
                                                pp0, pp1, pp2, pp4, pp6, pp8, pp16, pp24,
                                                pp33, pp40, pp64, pp80, pp96,
                                                pp112, pp128, pp160, pp320}
    }
}
```

其中，单位 pp 代表了 PDCCH period。

4.2　无线链路控制层 RLC

4.2.1　概述

无线链路控制（Radio Link Control，RLC）协议的主要目的是将数据交付给对端的 RLC 实体。所以 LTE RLC 提出了 3 种模式：透明模式（Transparent Mode，TM）、非确认模式（Unacknowledged Mode，UM）和确认模式（Acknowledged Mode，AM）。

TM 模式最简单，它对于上层数据不进行任何改变，这种模式典型地被用于 BCCH 或 PCCH 逻辑信道的传输，该方式不需对 RLC 层进行任何特殊的处理。RLC 的透明模式实体从上层接收到数据，然后不做任何修改地传递至下面的 MAC 层，这里没有 RLC 头增加、数据分割及串联。

UM 模式可以支持数据包丢失的检测，并提供分组数据包的排序和重组。UM 模式能够用于任何专用或多播逻辑信道，具体使用依赖于应用及期望 QoS 的类型。数据包重排序是指对不按顺序接收到的数据进行排序。

AM 模式是一种最复杂的模式。除了 UM 模式所支持的特征外，AM RLC 实体能够在检测到丢包时要求它的对等实体重传分组数据包，即 ARQ 机制。因此，AM 模式仅仅应用于 DCCH 或 DTCH 逻辑信道。

一般来讲，AM 模式典型地用于 TCP 的业务，如文件传输，这类业务主要关心数据的无错传输；UM 模式用于高层提供数据的顺序传送，但是不重传丢失的 PDU，典型地用于如 Voip 业务，这类业务最主要关心传送时延；TM 模式则仅仅用于特殊的目的，如随机接入。

在 NB-IoT 中，由于当前 R13 版本不支持 Voip 这类业务，因此为了简化 RLC 层的复杂度，NB-IoT 不支持 RLC UM 模式。

当 AM RLC 发送侧实体把 RLC SDU 组成 AMD（确认模式数据）PDU 时，它将分段或级联 RLC SDU，以使 AMD PDU 适合下层在特定时机指示的 RLC PDU 总大小。当 AM RLC 实体发送侧把来自上层 RLC SDU 形成的 AMD PDU 或把 RLC PDU 形成的 AMD PDU

分段重传，它将在 RLC PDU 内包括相关的 RLC 头。当 AM RLC 接收侧实体接收 RLC PDU，它将检测 RLC PDU 是否已经以副本方式收到，丢弃复制的 RLC PDU。如果接收为乱序，则重排序 RLC PDU。同时，检测下层的 RLC PDU 的丢失，并请求其对等 AM RLC 实体重传。随后，将已排序的 RLC 数据 PDU 组装为 RLC SDU，并按顺序递交 RLC SDU 给上层。

RLC PDU 的格式与参数如图 4.2 所示。

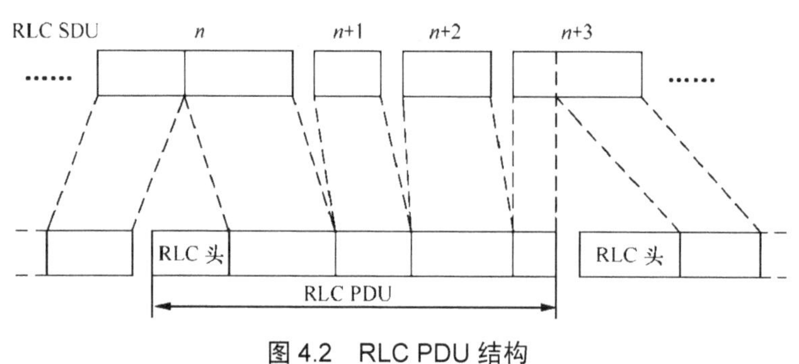

图 4.2　RLC PDU 结构

RLC 头携带了 RLC PDU 的序列号，该序列号与 SDU 序列号不同。

一个 RLC PDU 可以由下面的段组成：第 i 个 SDU 的最后一个分段串接 n 个完整的 SDU，再串接第 $i+n+1$ 个 SDU 的第一段，其中 n 为大于或等于 0 的整数。

4.2.2 服务模式

在 NB-IoT 系统中不支持 RLC UM，DRB 使用 RLC AM。NB-IoT 中支持大部分针对 RLC AM 的功能，除了对于仅支持控制面优化传输方案的终端不支持 RLC 重建立功能（由于仅支持控制面优化传输方案的终端不支持接入层安全，而现有的 RRC 重建立必须要发生在接入层安全激活之后），但支持 RLC 状态报告、polling 以及对支持的 RLC SN 等机制进行简化。例如，对于 polling 机制，不支持 pollPDU 和 pollByte 触发的 polling 操作；默认仅使用较短的 RLC SN。

NB-IoT 对于 DRB 使用 RLC AM，可以简化 RLC 处理，同时也能保证数据传输的可靠性；对于 SRB，为了保证信令传输的可靠性，需要使用 RLC AM。如果 DRB 使用 RLC UM，就表示对于 NB-IoT 终端必须同时支持 RLC AM 和 UM，会导致终端的复杂性增加。

NB-IoT 保留了 RLC 的重排序功能，但进行了简化。

在 NB-IoT 中，对于定时器 t-Reordering 和 t-StatusProhibit 仅支持取值为 0（不需要在 RRC 信令中配置相应的定时器长度），表示一旦满足相应的触发条件（例如，识别出 RLC PDU 乱序以及 RRC 的 RLC-Config-NB 中配置了 enableStatusReportSN-Gap-r13 参数），这两个定时器超时的操作立即发生。

4.3 分组数据汇聚协议层 PDCP

4.3.1 概述

PDCP 协议层的主要目的是发送或接收对等 PDCP 实体的分组数据。该子层主要完成以下几方面的功能：IP 包头压缩与解压缩、数据与信令的加密以及信令的完整性保护。图 4.3 给出了 PDCP 层用户面与控制面的主要功能模型。

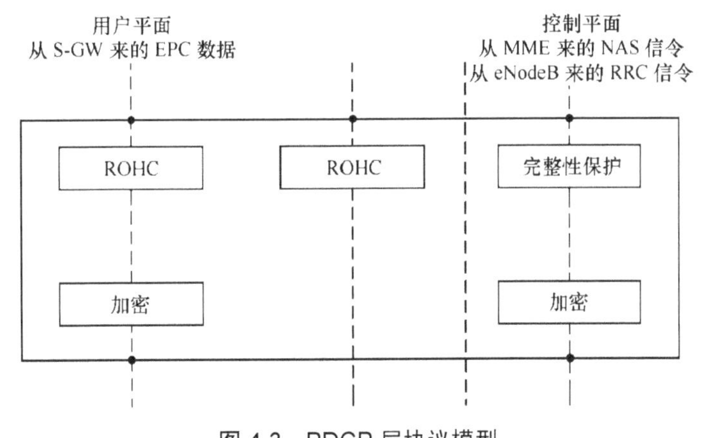

图 4.3 PDCP 层协议模型

在控制平面，加密和完整性保护是必选功能；而在用户平面，可靠头压缩（ROHC）为必选功能，数据加密为可选功能，这里的数据既可以是用户数据，也可以是应用层信令，如 SIP、RTCP 等。

PDCP 向位于 UE 侧的 RRC 和用户平面的上层，或者向 eNodeB 侧的中继提供业务，包括用户平面数据的传输、控制平面数据的传输、头压缩、加密和完整性保护等。

PDCP 层可以向下层提供的业务包括：透明数据传输业务、确认的数据传输业务（包括对 PDCP PDU 传输成功的指示）和非确认的数据传输业务（按序传输、包复制或丢弃处理）等。

具体来讲，PDCP 层的用户平面包括如下功能。

- 头压缩与解压缩，只支持一种压缩算法，即 ROHC 算法。
- 用户平面的数据传输，即从 NAS 子层接收 PDCP SDU 数据转发给 RLC 层，反之亦然。
- RLC AM 的 PDCP 重建立流程时对上层 PDU 的顺序递交。
- RLC AM 的 PDCP 重建立流程时对下层 SDU 的重复检测。
- RLC AM 切换时对 PDCP SDU 的重传。
- 数据加密。
- 上行基于定时器的 SDU 丢弃。

PDCP 层控制平面包括的具体功能如下。

- 加密与完整性保护。
- 控制平面的数据传输，即从 RRC 层接收 PDCP SDU 数据，并转发给 RLC 层，反之亦然。

与 UMTS 系统中的 PDCP 层相比较，LTE 系统中的 PDCP 层呈现出以下特征。

- 压缩算法简单，仅支持一种压缩算法。
- 不支持无损重定位。
- 需支持加密。

4.3.2 主要功能

NB-IoT 系统继续支持上述所有 LTE 系统的 PDCP 功能，即：

- 头压缩与解压缩，只支持一种压缩算法，即 ROHC 算法；

- 用户平面的数据传输，即从 NAS 子层接收 PDCP SDU 数据转发给 RLC 层；
- RLC AM 的 PDCP 重建立流程时对上层 PDU 的顺序递交；
- RLC AM 的 PDCP 重建立流程时对下层 SDU 的重复检测；
- 数据加密和解密；
- 上行基于定时器的 SDU 丢弃；
- 加密与完整性保护；
- 控制平面的数据传输，即从 RRC 层接收 PDCP SDU 数据，并转发给 RLC 层，反之亦然。

针对 R13 NB-IoT 只支持不频繁小数据业务的特点，对上述部分功能的细节做了相应的简化，包括：

- 在 NB-IoT 系统中支持的 PDCP 功能可以针对 DRB 和 SRB，但不包括 SRB0 和 SRB1-bis；
- 不支持 PDCP 状态报告；
- 只支持 7bits 的 PDCP SN；
- 只支持 1600Bytes 的 PDCP SDU 以及 PDCP control PDU（1600Bytes 包含最大 1500Bytes 的数据包+最大 100Bytes 的 RRC 开销）。

4.3.3 数据传输过程

NB-IoT 中，对于仅仅支持控制面优化方案的终端，由于加密和完整性保护等安全功能由 NAS 完成，不支持 AS 层安全，所以不使用 PDCP 协议子层（这样可以节省 PDCP header 和 MAC-I 的开销）。对于同时支持控制面优化方案和用户面优化方案的终端，在 AS 安全激活之前不使用 PDCP 协议子层；在安全激活之后，即使是使用控制面优化方案的 NB-IoT 终端（例如，用户面优化传输方案挂起，后续 Resume 时通过 SRB 传数据）也要使用 PDCP 协议子层的功能。

对于用户面优化传输方案，在 suspend 时，需要存储 PDCP 状态参数（ROHC 状态参数），以便在 Resume 时可以继续之前的 ROHC 参数实现快速的用户面恢复。但在 Resume 时是否继续使用之前的 ROHC 参数可由终端在 ResumeRequest 消息中携带的 drb-ContinueROHC 字段进行控制。另外，在 Resume 时，需要清空 PDCP 的发送计数值（例如，Next_PDCP_TX_SN 和 TX_HFN），这是因为相比于 RRC 重建立流程，Resume 虽然借用了 PDCP 重建立操作，但作为正常的 suspend 时，数据发送已经完成，无需考虑缓存区中的数据重发。

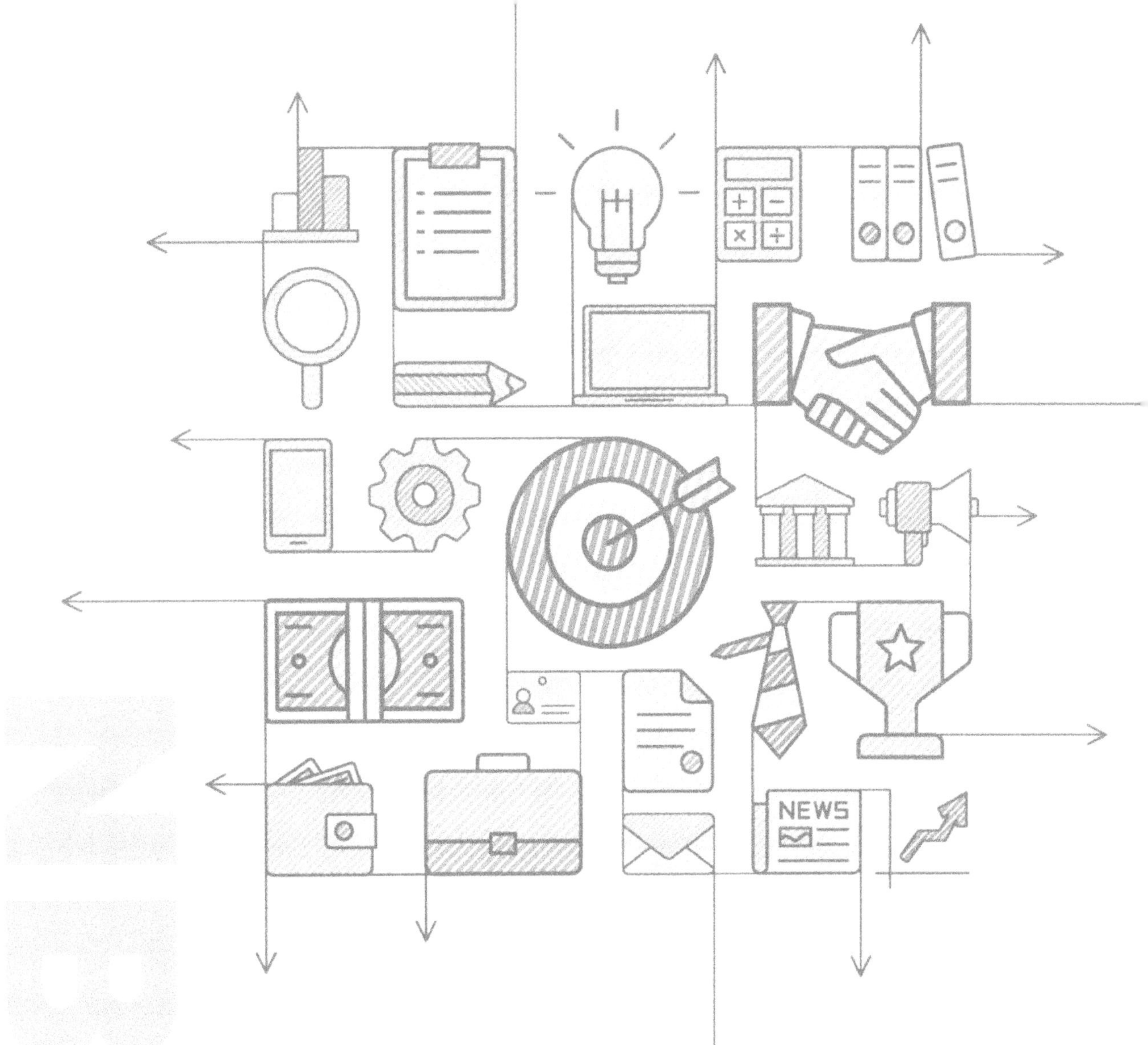

Chapter 5

第5章

物理层下行链路

5.1 概　述

根据 NB-IoT 的系统需求，终端的下行射频接收带宽是 180kHz。由于下行采用 15kHz 的子载波间隔，NB-IoT 系统的下行多址方式、帧结构和物理资源单元等设计尽量沿用了现有 LTE 的设计。针对 180kHz 系统带宽的特点，NB-IoT 系统重新设计了窄带物理广播信道、窄带物理共享信道、窄带物理下行控制信道、窄带同步信号和窄带参考信号。不再支持物理控制格式指示信道，子帧中起始 OFDM 符号根据操作模式和 SIB1 中信令指示，另外，为了简化设计，采用上行授权来进行 PUSCH 的重传，不再支持物理混合重传指示信道。

5.1.1 多址方式

与 LTE 系统类似，NB-IoT 系统在下行采用 OFDMA 技术，对于 Stand-alone、Guard-band 和 In-band 3 种操作模式，都是采用 15kHz 的子载波间隔。

5.1.2 帧结构

从时域上看，NB-IoT 系统的下行帧结构和现有的 LTE 系统类似，只不过每个子帧在频域上只包含 12 个连续的子载波。

5.1.3 下行资源单元

NB-IoT 系统下行 slot 结构、下行 resource grid 及下行 resource element 的定义和 legacy LTE 系统相同，只是一个下行 slot 在频域上只包含 12 个子载波。In-band 模式下的下行资源结构如图 5.1 所示，与 Stand-alone 和 Guard-band 的模式基本相同，只是不包含 LTE · CRS。

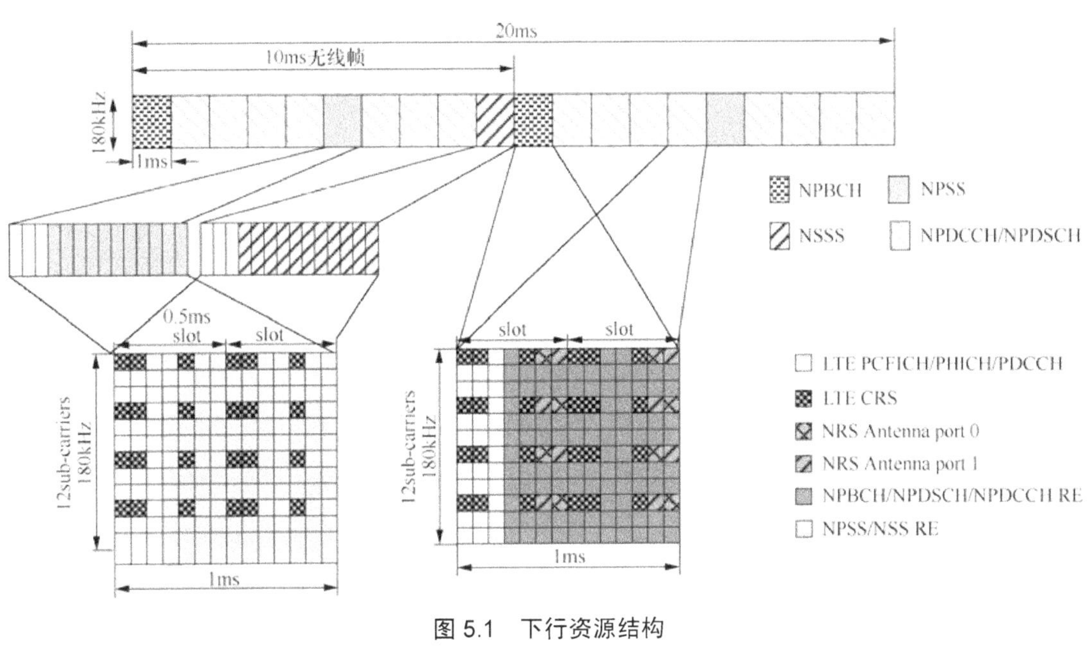

图 5.1 下行资源结构

5.1.4 下行物理信道

NB-IoT 系统包含以下下行物理信道：

- 窄带物理下行共享信道（NPDSCH）；
- 窄带物理广播信道（NPBCH）；
- 窄带物理下行控制信道（NPDCCH）。

5.1.5 下行物理信号

NB-IoT 系统下行窄带物理信号包含窄带同步信号和窄带参考信号（NRS）。

窄带同步信号包含窄带主同步信号（NPSS）和窄带辅同步信号（NSSS）。

5.2 同步信号

5.2.1 引言

小区搜索过程就是终端通过对同步信号的检测，完成与小区在时间和频率上的同步，以及获取小区 ID 的过程。与 LTE 类似，NB-IoT 的同步信号也包括主同步信号 NPSS（Narrow-band Primary Synchronization Signal）和辅同步信号 NSSS（Narrow-band Secondary Synchronization Signal），其中，NPSS 用于完成时间和频域同步，NSSS 则携带 504 个小区 ID 信息和 80ms 的帧定时信息（即在 80ms 中的哪一个无线帧）。

5.2.2 信号结构

NB-IoT 在频域上仅有一个 PRB，而 LTE 的同步信号是占用了系统带宽中间 6 个 PRB。由于频域上的不同，导致了 NB-IoT 与 LTE 的同步信号设计的不一样。

在 LTE 里，同步信号时域上占用 1 个 OFDM 符号，频域上是占用了系统带宽中间的 6 个 PRB。而 NB-IoT 在频域上只有一个 PRB，频域分集增益的缺失需要时域分集增益来弥补，且考虑到 NB-IoT 需要考虑深度覆盖问题，在 NB-IoT 同步信号讨论初期，就确定了 NB-IoT 的同步信号需要扩展到多个 OFDM 符号上。

图 5.2 给出了 NPSS 和 NSSS 在无线帧中的时域位置示意图，其中，NPSS 在每个无

线帧的子帧 5 上发送，而 NSSS 在偶数无线帧的子帧 9 上发送。NPSS 和 NSSS 在一个子帧中，都是占用了子帧的后 11 个符号。

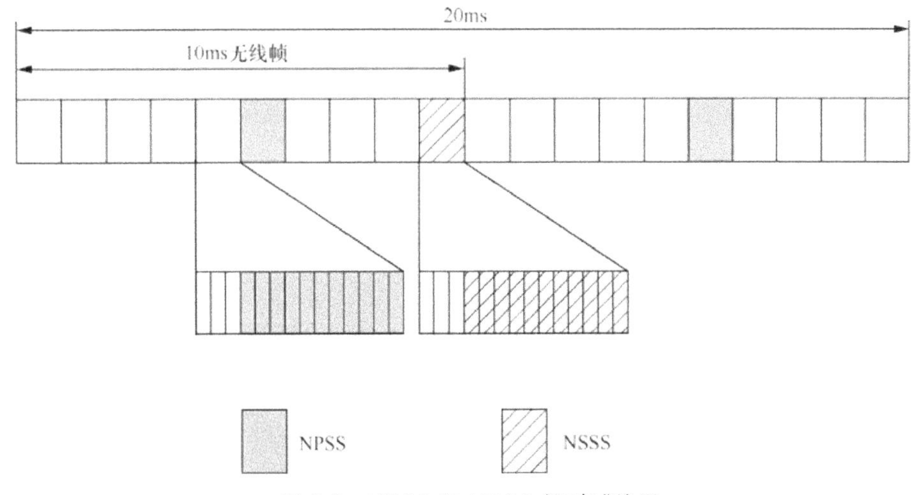

图 5.2 NPSS 和 NSSS 的时域位置

在初期讨论阶段，也考虑过 TDD 和 FDD 系统在 Normal CP 和 Extended CP 子帧结构时，同步信号分别占用不同的符号数。不过考虑到标准制定时间有限，最后 NB-IoT 只考虑 FDD 系统 Normal CP 的场景，对于 extended CP，现有协议版本是不支持的。

同步信号所在子帧的前 3 个符号不用于发送同步序列，这种设计主要是考虑在 In-band 模式下，下行子帧的前 3 个符号要用于发送 LTE 的 PDCCH。在讨论过程中，有提出过对于 Stand-alone 或 Guard-band 模式下，占用整个子帧的全部符号。不过最终为了在所有工作模式下都采用统一的设计，协议最终还是采纳了同步信号只在子帧的后 11 个符号发送的方式（Normal CP 下，一个子帧有 14 个 OFDM 符号）。

NPSS 在每个无线帧的子帧 5 上发送，发送周期为 10ms，而 NSSS 在偶数无线帧的子帧 9 上发送，发送周期为 20ms。由于 NPSS 和 NSSS 的发送周期不一样，因此，在根据 NPSS 获得时间同步后，终端需要对 NSSS 做假设检验（两种候选位置的假设检验）。这种设计主要是为了降低同步信号的开销，在标准制定过程中，NSSS 的发送周期有 10ms、20ms、40ms 以及 80ms 4 种候选方案，最后在性能和开销上进行折中，取了 20ms 作为 NSSS 的发送周期。

5.2.3 同步序列

在 LTE 里，PSS 信号采用的是 Zad-off Chu 序列（以下简称 ZC 序列），而 SSS 序列采用的是 m 序列。而在 NB-IoT 中，具体的 NPSS 和 NSSS 序列设计在标准制定过程中提出过多种不同的方案，详见第 5.2.3.1 和 5.2.3.2 节。

5.2.3.1 主同步信号序列

LTE 里，PSS 序列一共有 3 条，通过 PSS 携带了小区组内 ID 信息。与 LTE 不同，NB-IoT 的 NPSS 序列只有 1 条，这主要是考虑到 NB-IoT 主要是应用于低成本终端，NPSS 信号有多条的话，将会成倍地增加终端同步检测时的复杂度。

在 NB-IoT 同步序列的设计讨论中，对于 NPSS，大家的一个共识是基于 ZC 序列的设计。对于主同步信号序列的设计，标准制定过程中有过基于长序列和短序列设计的考虑。而对于具体的长序列和短序列设计，分别有具体的不同方案。

NPSS 序列设计方案 1：基于长序列的设计。基于长序列的方案，就是先产生一条长序列，然后由长序列生成与 11 个符号对应的子序列。

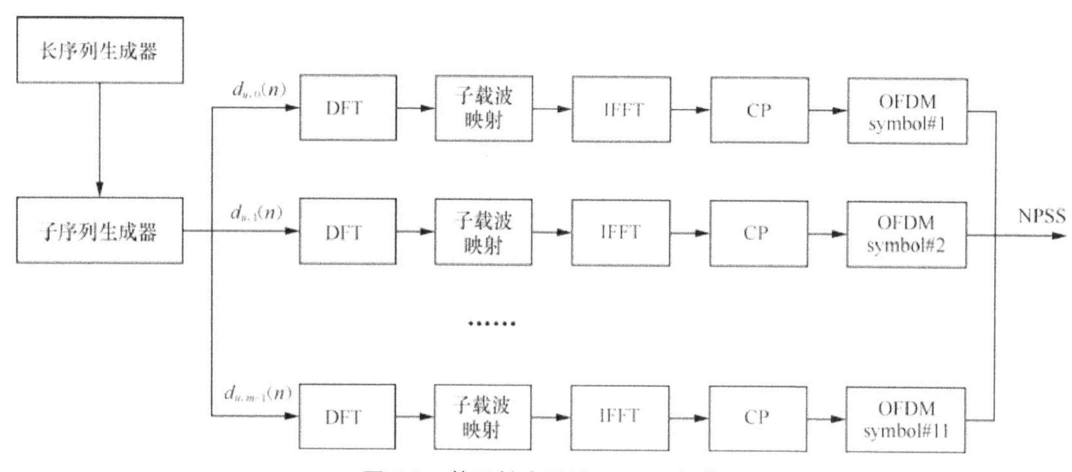

图 5.3 基于长序列的 NPSS 生成

上述基于长序列的 NPSS 生成框图是一个子帧中同步信号的生成框图，需要指出的是基于长序列的 NPSS 序列设计，都是针对两个子帧的，两个子帧使用互为复共轭（根索引共轭，一条 ZC 序列的根索引为 u，另外一条 ZC 序列的根索引则为 $N-u$，其中 N 为 ZC 序列的长度）的两条 ZC 序列。后面关于 NPSS 序列设计方案 1 的描述如无特殊说明，都是基于以上假设。

在具体的长序列生成以及子序列生成过程中，又有不同的具体设计方案，主要体现在长序列长度的选择以及子序列生成的不同。

- NPSS 序列设计方案 1-1[1][2]

N-PSS 采用长 ZC 序列，包括两条 ZC 序列 $NB\text{-}PSS_1$ 和 $NB\text{-}PSS_2$，其中 $NB\text{-}PSS_1$ 基于根索引为 1，由长度为 N_{PSS} 的 ZC 序列生成，而 $NB\text{-}PSS_2$ 为 $NB\text{-}PSS_1$ 的复共轭[1]，公式如下。

$$NB-PSS_1(n)=\exp\left(-\frac{\mathrm{j}\pi n(n+1)}{N_{\text{PSS}}}\right),\quad n=0,1,2,\cdots\cdots,N_{\text{PSS}}-1 \tag{1}$$

$$NB-PSS_2(n)=\exp\left(\frac{\mathrm{j}\pi n(n+1)}{N_{\text{PSS}}}\right),\quad n=0,1,2,\cdots\cdots,N_{\text{PSS}}-1 \tag{2}$$

其中，$N_{\text{PSS}}=139$，ZC 序列采用根索引 $u=1$ 的序列。

长序列生成器中还包含了以下处理过程。

- 过采样：根据最终 N-PSS 的时域信号长度进行过采样，以 FFT 大小为 128 点为例，11 个包含了 CP 长度的 N-PSS 时域信号的长度为 1508（137×11+1），过采样通过补零实现。

子序列生成器则包含了以下处理过程。

- 子序列生成：将过采样的长度为 1508 点的序列按照 11 个时域符号的形式，生成 11 条子序列，除了第 4 条子序列的长度为 138 点外，其余子序列的长度为 137 点。
- 子序列重建：把与 CP 对应的 9/10 个样点（第 4 条序列的 CP 对应 10 个样点，其余 9 个）去掉，得到 11 条 128 点长的子序列。

需要注意的是，在 NPSS 序列设计方案 1-1 中，DFT 处理时基于 128 点的 DFT，因此在 DFT 之后，子载波映射之前，还额外包含了一个子载波选择的问题，DFT 后的 128 点的序列，只取中间的 12 个子载波，然后再进行子载波映射。

- NPSS 序列设计方案 1-2[3]

在长序列生成器中，ZC 序列的长度选择 L=141 点，生成的序列为 ZC(n), n=0, 1, ……, 140；在子序列生成器中，通过打掉长序列 ZC(n)中 n={12, 25, 50, 63, 76, 89, 102, 115, 140}

的元素，得到 132 点长的序列，然后再生成 11 条 12 点长的子序列。ZC 序列的根索引也是选择 u=1 以及其共轭。

- NPSS 序列设计方案 1-3[4]：

在长序列生成器中，ZC 序列的长度选择 L=143 点，设生成的长序列为 ZC(n)，n=0, 1, 2, ……, 142；

在子序列生成器中，通过打掉长序列 ZC(n)中 n={0, 13, 26, 39, 52, 65, 78, 91, 104, 117, 130}或 n={12, 25, 38, 51, 64, 77, 90, 103, 116, 129, 142}的元素，得到 132 点长的序列，然后再生成 11 条 12 点长的子序列。

需要指出的是，NPSS 序列设计方案 1-2 和 NPSS 序列设计方案 1-3 的 DFT 都是 12 点的 DFT，这与 NPSS 序列设计方案 1-1 不同。

对于上述 3 种长序列设计方案，其性能差异并不大。

NPSS 序列设计 2：基于短序列的设计就是同步信号的每个 OFDM 符号对应的序列是完整的一条 ZC 序列，而不是通过长序列截短生成。

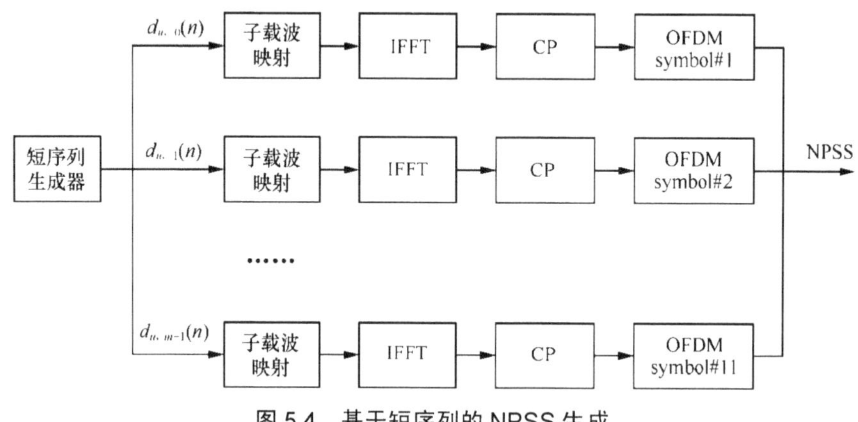

图 5.4　基于短序列的 NPSS 生成

不过在具体的短序列设计上，各家公司的方案也是有所不同的。

- NPSS 序列设计方案 2-1[5]

NPSS 序列在频域生成，每个符号对应一条长度 $N_{ZC}=11$ 的 ZC 序列：

$$x(n)=\exp\left(-\frac{\mathrm{j}\pi u_i n(n+1)}{N_{ZC}}\right), n=0,1,\cdots\cdots,N_{ZC}-1 \tag{3}$$

ZC 序列在映射到 NB-IoT 对应的 1 个 PRB 的 12 个子载波的时候，要保证中心共轭对称的特性，也即索引 5 对应一个 PRB 的直流 DC 的位置。同步序列扩展在 11 个 OFDM 符号上，每个 OFDM 符号上使用的 ZC 序列的根索引不同，11 个符号依次使用的 ZC 序列根索引分别为{1, 10, 2, 9, 3, 8, 4, 7, 5, 6, 5}。

- NPSS 序列设计方案 2-2[6]

NPSS 采用基序列+时域扩展序列的方式生成。一条基序列长度为 12 点的 ZC 序列作为基序列，然后经过一条 PN 序列进行时域扩展，得到最终的 NPSS 序列。图 5.5、图 5.6 和图 5.7 分别给出了所述子序列生成的示意图。

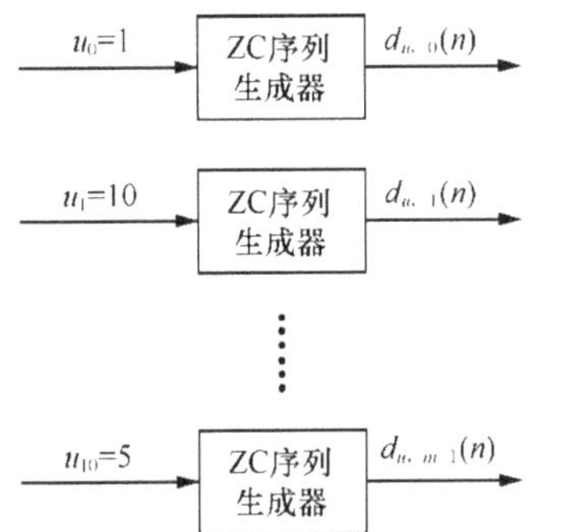

图 5.5 NPSS 序列设计方案 2-1 的短序列生成

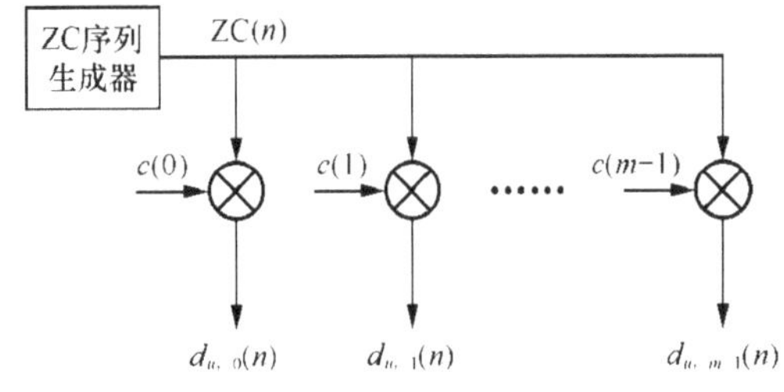

图 5.6 NPSS 序列设计方案 2-2 的短序列生成

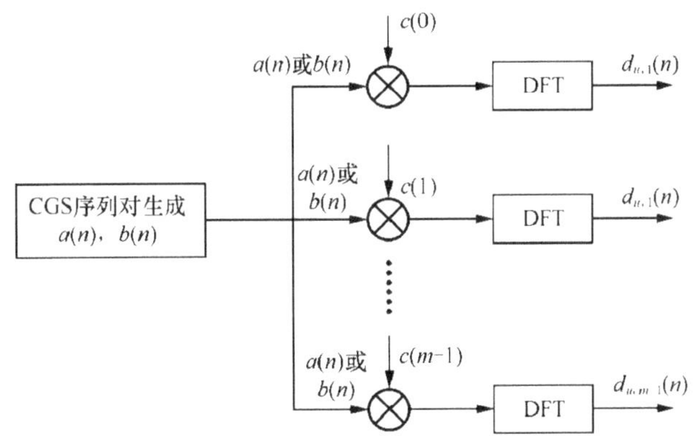

图 5.7 NPSS 序列设计方案 2-3 的短序列生成

ZC 序列的生成方式可参考上述的公式（3），把序列长度换成 12 即可。根索引的选择高通公司没有给出，不过只要保证与 12 互质即可，而且只需要一条基序列，因而根索引的选择也是比较容易的。

时域扩展序列采用 PN 序列，具体如下：$c(l)$ =[1, 1, 1, –1, –1, –1, 1, –1, –1, 1, –1]，l = 0, 1, ……, m – 1。

- NPSS 序列设计方案 2-3[7]

NPSS 序列设计方案 2-2 的设计思路与 NPSS 序列设计方案 2-1 类似，只是在使用的序列上有所不同。在 NPSS 序列设计方案 2-2 中，采用的序列是 CGS 序列（Complemtary Golay sequence），提出该方案的公司认为 CGS 序列相对于 ZC 序列，在接收复杂度上有优势。不过考虑到实际上 NPSS 发送的时域信号，还需要经过后续的 DFT 以及 IFFT 等操作，NPSS 的时域信号并不再是二进制或四相序列，也都是复数序列了，因而这种设计方案的复杂度并不会比基于 ZC 的低。此外，在参考文献[7]里，序列是在时域生成的，因此子序列生成后还要经过一个 DFT 的操作。

$a(n)$和 $b(n)$是长度为 12 点的 CGS 序列，其中：

$\{a(n)\}$ ={1, 1, 1, 1, –1, –1, –1, 1, j, –j, –1, 1}；

$\{b(n)\}$={ 1, 1, j, j, 1, 1, –1, 1, 1, –1, 1, –1}。

NPSS 对应的 11 个 OFDM 符号上分别对应着$\{a(n)\}$，$\{b(n)\}$，$\{a(n)\}$，$\{b(n)\}$，$\{b(n)\}$，$\{a(n)\}$，$\{b(n)\}$，$\{a(n)\}$，$\{b(n)\}$，$\{a(n)\}$和$\{a(n)\}$，每个 OFDM 符号上分别与扩展码 $c(l)$的一个元素相乘，其中$\{c(l)\}$= {1, 1, 1, –1, 1, 1, 1, –1, 1, 1, 1}。

长序列和短序列设计，二者均有优缺点，如下所示。

长序列的优点：相关性好，利用两个子帧上的两条长序列的共轭特性，时域相关性很好。

长序列的缺点：每个符号上的序列为一条长的 ZC 序列的截短，ZC 序列的低 PAPR/CM 特性遭破坏。此外，在相同 NPSS 发送周期的前提下，长序列由于需要两倍的子帧资源，因而开销相对短序列要高。

短序列的优点：每个 OFDM 符号对应一条完整的 ZC 序列，ZC 序列的所有性质得以保证。

短序列的缺点：时域相关性比长序列的稍差。

对于 NPSS 两种设计方案，在性能上的差距并不是很明显，而且，对于 NB-IoT 来说，只要保证系统能够工作即可，因此，在 NPSS 序列设计方案的选取问题上，不同序列设计的同步检测性能并不是主要的指标。关于 NPSS 两种设计方案性能以及复杂度，在标准制定过程中与大量提案有过分析与比较，感兴趣的读者可参考参考文献[8]～[22]。

3GPP 在 RAN WG1 NB-IoT Ad-Hoc 2 会议上，确定了 NPSS 采用了序列设计方案 2 的设计的思路，也就是基于短序列的设计，同时限定了短序列为长度是 11 点的 ZC 序列，至于每个符号上发送的 ZC 序列如何确定，仍然有以下几种候选方案。

候选方案 1：也就是上述的 NPSS 序列设计方案 2-1。每个符号上对应的根索引分别为 u={1, 10, 2, 9, 3, 8, 4, 7, 5, 6, 5}。

候选方案 2：也就是基于上述的 NPSS 序列设计方案 2-2 的修改，采用 11 点长的 ZC 序列替代原来的 12 点长的 ZC 序列，同时时域扩展码为 $c(l)$ ={1, 1, 1, 1, –1, –1, 1, 1, 1, –1, 1}。

对于上述两种候选方案，其 NPSS 的检测性能如表 5-1 所示，仿真假设如表 5-2 所示。

表 5-1 NPSS 候选方案的性能比较

In-band, MCL=164 FO=+/-28.3ppm	候选方案 1	候选方案 2
NPSS 检测概率	100%	100%
误检概率–1	0%	0%
误检概率–2	0.1%	0%
50% UE 的 NPSS 检测时间	40ms	40ms
95% UE 的 NPSS 检测时间	650ms	590ms
采样率 @1.92MHz 时残留时偏在 4 个样点的概率	99.9%	100%

NPSS 检测概率：指检测到的相关峰值超过了预设阈值，如果累计的搜索时间超过了 3ms，则认为是漏检了。

误检概率–1：指在没有发送任何信号的情况下，接收端检测到的相关峰值超过了预设阈值。

误检概率–2：指检测到的相关峰值超过了预设阈值，但是相关峰值对应的位置与真正的同步信号起始位置的差值超出了 4 个样点（在采样率为 1.92MHz 时）。

残留时偏：上述的残留时偏对应的时间偏差是（–2.08μs ~ +2.08μs）。

表 5-2　链路仿真参数

参数	取值
系统带宽	180kHz
频段	900MHz
信道模型	TU 1Hz
干扰	只有噪声
天线配置	1Tx, 1Rx
初始频偏	+/- 28.3ppm: 20ppm + 7.5kHz channel raster
信噪比	In-band : –12.6 dB[1]
采样率（F_s）	1.92MHz
CRS puncturing	使能
仿真样点	1000

[1]注释: –12.6dB 对应 In-band 模式下的 MCL= 164dB

在后续会议的讨论中，最终确定了 NPSS 采用了上述的候选方案 2，具体如下。

- 基序列

$$Z_k = \exp\left(\frac{-\mathrm{j}5\pi k(k+1)}{11}\right), k = 0,1,\cdots\cdots,10$$

- 时域扩展码

$$c(l) = \{1, 1, 1, 1, -1, -1, 1, 1, 1, -1, 1\}, l = 0, 1, \cdots\cdots, 10$$

对于 PSS 是映射在 1 个 PRB 内的 12 个子载波中的前 11 个（对应一个 PRB 内的索引为 0～10 的子载波）。NPSS 的生成框图如图 5.8 所示：

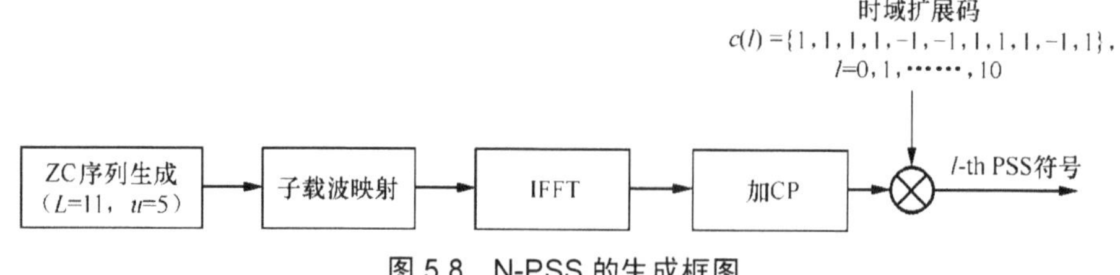

图 5.8　N-PSS 的生成框图

由于 NPSS 序列的基序列长度为 11 点，而 NB-IoT 在频域上占用的是 1 个 PRB，也即 12 个子载波，因此还需要确定 NPSS 基序列的频域映射。标准规定 NPSS 映射到一个 PRB 的前 11 个子载波。

5.2.3.2 辅同步信号序列

与 NPSS 类似，对于 NSSS 的序列设计，也同样有基于长序列和基于短序列的两种设计。

NSSS 序列设计 1：

- NSSS 序列设计 1-1[1-2]

NSSS 序列设计 1-1 的设计思路与 NPSS 基本上是相同的，唯一的不同在于，所有小区发送的 NPSS 序列都是相同的，两个子帧上发送的 NPSS 序列互为共轭，而 NSSS 是需要指示小区 ID 信息和帧定时的，通过两个子帧上使用的不同 ZC 序列的根索引组合（u1，u2）来指示不同的小区 ID 和帧定时信息。

- NSSS 序列设计 1-2[24]

NSSS 序列设计 1-2 是 NB-IoT 讨论中最早提出来的方案，其具体的设计如图 5.9 所示：

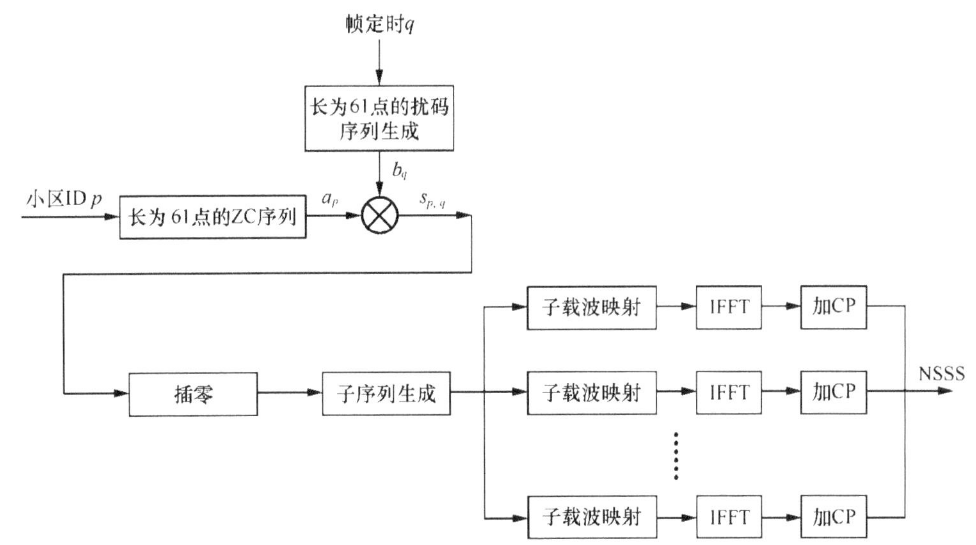

图 5.9 NSSS 序列设计方案 1-2 的生成框图

在早期的讨论中，同步信号占用的 OFDM 符号数是有好多可选项的，因此，序列长度的设计也有很多不同的选择。在这里，NSSS 序列设计方案 1-2 中是假定了 NSSS 映射到 6 个 OFDM 符号的一种设计。根据小区 ID 以及发送 NSSS 所在的无线帧（相当于 NSSS

同时还提供了帧定时信息），获得参数（p，q），根据参数（p，q），生成 ZC 序列和扰码序列，然后通过补零把序列扩展到 72 点长，然后生成 6 条 12 点长的序列，再将 6 条 12 点长的子序列分别映射到 NSSS OFDM 符号对应的 12 个子载波上，最后进行 IFFT 以及添加 CP 操作，并串变换后形成最终的时域信号。

NSSS 序列 $s_{p,q}(n)=a_p(n)b_q(n), p=\{0,1,\cdots\cdots,503\}, q=\{0,1,2,3,\cdots\cdots,7\}$

其中：

$$a_p(n)=\exp\left(-\frac{\mathrm{j}\pi m_p(n+k_p)(n+k_p+1)}{61}\right), n=\{0,1,2,\cdots\cdots,60\}$$

$$b_q(n)=b\left(\mathrm{mod}\left(n-l_q,63\right)\right),\ n=\{0,\ 1,\ 2,\ \cdots\cdots,\ 60\}, q=\{0,1,2,\cdots\cdots,7\}$$

$$l_0=0, l_1=17, l_2=3, l_3=23, l_4=7, l_5=29,\ l_6=11,\ l_7=37$$

$$b(n+6)=\mathrm{mod}\left(b(n)+b(n+1),2\right), n=\{0,1,2,\cdots\cdots,55\}$$

$$b(0)=1, b(m)=0, m=\{1,2,3,4,5\}$$

根索引 m_p 和循环移位量 k_p 根据小区 ID p 确定：

$$m_p=1+\mathrm{mod}(p,61)$$

$$k_p=7\left\lfloor\frac{p}{61}\right\rfloor$$

上述的扰码序列设计是假设 NSSS 的发送周期为 10ms 的，如果 NSSS 的发送周期为 20ms，$l_0=0, l_1=3, l_2=7, l_3=11$。

- NSSS 序列设计方案 1-3[25]

NSSS 序列设计方案 1-3 是对 NSSS 序列设计方案 1-2 的一个修改，二者的不同点主要是序列参数与小区 ID 和帧定时的对应关系上，还有就是序列长度的不同。

- 序列长度的不同。NSSS 序列设计方案 1-3 建议是 131 长的 ZC 序列，循环扩展的方式得到 132 点的长序列。

- 小区 ID 对应的序列参数不同。NSSS 序列设计方案 1-2 中，根据小区 ID 确定 ZC 序列的根索引以及循环移位，根据帧定时确定扰码序列。而 NSSS 序列设计方案 1-3 方案中，根据小区 ID 确定 ZC 序列的根索引以及扰码序列，而帧定时确定频域的循环移位。

其生成框图如图 5.10 所示。

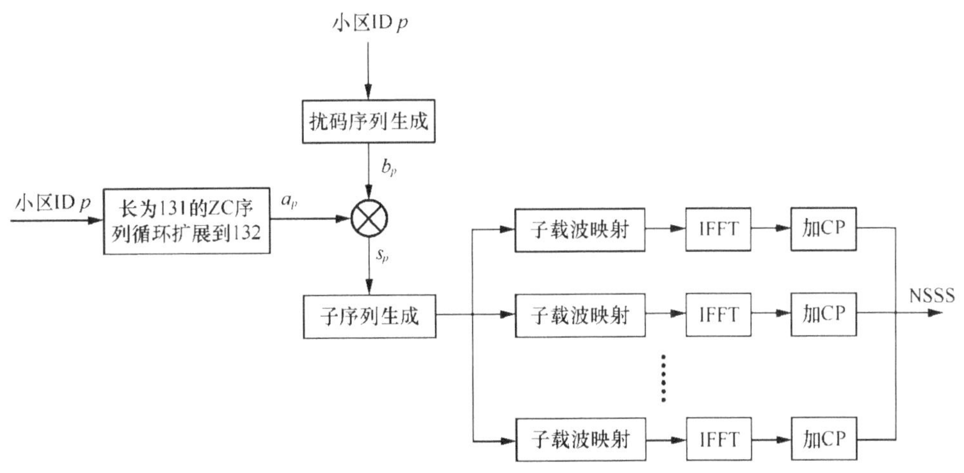

图 5.10　NSSS 序列设计方案 1-3 的生成框图

ZC 序列的根索引和扰码序列 m_p 和扰码序列索引 s_p 与小区 ID p 的映射关系如下所示：

$$r_p = 1 + \mathrm{mod}(p, 131)$$

$$s_p = \left\lfloor \frac{p}{131} \right\rfloor$$

对于扰码序列，考虑采用自相关和互相关性好的 M 序列或 PN 序列。

- NSSS 序列设计方案 1-4[4]

NSSS 序列设计方案 1-4 与 NSSS 序列设计方案 1-2 基本相同。不过对于序列长度的选择，给出了几种考虑。

- 长度为 61 的 ZC 序列，通过补 11 个 0 到 72 点长，占用 6 个 OFDM 符号。
- 长度为 71 的 ZC 序列，通过补 1 个 0 到 72 点长，占用 6 个 OFDM 符号。
- 长度为 83 的 ZC 序列，通过补 1 个 0 到 84 点长，占用 7 个 OFDM 符号。
- 长度为 131 的 ZC 序列，通过补 1 个 0 到 132 点长，占用 11 个 OFDM 符号。

通过仿真表明，序列长度越长，NSSS 的性能越好。

NSSS 序列设计 2：

- NSSS 序列设计方案 2-1[6]

每个 NSSS 符号上使用不同的短 ZC 序列和循环移位，不同符号上的根索引和循环移位组合足够指示小区 ID 和帧定时信息。

- NSSS 序列设计方案 2-2[7]

NSSS 序列设计方案 2-2 是基于 CGS 的短序列，其生成框图如图 5.11 所示。

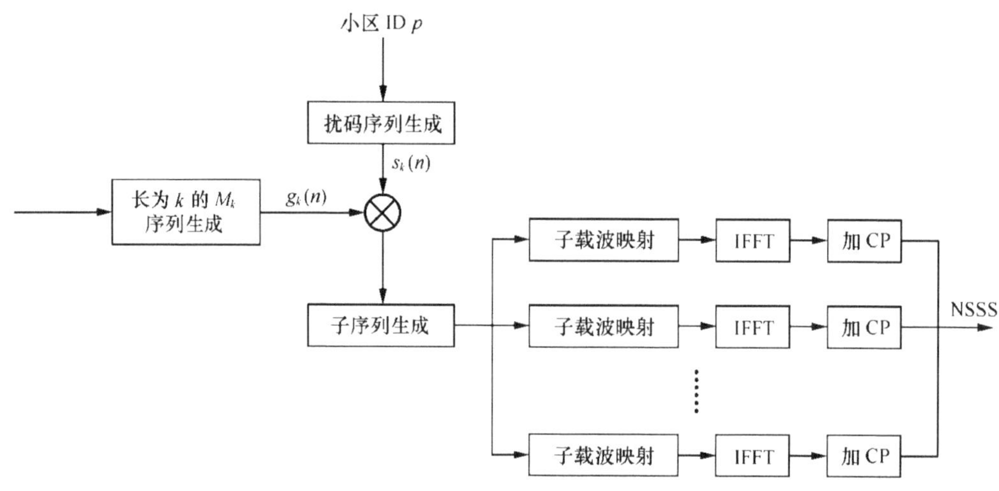

图 5.11　NSSS 序列设计方案 2-2 的生成框图

其中序列$\{g_k(n)\}$可以根据小区 ID 和子帧位置（帧定时）确定，扰码序列$\{s_k(n)\}$根据小区 ID 确定。

假设 k=2，那么满足携带 4032（504 个小区 ID 信息×8 个帧定时信息）个信息的序列长为 64，$\{g_k(n)\}$和$\{s_k(n)\}$的长可以分别为 64 的 Hadamard 序列和 modified m-sequence。长为 64 的 Hadamard 矩阵的行列索引组合可以指示小区 ID 和帧位置（64×64=4096>4032）。长为 64 的 m 序列可以通过长为 63 的 m 序列添 0 得到。由于 Hadamard 序列是相互正交的，零互相关性可以保证相同小区 ID 在不同子帧位置上好的检测性能。

- NSSS 序列设计方案 2-3[26]

NSSS 序列设计方案 2-3 也是基于 NSSS 序列设计方案 1-2 进行一定的修改的。对于 ZC 基序列，NSSS 序列设计方案 2-3 建议采用短序列的方式生成，其生成框图如图 5.12 所示。

对于短序列的生成，考虑以下几种方案。

- 长度为 11 的 ZC 序列通过循环扩展得到长为 12 的序列。
- 长度为 13 的 ZC 序列通过截短的方式得到长为 12 的序列。
- 采用现有 LTE 的长度为 12 的 CG-CAZAC 序列。

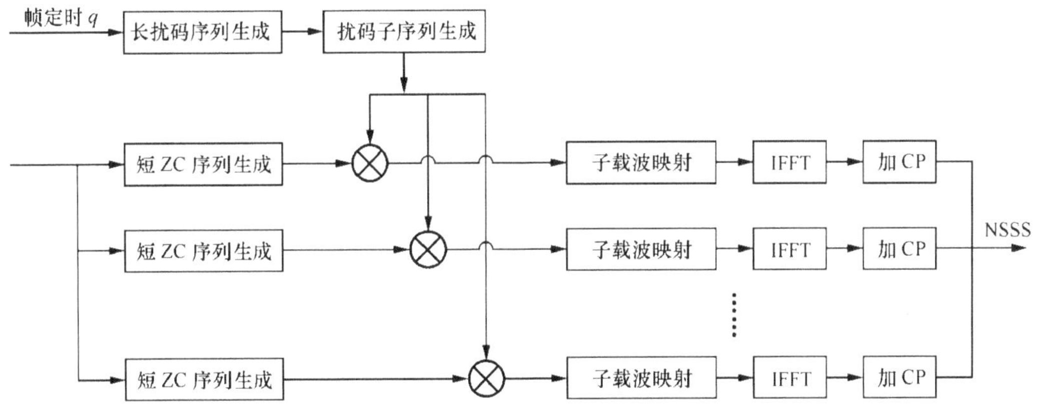

图 5.12　NSSS 序列设计方案 2-3 的生成框图

仿真表明 3 种序列设计的性能接近，而从可用的序列数考虑，采用现有 LTE 的长度为 12 的 CG-CAZAC 序列为优选方案。

协议最终采纳的方案是基于 NSSS 序列设计方案 1-3 方案进行修改的[27]。

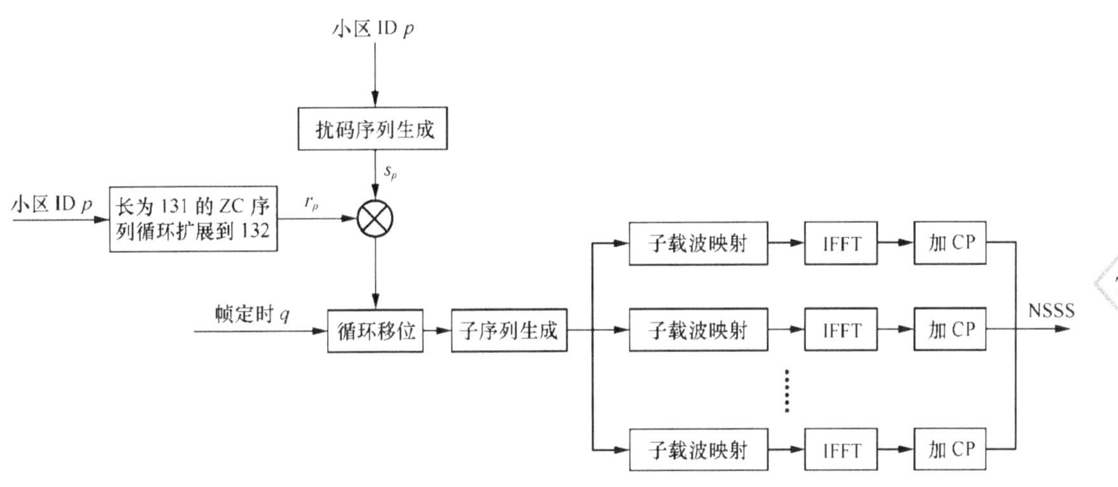

图 5.13　N-SSS 的生成框图（协议采纳的）

N-SSS 序列，通过 ZC 序列的不同根索引 r_p 与扰码序列 s_p 的组合来指示小区 ID（504 个），通过循环移位来指示帧定时（80ms 中的 4 个 NSSS 的发送位置，NSSS 的发送周期为 20ms）。具体的，NSSS 的生成表达式为：

$$NSSS(n) = \exp\left(-\frac{\mathrm{j}\pi u(n'(n'+1))}{N_{\mathrm{ZC}}}\right) \cdot b_q(n) \cdot \exp\left(-\frac{\mathrm{j}2\pi l_q n}{d_{\max}}\right)$$

其中 $n' = \mathrm{mod}(n, N_{ZC})$， $n = \{0, 1, 2, \cdots\cdots, N_{ZC} - 1\}$ 。

其中，ZC 序列的长度 $N_{ZC} = 131$，通过循环移位扩展的方式扩展到 132。

4 个循环移位间隔分别为：$l_0 = 0, l_1 = 33, l_2 = 66, l_3 = 99$。根据 NSSS 的发送位置确定，$d_{\max} = 132$ 。

扰码序列由 Hadamard 序列确定，具体地，4 条长度为 132 的 Hadamard 序列为：

$$b_q(n) = \mathrm{Hadamard}_{s_q}^{128\times128}[\mathrm{mod}(n,128)], q = 0,1,2,3;$$
$$s_0 = 0, s_1 = 31, s_2 = 63, s_3 = 127$$

小区 ID PCI 与 ZC 序列的根索引和扰码序列索引的组合（u, q）的映射关系如下所示：

$$u = \mathrm{mod}(PCI, 126) + 3$$
$$q = \left\lfloor \frac{PCI}{126} \right\rfloor$$

5.3 物理广播信道

5.3.1 信道结构

为支持 In-band 部署，NB-IoT 需要尽可能地避免与某些 LTE 信号/信道的冲突。上述原则适用于所有 NB-IoT 物理信道（包括 NPBCH）设计。最终采纳的 NPBCH 结构如图 5.14 所示。其中，传输周期或传输时间间隔是 640ms；传输发生在每一个 LTE 无线帧的子帧#0 中；在子帧#0 中，占用除前面 3 个 OFDM 符号以外的所有 OFDM 符号。

上述 NPBCH 结构考虑了下面的 In-band 部署限制：（1）避免了与 LTE MBSFN 子帧的冲突，其中 LTE MBSFN 子帧可能出现在子帧#1/子帧#2/子帧#3/子帧#6/子帧#7/子帧#8；（2）避免了与至多占用子帧内前面 3 个 OFDM 符号的 LTE PCFICH、PHICH 和 PDCCH 信道的冲突；（3）在完成小区搜索之后，终端设备虽然能够获取 LTE CRS 位置（其中，终端设备可以设想 NB-IoT PCID 和 LTE PCID 指示同样的 LTE CRS 位置），但是无法获取

LTE CRS 的序列信息，因为此时的终端设备还不知道 NB-IoT 窄带在 LTE 的系统带宽范围内占用的频域位置。为了能使 NPBCH 信道估计和相干解调，额外的 NRS 必须被定义；（4）避免了与至多支持 4 端口的所有 LTE CRS 信号的冲突。正如前面提到的，终端设备虽然无法获取 LTE CRS 的序列信息，但是可以获取 LTE CRS 的位置。考虑到上述原因，使用没有被 LTE CRS 所占用的资源单元传输 NPBCH 数据是恰当的[1-2]。

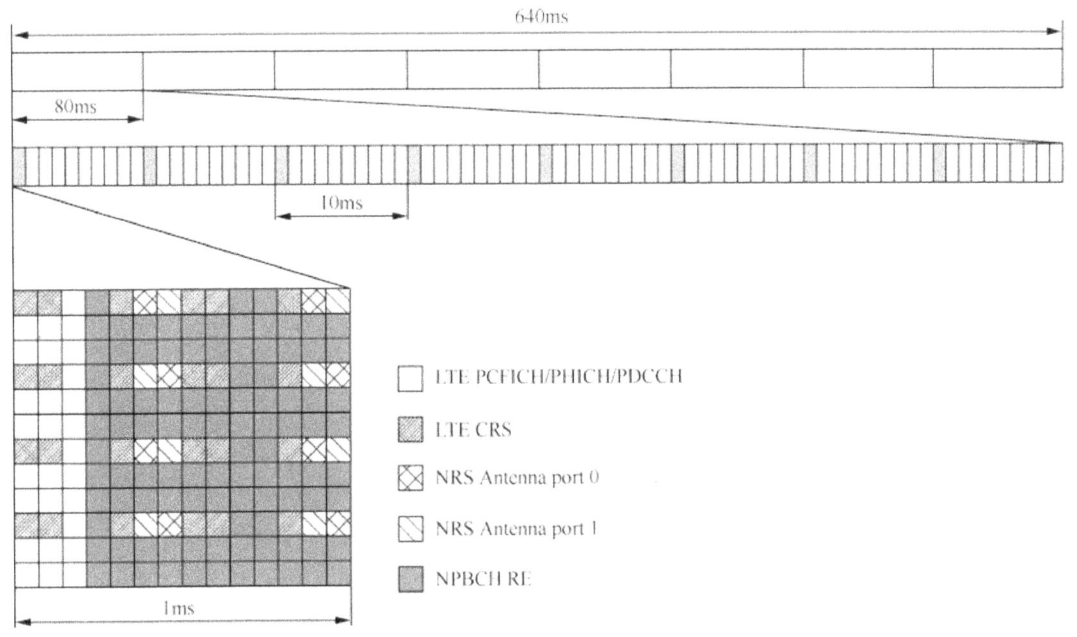

图 5.14 NPBCH 信道结构

3 种操作模式在资源可获得性、资源映射规则和相应 eNB/UE 处理方面存在不同。从设备的角度，期望尽早地区分操作模式，因为后续处理可能是不同的。考虑到与采用其他方式获取操作模式相比较，通过同步实现模式指示将增加终端执行小区搜索的复杂度；另一方面通过 MIB-NB 中的字段指示操作模式更加简单和直接[3]。考虑到上述原因，通过 MIB-NB 指示操作模式最终被达成一致。上述达成的一致建议导致在 NPBCH 接收期间，无法区分操作模式进行接收，所以 Guard-band 和 Stand-alone 操作模式也采用 In-band 的 NPBCH 信道结构设计（即不同操作模式采用统一的 NPBCH 信道结构设计）也被达成一致。

考虑到有限的NB-IoT WI标准化时间，并且上述关于NPBCH信道结构的设计是相对成熟和自然的，因此在WI初期阶段（RAN1#83）即被达成一致。

5.3.2 处理过程

为重用LTE PBCH的附加CRC校验比特、信道编码、速率匹配、加扰、分段、调制和资源映射功能，将NPBCH分为8个持续时间为80ms且可独立解码的块被采纳[4]。

基于上述一致建议，详细的处理过程可描述如下[5]：

- **附加CRC检验比特**：基于34bits的有效载荷计算出16bits的校验比特；
- **信道编码**：使用TBCC编码器；
- **速率匹配**：输出比特为1600bits（基于如图5.14所示的NPBCH可获得RE数）；
- **加扰**：使用小区专有扰码scrambling序列对速率匹配后的比特进行加扰，其中，扰码序列在满足SFN mod 64 = 0的无线帧通过PCID进行初始化；
- **分段**：加扰后的比特被分为8个大小为200bits的编码子块；
- **调制**：对于每个编码子块，QPSK调制被使用；

- **资源映射**：对应每个编码子块的调制符号被重复传输8次，并扩展到80ms的时间间隔上（即在80ms内的每个子帧#0对应一次传输），如图5.15所示。

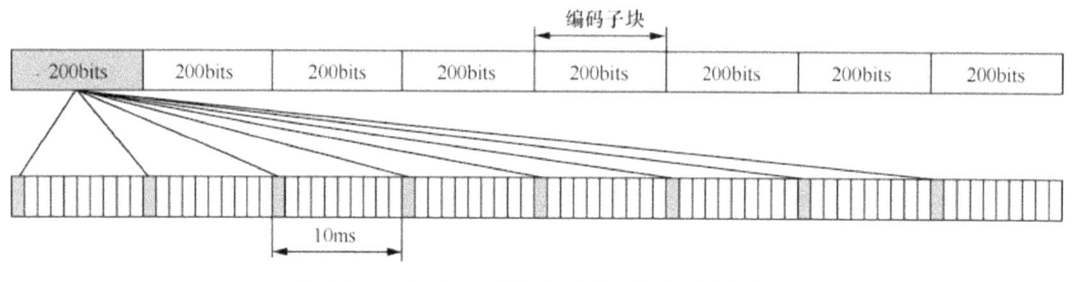

图 5.15 每个编码子块的调制符号的重复传输

依赖于小区搜索和执行最大8次独立的NPBCH解码尝试（分别使用8个NPBCH扰码序列的假设），终端设备能够获取在640ms范围内的无线帧定时，其中，上述在640ms范围内的无线帧定时对应SFN的6个低比特位。由于在每一个80ms内发送的编码子块是可自解码的，处于正常覆盖条件下的终端设备不需要接收完所有 8 个编码子块即可正确解码，这有助于减少解码延时和最小化终端设备的功率损耗[1]。

图 5.16 表明了在 In-band 操作下 NPBCH 链路级性能曲线。当用于 LTE 数据传输的相邻物理资源块数从 2 增加到 10 时，几乎没有性能差异；当用于解码 NPBCH 的编码子块数成倍增加时，2 到 3dB 增益能够被获取。基于 10%的 BLER 目标，表 5-3 提供了在 In-band 操作下 NPBCH 的覆盖性能[6]。考虑到与 In-band 操作类似，在 Guard-band 操作下 NB-IoT 与 LTE 系统同样是共享发射功率，在 Guard-band 和 In-band 操作下 NPBCH 的覆盖性能基本可认为是相同的。考虑到在 Stand-alone 操作下，相对更大 NB-IoT 发射功率可以被支持，在 Stand-alone 操作下 NPBCH 覆盖性能将超过 Guard-band/In-band 操作。最终，基于上述分析，可确认目前采用的 NPBCH 设计基本满足 164dB MCL 目标。

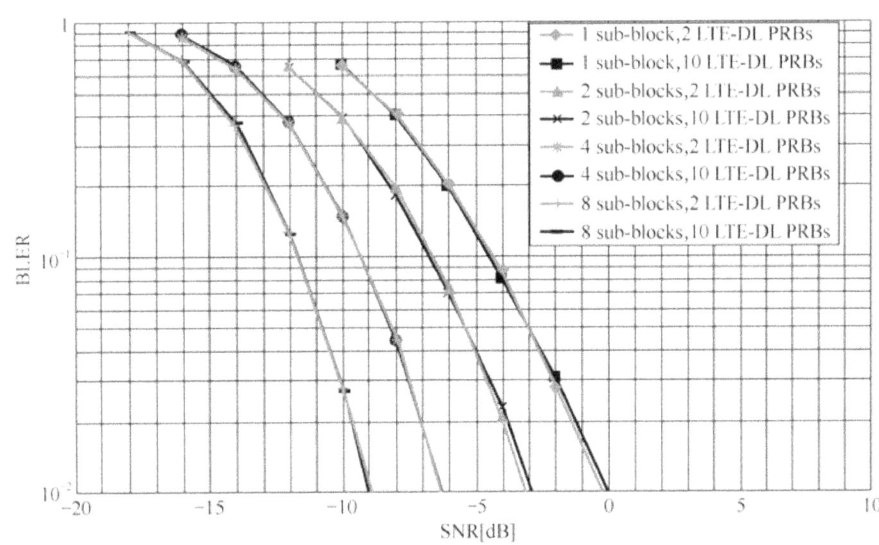

图 5.16　在 In-band 操作下 NPBCH 链路级性能

表 5-3　在 In-band 操作下 NPBCH 的覆盖评估

	8 sub-blocks	1 sub-block
发射机		
最大发射功率（dBm）	46	46
（1）实际发射功率（dBm）	35	35

续表

	8 sub-blocks	1 sub-block
接收机		
（2）热噪声密度（dBm/Hz）	−174	−174
（3）接收机噪声系数（dB)	5	5
（4）干扰余量（dB)	0	0
（5）占用的信道带宽（Hz）	180 000	180 000
（6）等效噪声功率= (2) + (3) + (4) + 10 log [(5)] (dBm)	−116.4	−116.4
（7） 10% BLER SNR(dB)	−11.7	−4.4
（8）接收机灵敏度 = (6) + (7) (dBm)	−128.1	−120.8
（9）接收处理增益	0	0
（10）MCL = (1) − (8) + (9) (dB)	163.1	155.8

5.4 物理下行控制信道

5.4.1 引言

NB-IoT 的物理层下行控制信道为 NPDCCH，与 LTE 系统的 PDCCH 类似，也是承载下行控制信息 DCI 的。由于 NB-IoT 系统仅支持 1 个 PRB 大小的子帧，此时现有 LTE 系统中的下行控制信道不再适用，需要重新设计。另外，NPDCCH 与 NPDSCH 复用方式也直接决定了下行整体工作机制，标准制定过程中讨论的主流方案有子帧间 TDM 方式复用[1]，子帧内支持 FDM 方式复用[2]和子帧内两者均以控制信道单元复用[3]，最终标准中采用了 TDM 方式，主要考虑下行支持子载波级的资源粒度并不能带来覆盖提升，也不会带来显著的调度增益，反会带来调度的复杂度和资源碎片化问题。

5.4.2 下行控制信息

由于 NB-IoT 对支持的业务信道传输模式进行了简化，仅支持单端口传输或发送分集方式传输，因此 NB-IoT 系统中 DCI 格式相对于 LTE 系统中众多的 DCI 格式来说进行了简化，上行调度授权仅支持一种格式 Format N0，下行调度授权仅支持一种格式 Format N1。另外对于调度 Paging 消息的下行授权定义了一种新的格式 Format N2，为了更好地简化终端处理流程，减少终端功耗，当没有来自高层的寻呼消息时，可以在 DCI Format N2 中直接指示系统消息更新。NB-IoT 支持的 DCI 格式和相应的功能如表 5-4 所示。

表 5-4 NB-IoT DCI 格式和功能

DCI 格式	功能
Format N0	上行 NPUSCH 调度
Format N1	下行 NPDSCH 调度；PDCCH order 触发的随机接入
Format N2	承载 Paging 的 NPDSCH 调度；系统消息更新直接指示

对于所有覆盖类型和操作模式，用于下行调度的 DCI Format N1 和用于上行调度的 DCI Format N0 具有相同的 Size。DCI Format N0 和 DCI Format N1 中包含的比特域分别如表 5-5 和表 5-6 所示，并且为了保证二者具有相同的比特数目，需要在比特数目不等时补充填充比特。实际上目前 R13 版本 NB-IoT 在用于调度上行数据时和调度下行数据时是具有相等的比特数目的，都是 23bits。只有在 Format N1 用于连接态调度 NPRACH 接入时需要补充填充比特。DCI Format N2 中包含的比特域如表 5-7 所示。

表 5-5 Format N0

Fields	Size (bit)
区别格式 N0 和格式 N1 的标识	1
子载波指示	6
资源分配	3
调度时延	2

续表

Fields	Size (bit)
调制编码方案	4
冗余版本	1
重复次数	3
新数据指示	1
DCI 子帧重复次数	2

对于 DCI Format N0，功能为调度指示 NPUSCH 传输时使用的频域位置、时域位置和调制编码方式等，具体见第 7.10.2 节。另外，需要说明的是 DCI 子帧重复次数表示承载 DCI Format N0 的 NPDCCH 重复次数，具体见第 5.4.5 节，该比特域引入的主要原因是在跨子帧调度时，为避免重复传输解调正确的 NPDCCH 导致所调度的业务信道解调时刻提前而造成解调错误。

在标准制定过程中，也讨论过通过联合编码相关的比特域来降低 DCI Size，例如，通过定义调度窗方式来联合编码调度定时和资源分配[4-5]，联合编码调制编码方案和冗余版本[6]，但最后标准中考虑简化实现以及开销节省不明显，均采用了独立编码各个比特域的方式。

表 5-6　Format N1

<table>
<tr><th colspan="2">Fields</th><th>Size (bit)</th></tr>
<tr><td colspan="2">区别格式 N0 和格式 N1 的标识</td><td>1</td></tr>
<tr><td colspan="2">NPDCCH order indicator 分配专用前导序列触发随机接入指示</td><td>1</td></tr>
<tr><td rowspan="3">NPDCCH order indicator = 1</td><td>NPRACH 初始重复次数</td><td>2</td></tr>
<tr><td>指示特定的子载波序号</td><td>6</td></tr>
<tr><td>保留信息</td><td>格式 N1 中所有剩余比特置 1</td></tr>
<tr><td rowspan="4">NPDCCH order indicator = 0</td><td>调度时延</td><td>3</td></tr>
<tr><td>资源分配</td><td>3</td></tr>
<tr><td>调制编码方案</td><td>4</td></tr>
<tr><td>重复次数</td><td>4</td></tr>
</table>

续表

Fields		Size (bit)
NPDCCH order indicator = 0	新数据指示	1
	HARQ-ACK 资源	4
	DCI 子帧重复次数	2

与 LTE 系统中 DCI Format 1A 相比，同样具有 PDCCH order 功能，即调度 PRACH 传输。不同的在于 NB-IoT 系统中增加了 NPDCCH order 指示，主要是考虑 NB-IoT 系统的 DCI size 相对于 LTE 的 DCI size 来说比较小，直接使用比特域内容进行区分容易发生误检，因此增加 1bit 指示是否为 NPDCCH order。

在指示为 NPDCCH order 时，即 PDCCH order 触发的随机接入时，需要指示 NPRACH 初始重复次数以及指示特定的子载波序号，以确定 NPRACH 传输资源，具体见第 7.3.1.5 节。同时相对于调度 NPDSCH 时的比特数目而言剩余的比特需要置 1，保证 DCI Format N0 与 DCI Format N1 的比特数目一致。当 DCI Format N1 承载 PDSCH 调度信息时，具体见第 7.10.1 节。

另外，调度随机接入响应 RAR 消息并不使用独立的 DCI Format，也使用 Format N1。对于 Format N1 在使用 RA-RNTI 加扰时，新数据指示和 HARQ-ACK 资源作为保留位。

表 5-7　Format N2

Fields		Size （bit）
Flag for Paging/direct indication differentiation 区别 Paging 和直接指示的标识		1
Flag=0	直接指示信息	8
	保留信息	添加保留信息位直至与格式 N2 在 Flag=1 时的 Size 相同
Flag=1	资源分配	3
	调制编码方案	4
	重复次数	4
	DCI 子帧重复次数	3

对于 DCI Format N2，通过 1bit 标识位 Flag 区分是用于调度承载 Paging 消息的 NPDSCH 的 DL Grant，还是仅携带系统消息更新的直接指示。

在 Flag=0 指示为直接指示时，即后续没有 NPDSCH 时，需要指示系统消息更新指示等共计 8bits 信息。同时相对于调度 NPDSCH 时的比特数目而言剩余的比特位保留，保证与 Format N1 在 Flag=1 时的比特数目一致，其中预留比特数为 6。

在 Flag=1 指示有承载 Paging 消息的 NPDSCH 时，资源分配、调制编码方案与 Format N1 中比特大小和含义是相同的。重复次数确定 NPDSCH 传输的时间长度为 4bits 指示集合{1, 2, 4, 8, 16, 32, 64, 128, 192, 256, 384, 512, 768, 1024, 1536, 2048}中之一。

5.4.3 物理下行控制信道格式

NB-PDCCH 所使用的控制信道单元 NCCE 的大小为半个 PRB pair。具体为在 1 个 PRB pair 中，定义两个 NCCE，其中频域子载波编号#0-5 为一个 NCCE #0，频域子载波编号#6-11 为另一个 NCCE #1。图 5.17 是一个子帧中两个 NCCE 的资源占用示意。

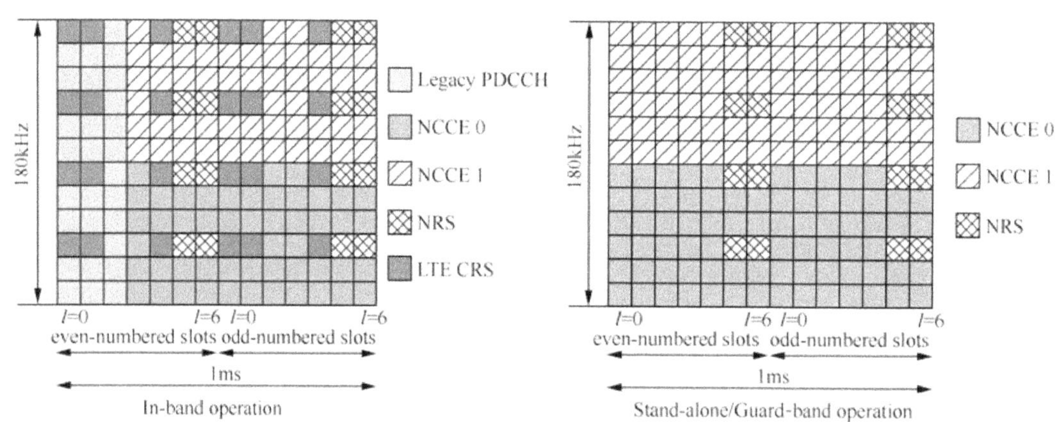

图 5.17 NB-CCE structure

其中，对于 NB-PDCCH 在 Stand-alone 和 Guard-band 操作模式时，从子帧中第一个 OFDM 符号开始使用资源；对于 In-band 操作模式时，根据 SIB1-NB 配置的控制域起始 OFDM 符号开始使用资源。

在标准指定过程中，起初是从 NREG（窄带资源单元组）如何定义开始讨论的，NREG 的定义参照 REG 或 EREG 都进行了讨论[7-9]。由于 NB-IoT 仅具有 1PRB 的窄带带宽，考虑到频域分集增益不明显以及控制信道单元的简化实现，最终标准确定不引入 NREG。考虑到 NB-IoT 工作场景主要为覆盖增强，因此定义包含较多的 RE 的 NCCE 较为合适，同时兼顾一定调度灵活性并且考虑 In-band 操作模式下可用 RE 较少，最终标准采纳了按照以 6 个子载波的大小频分划分出两个 NCCE 的集中式映射方式。

NPDCCH 的聚合等级（Aggregation Level, AL）支持两种，即 AL=1NCCE 和 AL=2NCCE。其中组成 AL=2NCCE 的两个 NCCE 位于相同子帧，并且重复传输（即重复次数 R>1）时仅支持 AL=2，主要是考虑尽快完成重复传输并且提高资源利用率。NPDCCH 格式与支持的聚合等级相关，支持两种 NPDCCH 格式如表 5-8 所示。DCI Format N0 和 N1 均为 23bits 有用比特，添加 CRC 后为 39bits。以 In-band 操作模式为例：假设 legacy PDCCH 占用前 3 个符号，CRS 为 4 天线端口，NRS 为 2 天线端口，则此时 1 个 NCCE 有效 RE 为 50，NPDCCH 格式 0 和 1 对应的码率分别为 0.39 和 0.195，频谱效率分别为 0.433bit/s/Hz 和 0.216bit/s/Hz。

表 5-8　NPDCCH 格式

NPDCCH format	Number of NCCEs
0	1
1	2

5.4.4 处理过程

相对于 LTE PDCCH 而言，NPDCCH 处理过程进行了简化。由于没有资源单元组 REG，因此不存在 REG 交织映射，并且子帧中只有两个 NCCE，不再需要根据 C-RNTI 随机化计算起始 CCE 位置。

NPDCCH 加扰方式与 LTE 系统的 PDCCH 相同，区别在于每 4 个 NPDCCH 子帧重置一次扰码序列初始化。这样有利于终端侧进行符号级合并接收译码。

NPDCCH 调制方式与 LTE 系统的 PDCCH 相同，都是采用 QPSK。

NPDCCH 层映射和预编码采用与 LTE 系统 PBCH 相同的处理方式，并且使用与 NPBCH 相同集合的天线端口。

在映射至资源单元时，由于 NB-PDCCH 不再支持 REG 定义，在 NCCE 中进行 RE 资源映射时，考虑到支持 SFBC 传输，按照先频域后时域的方式映射。并且用作一个 SFBC 的配对 RE 是连续两个可用 RE，最多间隔一个 tone（例如，可能被 CRS 占用的 RE 间隔开）。所使用的资源对 NB-RS（所有 3 种操作模式）和 CRS（仅 In-band 操作模式）是速率匹配的。在 In-band 操作模式时需要打孔 NB-PDCCH 中被 CSI-RS 占用的 RE，并且不会使用信令通知 UE 具体的 CSI-RS 配置，主要考虑通知信令开销太大并且冲突并不严重。

对于重复传输时，以子帧为单位重复映射，仅在高层信令配置的可用子帧中传输，遇到不可用子帧向后顺延。在可用子帧中遇到 NPSS/NSSS/NPBCH 均向后顺延。另外对于 NPDCCH 重复传输在高层配置了下行传输间隔 DL Gap，此时，对于最大重复次数 Rmax 大于阈值的终端将 DL Gap 对应的子帧视为无效子帧，NPDCCH 重复传输遇到 DL Gap 时向后顺延。对于最大重复次数 Rmax 小于阈值的终端不执行间隔传输，将 DL Gap 对应的子帧仍视为有效子帧。DL Gap 内容具体见第 5.8 节。

5.4.5 搜索空间

与 PDCCH 类似，NPDCCH 同样支持搜索空间中多个复用 DCI。由于 NB-IoT 系统仅具有 1 个 PRB 大小的带宽，此时 NPDCCH 的搜索空间在时域上扩展，包含若干个子帧。从搜索空间类型来看，NPDCCH 的搜索空间同样分为用户专有搜索空间（UE-specific Search Space，USS）和小区专有搜索空间（Cell-specific Search Space，CSS）。只不过 NB-IoT 系统的 CSS 不再是统一的一个 CSS，而是分为了两种类型，一种是用于 Paging 消息的 CSS，另一种是用于 RAR 消息的 CSS。这是因为两者在使用时具有不同的特性，Paging 消息对应的搜索空间中并不区分覆盖大小，即重复次数从小到大跨越较大。而 RAR 消息对应的搜索空间中区分覆盖大小，即根据 NPRACH 等级定义不同覆盖等级的搜索空间。

另外 RAR 消息对应的搜索空间中还支持用于调度 Msg3 重传和 Msg4 的控制信息传输。

从搜索空间检测的 DCI Format 来看，USS 中支持检测 Format N0 和 N1，并且 size 大小相同。对于 CSS，RAR 消息对应的搜索空间中支持检测 Format N0 和 N1，Paging 消息对应的搜索空间中仅支持检测 Format N2。

NB-IoT 系统的搜索空间资源位置是通过高层信令配置确定的，主要包括搜索空间的起始子帧和 NPDCCH 的最大重复次数 *R*max。对于两个 CSS，通过 SIB-NB 中携带独立的 Paging 消息和 RAR 消息各自对应的搜索空间的配置参数。对于 USS，通过 Msg4 中携带 USS 的配置参数。尽管从配置上来看 CSS 和 USS 可能会发生重叠，但是 UE 不需要同时接收 CSS 和 USS，可以根据 UE 所处的状态接收其中之一。

对于 USS，UE 仅搜索配置的聚合等级和重复次数。由于 NB-IoT 终端需要考虑节电特性，需要限制盲检测次数。其中对于 UE 在盲检测时，在 NB-PDCCH 不重复传输时，在任何子帧中盲检候选集不超过 3 个，此时 1 个子帧中有两个 1NCCE 大小的候选集和一个 2NCCE 大小的候选集；在 NB-PDCCH 重复传输时，在任何子帧中盲检候选集不超过 4 个，此时考虑最多 4 种重复次数时，每种重复次数以 2NCCE 大小对应的候选集在同一个子帧上对应 4 个。

搜索空间 *R*max 取值集合为{1, 2, 4, 8, 16, 32, 64, 128, 256, 512, 1024, 2048}。候选集由{*L*, *R*, #blind decode}定义，其中 *L* 表示 NPDCCH 的聚合等级，*R* 表示 NPDCCH 的重复次数。重复传输时仅使用 *L*=2。

对于 USS 和 CSS for RAR 搜索空间最多支持 4 种 *Ri* 取值（即为 *R*1、*R*2、*R*3、*R*4），由 DCI 通过 2bits 的 DCI 子帧重复次数指示 NPDCCH 具体使用的重复次数 *Ri*，并且在搜索空间中从起始子帧开始检测每一个可能的 *Ri*。对于 USS 通过 RRC 信令配置 *R*max（即最大的 *Ri* 值），对于 CSS for RAR 通过 SIB 配置 *R*max。当 *R*max≥8 时，*R*4=*R*max，*R*3=*R*max/2，*R*2=*R*max/4，*R*1=*R*max/8。并且当 *R*max=4 时，*R*3=*R*max，*R*2=*R*max/2，*R*1=*R*max/4；当 *R*max=2 时，*R*2=*R*max，*R*1=*R*max/2；当 *R*max=1 时，*R*1 = *R*max。USS 搜索空间如表 5-9 所示。CSS for RAR/Msg3 retransmission/Msg4 搜索空间如表 5-10 所示。

表 5-9　UE 专有搜索空间

Search space type	Candidates	
UE-specific	{1, 1, 2}, {2, 1, 1}	for *R*max = 1
	{1, 1, 2}, {2, 1, 1}, {2, 2, 1}	for *R*max = 2
	{2, 1, 1}, {2, 2, 1}, {2, 4, 1}	for *R*max = 4
	{2, *R*max /8, 1}, {2, *R*max /4, 1}, {2, *R*max /2, 1}, {2, *R*max, 1}	for *R*max≥8

表 5-10　公有搜索空间

Search space type	Candidates	
Cell-specific for RAR/Msg3 retransmission/Msg4	{2, 1, 1}	for *R*max = 1
	{2, 1, 1}, {2, 2, 1}	for *R*max = 2
	{2, 1, 1}, {2, 2, 1}, {2, 4, 1}	for *R*max = 4
	{2, *R*max /8, 1}, {2, *R*max /4, 1}, {2, *R*max /2, 1}, {2, *R*max, 1}	for *R*max≥8

对于 CSS for Paging 的搜索空间最多支持 8 种 *Ri* 取值（即为 *R*1、*R*2、*R*3、*R*4、*R*5、*R*6、*R*7、*R*8），由 DCI 通过 3bits 的 DCI 子帧重复次数指示 NPDCCH 具体使用的重复次数 *Ri*，并且在搜索空间中从起始子帧开始检测的第一个 *Ri*。对于 CSS for Paging 通过 SIB 配置 *R*max，并且具体的 *Ri* 取值针对不同的 *R*max 取值是分别定义的，具体如表 5-11 所示的 CSS for Paging 搜索空间。

表 5-11　CSS for Paging 搜索空间

Search space type	Candidates	
Cell-specific for Paging	Rmax	Common search space monitoring sets
	1	{2, 1, 1}
	2	{2, 1, 1}, {2, 2, 1}
	4	{2, 1, 1}, {2, 2, 1}, {2, 4, 1}
	8	{2, 1, 1}, {2, 2, 1}, {2, 4, 1}, {2, 8, 1}
	16	{2, 1, 1}, {2, 2, 1}, {2, 4, 1}, {2, 8, 1}, {2, 16, 1}
	32	{2, 1, 1}, {2, 2, 1}, {2, 4, 1}, {2, 8, 1}, {2, 16, 1}, {2, 32, 1}
	64	{2, 1, 1}, {2, 2, 1}, {2, 4, 1}, {2, 8, 1}, {2, 16, 1}, {2, 32, 1}, {2, 64, 1}

续表

Search space type	Candidates	
Cell-specific for Paging	128	{2, 1, 1}, {2, 2, 1}, {2, 4, 1}, {2, 8, 1}, {2, 16, 1}, {2, 32, 1}, {2, 64, 1}, {2, 128, 1}
	256	{2, 1, 1}, {2, 4, 1}, {2, 8, 1}, {2, 16, 1}, {2, 32, 1}, {2, 64, 1}, {2, 128, 1}, {2, 256, 1}
	512	{2, 1, 1}, {2, 4, 1}, {2, 16, 1}, {2, 32, 1}, {2, 64, 1}, {2, 128, 1}, {2, 256, 1}, {2, 512, 1}
	1024	{2, 1, 1}, {2, 8, 1}, {2, 32, 1}, {2, 64, 1}, {2, 128, 1}, {2, 256, 1}, {2, 512, 1}, {2, 1024, 1}
	2048	{2, 1, 1}, {2, 8, 1}, {2, 64, 1}, {2, 128, 1}, {2, 256, 1}, {2, 512, 1}, {2, 1024, 1}, {2, 2048,1}

在由 *R*max 确定的搜索空间中，USS/CSS for RAR 的检测候选集示意图如图 5.18 所示，在 *R*max=R4 确定的搜索空间中从搜索空间起始子帧开始检测每一个 *Ri*。CSS for Paging 的检测候选集示意图如图 5.19 所示，在 *R*max=R8（*Ri* 最多 8 种）确定的搜索空间中从搜索空间起始子帧开始，仅检测第一个 *Ri*。这是因为 Paging 消息对应的搜索空间中并不区分覆盖类型，寻呼消息的发送可能包含各种覆盖情况的终端，即重复次数从小到大跨越较大，此时若还按照 USS 的检测方式检测每一个 *Ri*，对终端功耗消耗太大。

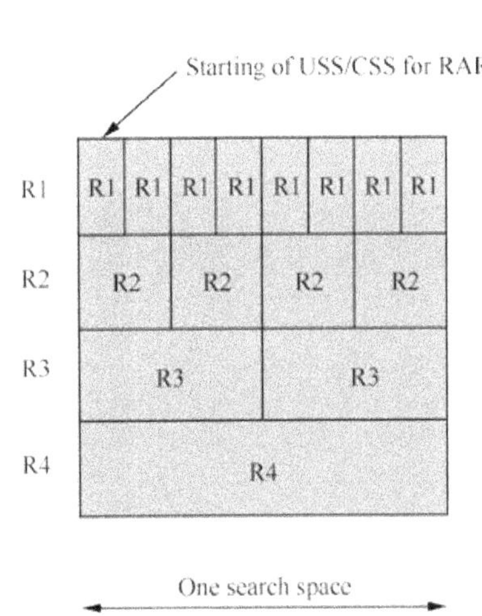

图 5.18 USS/CSS for RAR 搜索空间候选集

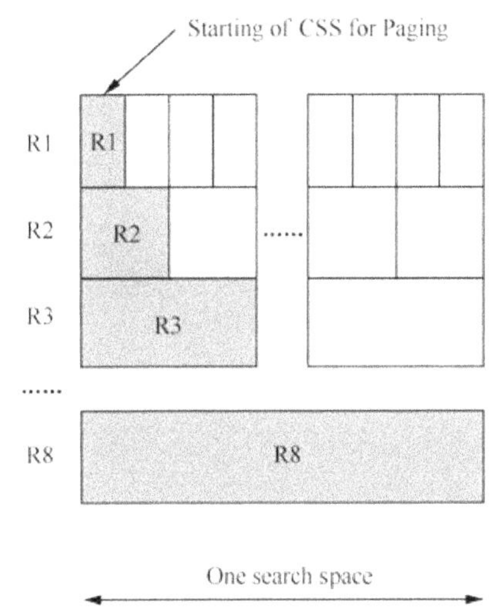

图 5.19 CSS for Paging 搜索空间候选集

对于搜索空间的起始子帧的定义仅适用于 USS/CSS for RAR。CSS for Paging 无需额外定义搜索空间起始子帧，因为对于 CSS for Paging 的起始子帧来说就是该终端 PO 时刻所对应的子帧。

搜索空间起始子帧满足 $\left(10n_{\mathrm{f}}+\lfloor n_{\mathrm{s}}/2\rfloor\right)\bmod \mathrm{T}=\lfloor \alpha_{\mathrm{Offset}}T\rfloor$，使用 3bits 通过 RRC 配置参数 G，其中周期 T=Rmax · G。搜索空间起始子帧基于物理子帧定义，Rmax 基于有效子帧定义，并且在实现中搜索空间起始子帧距离前一个搜索空间结束子帧之间的间隔最小值是 4ms。可以通过配置周期大于 $R_{\max}$ 实现间隔大于 4ms。例如：配置 3bits 指示确定起始子帧的周期为 Rmax 的较大倍数。其中，周期 $T=R\mathrm{max}\cdot G$，G 取值集合为{1.5, 2, 4, 8, 16, 32, 48, 64}。偏移值 α_{Offset} 由 RRC 信令通知，取值集合为{0, 1/8, 1/4, 3/8}，引入偏移值主要是考虑在时域上降低同一覆盖等级的搜索空间之间的冲突。搜索空间示意图如图 5.20 所示，此时以 Rmax=8 为例。

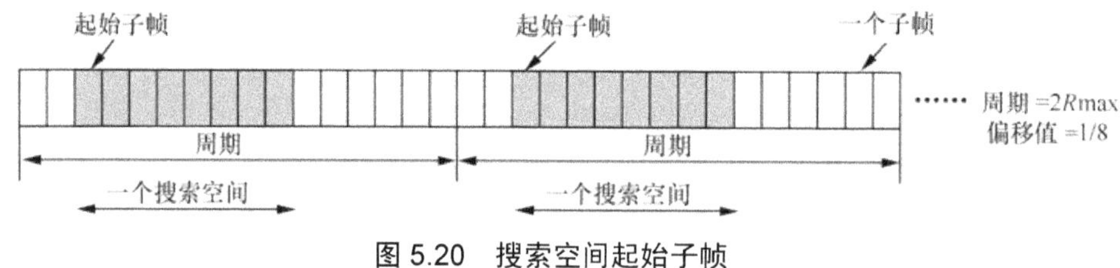

图 5.20　搜索空间起始子帧

5.5　物理下行共享信道

5.5.1　引言

NPDSCH 用于承载 NB-IoT 系统不同的下行业务数据，如单播业务数据、寻呼消息以及 RAR 消息等。考虑到某些下行子帧可能无法用于 NPDSCH 传输，包括：已经分配用于传输 NPSS/NSSS、NPBCH、SIB1-NB 消息和分配用于 LTE 多媒体广播多播业务 MBMS 传输的子帧以及用于其他目的（例如，干扰协调和实现未来演进功能）的子帧，所以 NPDSCH 只能在支持 NPDSCH 传输的有效子帧上被发送。

注：如无特别指出，本章节所述子帧为上述有效子帧。

5.5.2 信道结构

考虑到一个物理资源块的窄带带宽，对于具有较大传输块大小的传输块，跨多个子帧的传输必须被支持。设想使用传输时间间隔 TTI 表示一次 NPDSCH 传输所占用的子帧，以及该时间间隔包括连续 M（大于 0 整数）个子帧。

关于 NPDSCH 重复传输方式存在以下两个技术方向[1]。

第一，按照传输时间间隔进行重复。如图 5.21（a）所示，即在分配的最前面的 M 个子帧上执行传输时间间隔的首次传输，在接下来的 M 个子帧上执行传输时间间隔的第二次传输，以此类推，直到达到本次 NPDSCH 传输要求的重复传输次数。

第二，按照子帧进行重复。如图 5.21（b）所示，以连续的 $Z\times M$ 个子帧作为一个重复周期，总的重复周期数等于要求的重复传输次数除以 Z 值。在任一个上述重复周期内，在最前面的 Z 个子帧上执行传输时间间隔中第一个子帧的 Z 次重复传输，在接下来的 Z 个子帧上执行传输时间间隔中第二个子帧的 Z 次重复传输，以此类推，直到完成传输时间间隔中最后一个子帧的 Z 次重复传输。

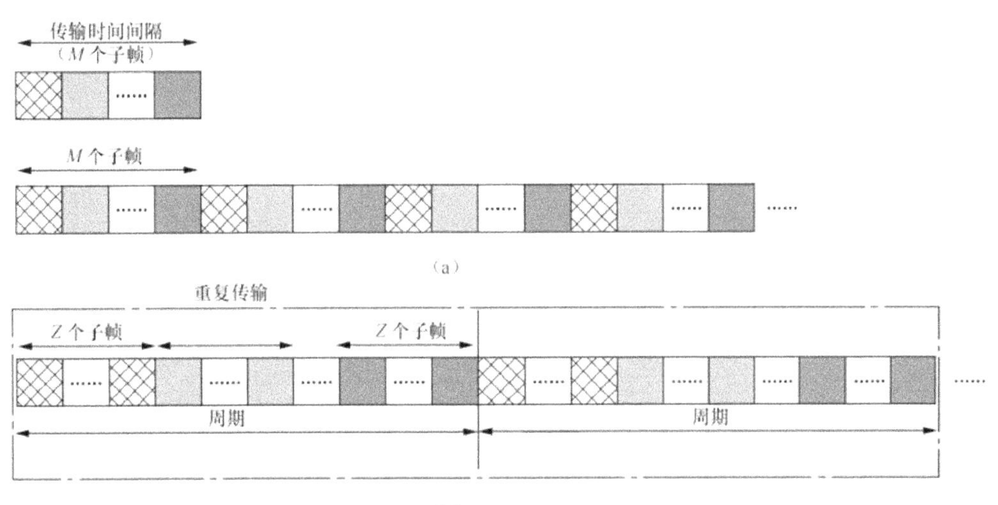

图 5.21 候选 NPDSCH 重复传输方式

由于方式二能够实现在连续 Z 个子帧上传输的调制符号完全相同，所以与方式一相比较，方式二有助于获取额外的符号级合并增益，从而能够改善 NPDSCH 的传输性能。基于以上原因，最终方式二获得大部分公司的支持并被采纳。

为最大化符号级合并和时间分集增益，经过讨论后确定：当 NPDSCH 传输块的重复传输次数超过 4 时，上述 Z 的取值是 4；否则等于重复传输次数。其中，重复传输次数是在下行控制信息（DCI）中被指示。

5.5.3 处理过程

为简化设计和减少标准化工作，对于 NPDSCH 处理过程，除增加重复步骤以外，其他步骤重用 LTE PDSCH 处理过程被公认，具体描述如下。

- **附加 CRC 比特**：按照 TS36.212 通过 24bits 的 CRC 实现错误检测。
- **信道编码**：与 Turbo 编码相比较，咬尾卷积编码（TBCC）具有相对更低的译码复杂度，有助于降低终端成本，采用 TBCC 编码最终被采纳。
- **速率匹配**：输出比特适配传输时间间隔中的 M 个子帧可承载的比特数。
- **加扰**：基于如图 5.21 所示的按照子帧进行重复的重复传输方式，按照每个重复周期（Repetition Cycle）进行加扰被公认。最终，扰码序列生成器在每一个重复周期的开始进行初始化并被采纳，如图 5.22 所示，扰码序列生成方式重用现有 TS36.211 规范以及根据以下等式确定扰码序列初始化值也被采纳：

$$c_{\text{init}} = n_{\text{RNTI}} \cdot 2^{14} + n_{\text{f}} \bmod 2 \cdot 2^{13} + \lfloor n_{\text{s}}/2 \rfloor \cdot 2^{9} + N_{\text{ID}}^{\text{Ncell}}$$。

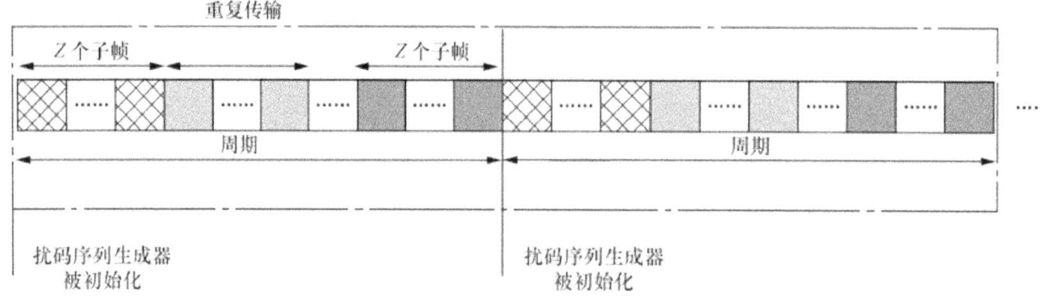

图 5.22　扰码序列生成器初始化时刻

- **调制**：考虑到 NB-IoT 终端设备的接收信噪比不会很高，不需要支持 16QAM 调制方式被认可；只支持 QPSK 调制方式最终被采纳。

- **资源映射**：以 4 端口 LTE CRS 和 2 端口窄带参考信号为例，如图 5.23 所示，在每个子帧范围内，调制符号按照先频域后时域的方式进行映射，其中，上述调制符号不会映射到分配用于窄带参考信号和 LTE CRS 传输的资源单元以及 LTE 的控制信道区域。当在一个子帧内的资源单元完全被调制符号填充之后，剩余调制符号继续映射到传输时间间隔内的下一个子帧。

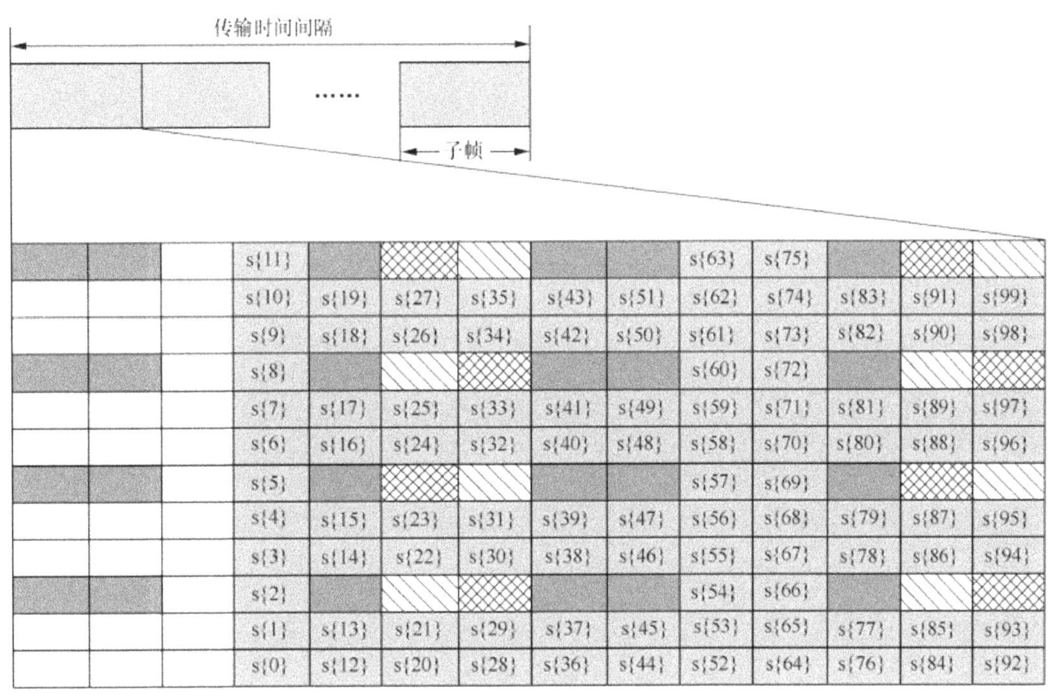

图 5.23 调制符号映射到资源单元过程

- **重复**：基于子帧和重复周期进行重复传输（请参考第 5.5.2 节内容）。

5.5.4 传输模式

为简化设计以及确保 NB-IoT 终端设备的低成本特性，至多支持 2 天线端口被大部分公司认可并最终被采纳。在采用两天线端口的情况下，再考虑到性能/可靠性和实现复杂度之间的平衡，最终采用空频块码（SFBC）的传输方式被采纳[2]。

5.6 下行参考信号

5.6.1 窄带参考信号

在 In-band 操作下，关于参考信号的设计存在以下两个技术方向：

第一，重用已有的 LTE CRS。在一些特殊场景下（例如，在极端覆盖情况下或者当进行 NPBCH 数据解调时），允许引入额外的 NRS 用于数据解调[1-4]；

第二，为所有窄带物理下行信道定义统一的 NRS。在一些特殊场景下（例如，当 LTE 与 NB-IoT 具有相同的 PCID 和相同的天线端口数时），允许 LTE CRS 作为额外的参考信号用于物理下行信道数据解调[5]。

最终，考虑到以下原因，方式二被采纳。

（1）方式一限制 LTE 与 NB-IoT 系统必须具有相同的 PCID。

（2）由于在接收 NPBCH 期间，终端无法获取 LTE CRS 序列，从而无法利用 LTE CRS 序列进行解调，方式一不利于不同物理下行信道的统一设计。

（3）由于用于窄带物理下行信道解调的 LTE CRS 是宽带 LTE CRS 的一部分，它的功率提升受限于宽带 LTE CRS 的功率提升，这可能导致 LTE CRS 功率远低于待解调的窄带物理下行信道数据部分的功率。在极端覆盖场景下，为确保覆盖性能，方式一必须借助终端设备专有的 NRS，这导致了额外的设计复杂度和标准化工作。

（4）从低成本的角度考虑，NB-IoT 下行至多支持 2 天线端口。当 4 端口的 LTE CRS 被基站配置时，方式一还要考虑从 4 端口映射到 2 端口的天线虚拟化过程，它增加了系统复杂度和标准化工作。

另外，基于已经达成一致的 In-band 操作下的参考信号设计，再考虑到在不同操作模式下参考信号的统一设计，与 In-band 操作相同的参考信号设计用于 Guard-band 和 Stand-alone 操作模式最终也被达成一致。唯一的不同是在 Guard-band 和 Stand-alone 的操作下，由于不存在 LTE CRS，所以任何情况下数据的解调和测量只能基于窄带参考信号。

关于窄带参考信号图样，主要是在以下两类图样范围内讨论（如图 5.24 所示）。其中，两类图样全部采用与 LTE CRS 相同的小区专有频率移位（V-shift = Cell ID mod 6），区别是使用第一类图样的参考信号占用每一个时隙的最后两个 OFDM 符号，而使用第二类图样的参考信号占用的 OFDM 符号在时间上分布得更加均匀。

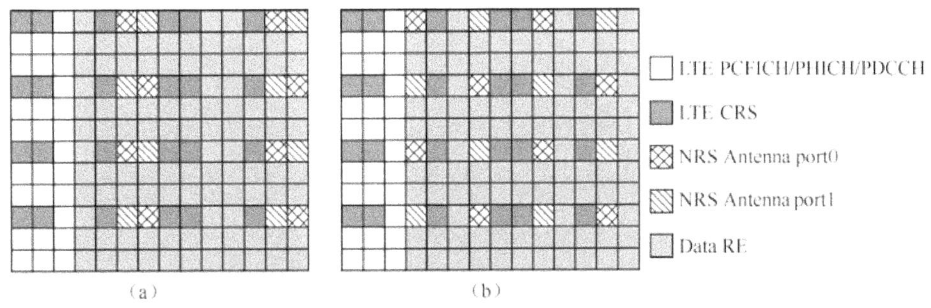

图 5.24　以 In-band 操作为例的 NRS 图样

链路级仿真结果（如图 5.25 所示）表明以上两类图样的性能差异相当小，即 NRS 图样对传输性能的影响几乎可忽略[6]。考虑到第一类图样更容易应用到扩展 CP 的情况，即不依赖于 CP 类型，NRS 总是占用每一个时隙的最后两个 OFDM 符号（虽然 R13 NB-IoT 暂不支持扩展 CP 但当时却有上述考虑），第一类图样最终被采纳。

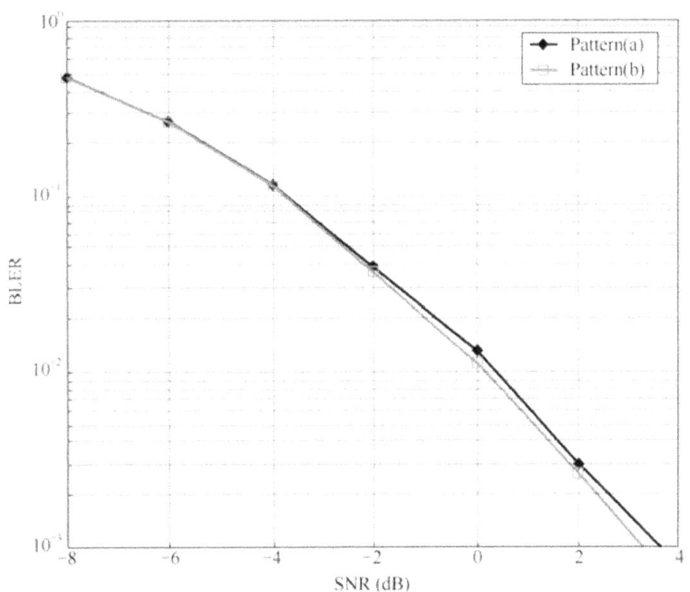

图 5.25　采用不同 NRS 图样的性能对比

关于 NRS 序列，为了避免额外的标准化工作，重用 LTE CRS 的序列生成方式被各公司认可。但是，当前的 LTE CRS 序列是基于最大下行带宽（$N_{RB}^{max,DL}$）生成，而 NB-IoT 窄带只包括 1 个物理资源块，因此，需要预先配置 LTE CRS 序列的哪一段用作 NRS 序列[6]。最终，从沿用现有原则（小系统带宽的 LTE CRS 序列总是为最大系统带宽 LTE CRS 序列的中心一段）角度考虑，选择 LTE CRS 序列的中心一段作为 NRS 的序列被认可和采纳。

即：$r_{NRS} = r_{LTE\,CRS}(N_{RB}^{max,DL}-1, N_{RB}^{max,DL})$，

其中，r_{NRS} 是长度为 2 的 NRS 序列，$r_{LTE\ CRS}$ 是长度为 $2N_{RB}^{max,DL}$ 的 LTE CRS 序列，$N_{RB}^{max,DL}$ 表示 LTE 支持的最大下行带宽包括的物理资源块数。

关于发送 NRS 的子帧存在以下两个技术方向：

第一，NRS 只在存在 NB-IoT 数据传输的子帧上被发送[7-8]；

第二，不依赖于子帧上是否存在 NB-IoT 数据传输，NRS 总是在支持 NPDSCH 传输的有效子帧上和存在 NPBCH 和 SIB1-NB 消息传输的子帧上被发送[9-10]。

其中，采用上述方式一具有以下优势：在 In-band 操作下，没有用于 NB-IoT 数据传输的子帧（由于不存在 NRS 传输）能够被用于 LTE 系统数据的传输，从而有利于减少对 LTE 系统调度的限制；有助于确保前向兼容，例如避免由于 NRS 传输所导致的对系统演进的限制；有助于基站节能和减少不同小区间的干扰。但是，采用上述方式一同样存在以下缺陷：减少了能够用于 CSI 或 RSRP 测量的可用子帧数，从而增加了测量时间；不利于跨子帧/多子帧的信道估计，从而限制了信道估计准确性；不利于及时对时频同步的跟踪。经过长时间讨论，由于大部分公司更倾向于采用方式二，最终方式二被采纳。

在确定采用上述方式二之后，关于预定义子帧具体应该包括哪些子帧也被讨论，最终达成一致：在 In-band 操作模式下，该预定义子帧包括：子帧#0（传输 MIB-NB 消息的子帧）、子帧#4（传输 SIB1-NB 消息的子帧）和没有 NSSS 传输的子帧#9；在 Guard-band 或 Stand-alone 操作模式下，该预定义子帧包括：子帧#0、子帧#1、子帧#3、子帧#4 和没有 NSSS 传输的子帧#9；其中，对应 In-band 操作的预定义子帧是对应 Guard-band 或 Stand-alone 操作的预定义子帧的子集[11]。在接收并正确解码 MIB-NB 消息以获取 NB-IoT 系统的操作模式信息之前，当终端设备需要利用 NRS 实现指定目的（例如，实现时频同步的跟踪或跨子帧/多子帧的信道估计）时，终端设备只能设想在对应 In-band 操作的预

定义子帧（子帧#0、子帧#4 和没有 NSSS 传输的子帧#9）上存在 NRS 传输，因为在上述子帧上不依赖于操作模式和支持 NPDSCH 传输的下行有效子帧配置总是存在 NRS 传输；类似的，在接收并正确解码 MIB-NB 消息以获取 NB-IoT 系统的操作模式信息之后，以及在接收并正确解码 SIB1-NB 消息以获取支持 NPDSCH 传输的下行有效子帧配置之前，终端设备设想在获取的操作模式所对应的预定义子帧上存在 NRS 传输，因为在上述预定义子帧上不依赖于支持 NPDSCH 传输的下行有效子帧配置总是存在 NRS 传输。

5.6.2 小区专有参考信号

在 In-band 操作下，从改善信道估计和测量性能的角度，除了使用 NRS 外 LTE CRS 也能够被用于数据解调和测量被大部分公司认可。然而，虽然 LTE CRS 总是存在，但并不是任何情况下都能够被使用。换句话说，虽然使用 LTE CRS 有助于改善信道估计和测量性能，但是，在有些情况下也会增加控制开销或系统复杂度，当上述控制开销或系统复杂度不能够被接受时，不使用 LTE CRS 通常是更可取的。例如，当 NB-IoT 与 LTE 系统具有不同的 PCID 时，由于不便于终端设备获取 LTE CRS 序列，此时 LTE CRS 不会被使用；或者，当 4 天线端口的 LTE CRS 被配置时，为了避免引入从 4 天线端口映射到 2 天线端口的天线虚拟化过程（因为 NB-IoT 至多支持 2 天线端口）从而避免增加额外的系统复杂度，在这种情况下 LTE CRS 也不会被使用。最终，从灵活性角度考虑，直接通过 MIB-NB 信令指示 In-band 操作是否能够使用 LTE CRS 被采纳。

为便于终端设备使用 LTE CRS 并尽可能地减少系统复杂度，当网络指示在 In-band 操作下能够使用 LTE CRS 时，终端设备能够设想 NB-IoT 与 LTE 系统具有相同的 PCID，以及 LTE CRS 与 NRS 具有相同的天线端口数（其中 LTE CRS 端口 0 和 1 分别与 NRS 的端口 0 和 1 相关联，即 LTE CRS 与 NRS 使用相同的天线端口）和在存在 NRS 传输的所有 NB-IoT 下行子帧内 LTE CRS 总是可以获得的。此外，除上述 LTE CRS 相关信息以外，终端设备还需要获取 LTE CRS 序列的信息（等价于 NB-IoT 窄带在 LTE 系统带宽范围内占用的物理资源块的位置）。为避免过于受限的 NB-IoT 窄带位置，应该优选通过 MIB-NB 或 SIB1-NB 信令指示该 NB-IoT 窄带的位置。再考虑到通过 MIB-NB 信令指示 In-band 操作下是否能够使用 LTE CRS 已经是结论，以及如果采用通过 SIB1-NB 指示 NB-IoT 窄带位置的方式，则 SIB1-NB 消息本身的解调无法利用 LTE CRS，这会导致 SIB1-NB 消息传输性能一定程度的损失，最终，通过 MIB-NB 指示 NB-IoT 窄带位置被采纳。

当只有 QPSK（其解调过程只是基于相位信息的判决）用于物理下行信道时，终端设备的解调不需要获取 LTE CRS 功率信息。此时，终端设备联合使用 NRS 与 LTE CRS 进行数据解调不存在问题。但是，如果 LTE CRS 也被用于 RSRP/RSRQ 或 CSI 测量，终端设备必须获取 LTE CRS 的功率信息。基于上述原因，网络必须指示 LTE CRS 功率信息。再考虑到上述 RSRP/RSRQ 或 CSI 测量通常发生在正确解码 SIB1-NB 消息之后，以及 SIB1-NB 消息的解调不需要 LTE CRS 功率信息，最终通过 SIB1-NB 消息指示 LTE CRS 功率信息（表现为 LTE CRS 与 NRS 间的功率偏置）被采纳。

5.6.3 RRM 测量

在传统 LTE 系统中，终端主要基于系统带宽中心 6 个 PRB 的 CRS 信号执行 RSRP/RSRQ 测量，该测量结果主要用于终端侧小区选择以及小区重选、上行功率控制等。RSRP/RSRQ 测量性能的评估准则为测量精度，该精度将对系统性能产生一定的影响，比如准确的小区选择或者精确的上行功率发送等，其中影响 RSRP/RSRQ 测量精度的主要因素为测量带宽。对于 NB-IoT 系统而言，其系统带宽缩减为 1 个 PRB，测量带宽也为 1 个 PRB，即相对于传统 LTE 而言，测量带宽大幅度缩减，因此 NB-IoT 终端需要考虑如何进行 RSRP/RSRQ 测量性能提升。

（1）3GPP RAN4 标准制定过程中主要提出了 2 种信号可用于 RSRP/RSRQ 测量，即 NB-SSS 信号与 NRS 信号。对于 NB-SSS 信号而言，由于可测量 RE 数量相对较多，RSRP/RSRQ 测量精度相对较高，但与此同时复杂度也相应提升不少[11]；对于 NRS 信号而言，类似于 LTE 系统的 CRS 信号，由于 NRS RE 数量相对较少，如果沿用传统 LTE 系统中 RSRP/RSRQ 测量方法，即终端侧执行有效子帧间非相关合并，则 RSRP/RSRQ 测量精度相对较差。3GPP RAN4 工作组目前提出可以进行有效子帧间 RSRP/RSRQ 测量结果相关合并，仿真结果已显示可以有明显的测量性能提升[12]，但是该实现方法对于终端侧实现复杂度影响以及引入终端频率偏移后合理性还需要芯片制造商分析验证。下面简单概述下 NB-IoT 系统中终端侧 RSRP/RSRQ 测量的主要作用和目的：小区选择与小区重选，类似于传统 LTE 系统；

（2）NB-IoT 终端执行上行功率控制，终端根据测量的 RSRP 值推算实际路损，设置上行发送初始功率值，类似于传统 LTE 系统；

（3）NB-IoT 终端判断所处覆盖等级，基站侧通过在 SIB2 消息中下发两个 RSRP 参考文献，终端根据实际检测的 RSRP 值与网络侧下发的门限值进行比较，进而判断终端所处覆盖模式以及确定 NPRACH 的发送格式。

5.7 下行信号生成

5.7.1 中心频点

NB-IoT 有 3 种工作模式：带内（In-band）、保护带（Guard-band）和独立运营（Stand-alone）。下面分别介绍在这 3 种工作模式下的 NB-IoT 载波的中心频点问题。本节中的 NB-IoT 载波均指包含同步信号的 NB-IoT 载波。

首先介绍带内模式下的中心频点问题。

在现有 LTE 系统中，系统带宽的中心频点在 DC 子载波上，DC 子载波的频率满足信道栅格（Channel Raster）的要求，即满足 100kHz 的整数倍。同步信号在系统带宽的中心 62 个子载波上发送（不包括 DC 子载波）。UE 在小区搜索的过程中，以 100kHz 的整数倍作为接收机的中心频点来检测同步信号。

NB-IoT 系统仍沿用现有的 100kHz 的信道栅格。在 NB-IoT 的讨论初期，对于 NB-IoT 载波的中心频点有两种不同的观点，第一种观点是与现有 LTE 类似[1]，NB-IoT 载波的中心频点在一个子载波上，这里，将该子载波称为中心子载波。由于 NB-IoT 载波包含 12 个子载波，中心子载波应在第 6 个或者第 7 个子载波上。应保证该中心子载波的频点满足 100kHz 的整数倍。第二种观点是 NB-IoT 载波的中心频点在一个 PRB 的第 6 个子载波和第 7 个子载波的最中间，并且 NB-IoT 载波应和 LTE 中的一个 PRB 对齐[2]。下面分别对这两种观点进行详细介绍。

对于第一种观点，NB-IoT 载波的中心频点在一个子载波上。下面对中心子载波的候选位置进行计算。由于系统带宽的 DC 子载波的频点是 100kHz 的整数倍，因此，从 DC 子载波向两边，每 20 个子载波（300kHz）的最后一个子载波的频点满足 100kHz 的整数倍，该子载波的频点为：

$$f = f_0 + 20 \times 0.015k$$

其中 k 是一个整数，f_0 为系统带宽的中心频率，单位是 MHz，如图 5.26 所示。

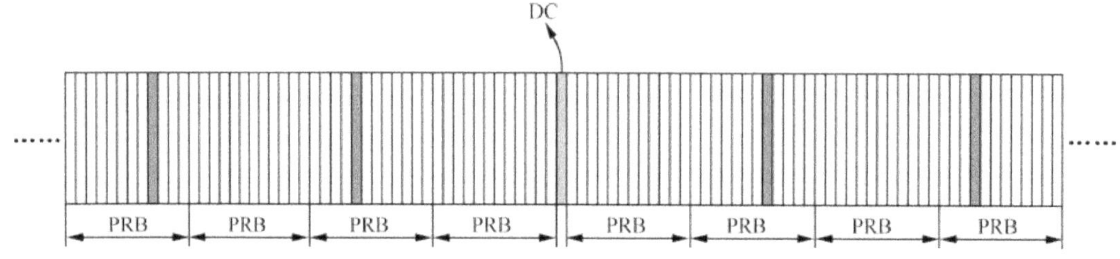

图 5.26　频率满足 100kHz 的整数倍的子载波示意图

奇数带宽和偶数带宽下的中心子载波的索引如表 5-12 和 5-13 所示。其中，一个 PRB 中的子载波索引从频率最低到最高依次为 0 到 11，系统带宽中频率最低的 PRB 索引为 0。

表 5-12　奇数系统带宽下的中心子载波索引

系统带宽	PRB 中的子载波索引					
	1	2	5	6	9	10
	相应的 PRB 索引					
3MHz	14	/	12	2	/	0
5MHz	19, 24	4	17, 22	2, 7	20	0, 5
15MHz	44, 49, 54, 59, 64, 69, 74	4, 9, 14, 19,24, 29	42, 47, 52, 57, 62, 67, 72	2, 7, 12, 17, 22, 27, 32	45, 50, 55, 60, 65, 70	0, 5, 10, 15, 20, 25, 30

表 5-13　偶数系统带宽下的中心子载波索引

系统带宽	PRB 中的子载波索引					
	0	3	4	7	8	11
	相应的 PRB 索引					
10MHz	5, 10, 15,20	33, 38, 43, 48	3, 8, 13, 18	31, 36, 41, 46	1, 6, 11, 16	29, 34, 39, 44
20MHz	5, 10, 15, 20, 25, 30, 35, 40, 45	58, 63, 68, 73, 78, 83, 88,93, 98	3, 8, 13, 18, 23, 28, 33, 38, 43	56, 61, 66, 71, 76, 81, 86, 91, 96	1, 6, 11, 16, 21, 26, 31, 36, 41	54, 59, 64, 69, 74, 79, 84, 89, 94

如果规定 NB-IoT 的中心子载波为 NB-IoT 的 12 个子载波中的第 6 个子载波，那么当 NB-IoT 载波的中心子载波在一个 PRB 的子载波#5 的时候，NB-IoT 载波可以和 PRB 对齐，否则，NB-IoT 载波会“溢出”到相邻的 PRB 中。表 5-14 给出了不同的系统带宽在不同的溢出条件下的候选 NB-IoT 载波对应的 PRB 索引。如表 5-14 所示，在 10MHz 系统带宽下，PRB#3 中的子载波#4 可以作为 NB-IoT 载波的中心子载波，对应的 NB-IoT 载波会溢出一个子载波。图 5.27 给出了此时的 NB-IoT 载波示意图，其中斜线部分为 NB-IoT 载波。可以看出，NB-IoT 载波会有一个子载波溢出到 PRB#2 中。

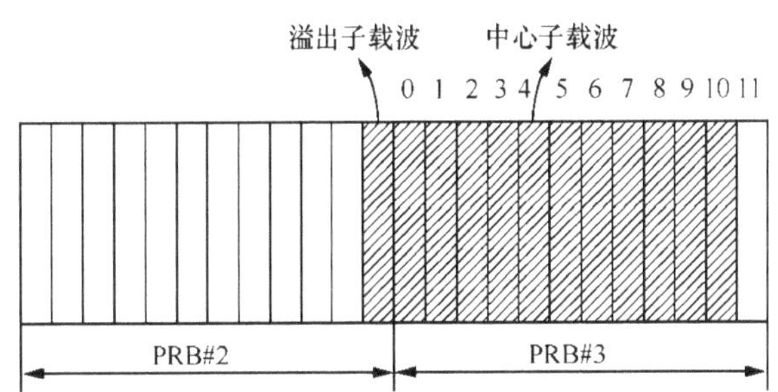

图 5.27　10MHz 系统带宽下的一个 NB-IoT 载波示意图

表 5-14　不同的系统带宽在不同的溢出条件下的候选 **NB-IoT** 载波对应的 **PRB** 索引

系统带宽	3MHz	5MHz	10MHz	15MHz	20MHz
与 PRB 对齐	12	17, 22		42, 47, 52, 57, 62, 67, 72	
溢出 1 个子载波对应的 PRB 索引	2	2, 7	3, 8, 13, 18	2, 7, 12, 17, 22, 27, 32	3, 8, 13, 18, 23, 28, 33, 38, 43

续表

系统带宽	3MHz	5MHz	10MHz	15MHz	20MHz
溢出 2 个子载波对应的 PRB 索引			31, 33, 36, 38, 41, 43, 46, 48		56, 58, 61, 63, 66, 68, 71, 73, 76, 78, 81, 83, 86, 88, 91, 93, 96, 98
溢出 3 个子载波对应的 PRB 索引		4		4, 9, 14, 19,24, 29	

为了降低对相邻 PRB 上的传输的影响，可以选择溢出子载波数较少的候选 NB-IoT 载波。比如溢出子载波数目小于等于 3。当相邻 PRB 被调度给 legacy UE 时，NB-IoT 的同步信号可以将 legacy UE 的数据打掉。可以通过采用较低码率来保证 legacy UE 的性能。并且，为了降低对相邻 PRB 上的传输的影响，除了同步信号和 MIB 之外的信号可以和 PRB 对齐，在 MIB 中通知一个频率偏移。

对于第二种观点，NB-IoT 载波的中心频点在一个 PRB 的第 6 个子载波和第 7 个子载波的最中间，NB-IoT 载波应和 LTE 中的一个 PRB 对齐。经计算，不同带宽下的 PRB 的中心频点（第 6 个子载波和第 7 个子载波的最中间的频点）和 100kHz 的整数倍的频点均不重合，与最近的 100kHz 的整数倍的频点存在一定的频率偏移。对于 10MHz 和 20MHz 系统带宽，频率频移属于集合{2.5kHz, 17.5kHz, 22.5kHz, 37.5kHz, 42.5kHz}；对于 3MHz、5MHz 和 15MHz 系统带宽，频率偏移属于集合{7.5kHz, 12.5kHz, 27.5kHz, 32.5kHz, 47.5kHz}。可以看出，任一 PRB 的中心频点都不能满足 100kHz 的整数倍，和 100kHz 整数倍的最小频偏在偶数带宽时为 2.5kHz，在奇数带宽时为 7.5kHz。表 5-15 中给出了与信道栅格频偏最小的 PRB 索引。

表 5-15　与信道栅格频偏最小的 PRB 索引

系统带宽	3MHz	5MHz	10MHz	15MHz	20MHz
PRB 索引	2, 12	2, 7, 17, 22	4, 9, 14, 19, 30, 35, 40, 45	2, 7, 12, 17, 22, 27, 32, 42, 47, 52, 57, 62, 67, 72	4, 9, 14, 19, 24, 29, 34, 39, 44, 55, 60, 65, 70, 75, 80, 85, 90, 95

如果基站选择上表中的 PRB 发送同步信号的话，当 UE 按照信道栅格进行小区搜索

时，UE 接收到的同步信号会固定产生 2.5kHz 或者 7.5kHz 的偏移。这对同步信号的检测性能会有一定的影响。

经过 3GPP 的讨论，接受了上述第二种观点，即 NB-IoT 载波的中心频点在一个 PRB 的第 6 个子载波和第 7 个子载波的最中间，NB-IoT 载波应和 LTE 中的一个 PRB 对齐。并且，NB-IoT 载波只能为在中心频率与最近的 100kHz 整数倍的频率偏移小于等于 7.5kHz 的 PRB，即表 5-15 中列出了 PRB。实际上，对于上述两种观点，在奇数带宽下，NB-IoT 载波对应的某些 PRB 是相同的。

为了使 UE 能够使用 CRS 进行解调，eNB 在 MIB 中给 UE 通知 NB-IoT 载波的位置，由于 CRS 序列是从中心向两边产生的，因此，eNB 只需要通知 UE 其工作的 NB-IoT 载波相对于系统带宽中心的频率偏移即可。

对于保护带模式，保护带上的子载波应和 LTE 系统的子载波正交，避免对 LTE 系统产生干扰。因此，子载波的划分从传输带宽的边缘开始向两边划分，在保护带上，不必满足 PRB 对齐的条件。与带内模式类似，NB-IoT 载波的中心频点在连续 12 个子载波的第 6 个子载波和第 7 个子载波的最中间，NB-IoT 载波所在的连续 12 个子载波的中心频率与最近的 100kHz 整数倍的频率偏移小于等于 7.5kHz。eNB 在 MIB 中给 UE 通知其频偏为{+2.5, −2.5, +7.5, −7.5}中的一个。UE 可以利用该值对中心频点进行调整，使得 UE 的接收机和实际的 NB-IoT 载波对齐，避免后续过程中的接收性能受到固定频偏的影响。

对于独立运营模式，NB-IoT 载波的中心频点在连续 12 个子载波的第 6 个子载波和第 7 个子载波的最中间，中心频点满足 100kHz 的整数倍，没有频率偏移。

5.7.2 信号生成公式

如果是 Guard-band、Stand-alone 和 In-band 操作模式或者是 In-band 操作模式但不是 samePCI，在一个下行时隙中，OFDM 符号 l 在天线端口 p 上的时间连续信号 $s_l^{(p)}(t)$ 定义为：

$$s_l^{(p)}(t)=\sum_{k=-\lfloor N_{sc}^{RB}/2\rfloor}^{\lceil N_{sc}^{RB}/2\rceil-1} a_{k^{(-)},l}^{(p)}\cdot e^{j2\pi(k+1/2)\Delta f(t-N_{CP,l}T_s)}$$

其中，$0\leqslant t<(N_{CP,l}+N)\times T_s$，$k^{(-)}=k+\lfloor N_{sc}^{RB}/2\rfloor$，$N=2048$，$\Delta f=15\text{kHz}$，$a_{k,l}^{(p)}$ 是资源粒子(k,l)在天线端口 p 上的发送内容。目前的版本中下行只支持常规 CP。

如果是 In-band 操作模式且是 samePCI，那么在一个下行时隙中，OFDM 符号l'在天线端口 p 上的时间连续信号 $s_{l'}^{(p)}(t)$ 定义为：

$$s_{l'}^{(p)}(t)=\sum_{k=-\lfloor N_{RB}^{DL}N_{sc}^{RB}/2\rfloor}^{-1} e^{\theta_{k^{(-)},l'}} a_{k^{(-)},l'}^{(p)}\cdot e^{j2\pi k\Delta f\left(t-N_{CP,l'\bmod N_{symb}^{DL}}T_s\right)}+\sum_{k=1}^{\lceil N_{RB}^{DL}N_{sc}^{RB}/2\rceil} e^{\theta_{k^{(+)},l'}} a_{k^{(+)},l'}^{(p)}\cdot e^{j2\pi k\Delta f\left(t-N_{CP,l'\bmod N_{symb}^{DL}}T_s\right)}$$

其中，$l'=l+N_{symb}^{DL}(n_s \bmod 4)\in\{0,\cdots\cdots,27\}$ 是从上一个偶数子帧开始的 OFDM 符号序号，$0\leqslant t<(N_{CP,l}+N)\times T_s$，$k^{(-)}=k+\lfloor N_{RB}^{DL}N_{sc}^{RB}/2\rfloor$，$k^{(+)}=k+\lfloor N_{RB}^{DL}N_{sc}^{RB}/2\rfloor-1$，如果资源粒子$(k,l')$用作 NB-IoT，则 $j2\pi f_{NB-IoT}T_s\left(l'N+\sum_{i=0}^{l'}N_{CP,i\bmod 7}\right)$，否则$\theta_{k,l'}=0$，$f_{NB-IoT}$ 是 NB-IoT PRB 中心频点减去 LTE 信号中心频点。

5.8 DL Gap

5.8.1 引言

下行传输间隔 DL Gap 是 NB-IoT 系统独有的，在介绍 DL Gap 的机制之前，首先介绍引入 DL Gap 的缘由。

为了达到 NB-IoT 系统最大 20dB 覆盖提升需求，在 In-band 操作模式下，NPDCCH 需要 200～350ms 重复传输，NPDSCH 需要 1200～1900ms 重复传输。在 Stand-alone 操作模式下，NPDCCH 需要 20～100ms 重复传输，NPDSCH 需要 200~300ms 重复传输[1]。如果在覆盖增强场景时资源被 NPDCCH 或 NPDSCH 连续占用，将会产生以下两个问题。一是阻塞其他 UE 的下行授权和下行业务信道传输；二是阻塞其他 UE 的上行授权传输[2]。

尽管 NB-IoT 在 In-band 和 Guard-band 操作模式下也支持多个 NB-IoT 载波操作，但是由于 NB-IoT 的多载波操作仅仅是半静态配置的，并不能有效地解决上述阻塞问题。并且对于不支持 NB-IoT 多个载波操作的场景，阻塞问题更为突出。

对于仅支持 NB-IoT 单载波操作时，如果下行资源被一个覆盖增强 UE 的 NDPCCH 以及其所调度的 NPDSCH 连续占用，此时该载波上其他 UE，尤其是不需要覆盖增强 UE 的下行业务传输会被阻塞，并且其他 UE 的 UL Grant 也会被阻塞进而导致上行资源浪费，如图 5.28 所示。

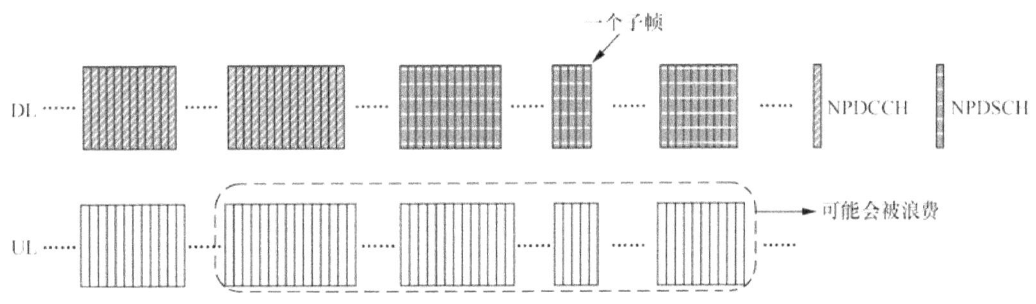

图 5.28 覆盖增强时下行资源被 NPDCCH 和 NPDSCH 连续占用示意图

为了解决阻塞问题，将具有较大重复传输次数的 NPDCCH 和 NPDSCH 映射至非连续的子帧中是一个有效的解决方法，即采用具有 DL Gap 的传输方式。对于 DL Gap 的引入，一种方式是直接以 UE-specific 方式在一次重复传输中引入 DL Gap[3]，另一种方式是类似调度窗的周期方式 Cell-specific 定义 DL Gap[4]。考虑到如果 DL Gap 不具有周期性，则会对需要连续传输的信道，尤其是在普通覆盖或中等覆盖条件时，造成冲突影响，因此 DL Gap 适合以周期的方式定义。为了解决阻塞问题，一种基于调度窗方式实现非连续传输，如图 5.29 所示，在周期定义的调度窗中具有较大重复次数的 NPDCCH 和 NPDSCH 仅占用部分子帧资源，使得其他小覆盖增强的终端的 NPDCCH 和 NPDSCH 可以在调度窗中其他子帧资源中传输。调度窗示意图如图 5.30 所示，类似于将 LTE 系统带宽的频域调度范围转换到时域上进行调度。

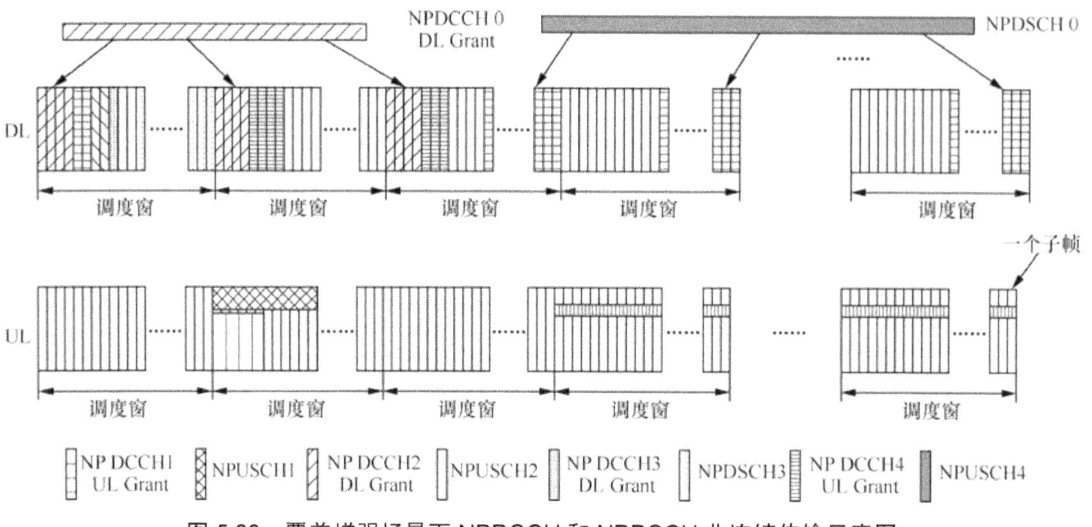

图 5.29 覆盖增强场景下 NPDCCH 和 NPDSCH 非连续传输示意图

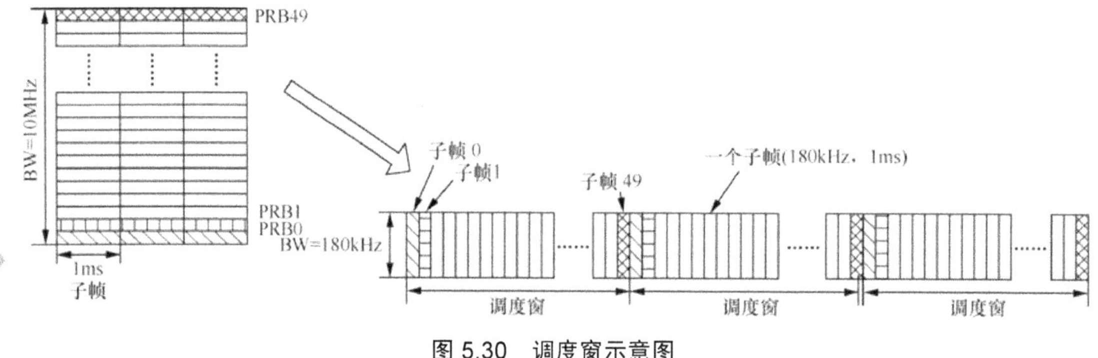

图 5.30 调度窗示意图

由于调度窗概念描述的复杂度，DL Gap 最终是通过定义周期和周期内 DL Gap 大小的方式确定。

5.8.2 方案描述

对于极端覆盖 UE，NB-IoT 系统中新定义 DL Gap 子帧作为无效子帧，对于普通覆盖和中等覆盖的用户把 DL Gap 子帧作为有效子帧。目的是为防止大覆盖终端的 NPDCCH 和 NPDSCH 长时间连续传输阻塞普通覆盖和中等覆盖终端的下行信道传输。

通过周期和 DL Gap 长度定义无效子帧位置。该无效子帧仅针对重复次数 Rmax（SIB

或 RRC 配置 NB-PDCCH 搜索空间的参数）大于等于阈值 X 的 NB-PDCCH 和 NB-PDSCH 应用（SIB 除外），X 为 SIB-NB 中 2bits 配置，取值集合为{32, 64, 128, 256}。

当 NB-PDCCH/NB-PDSCH 重复传输执行 DL Gap 时（即 Rmax≥X），与 DL Gap 重叠时延迟到之后的有效子帧中传输，而 Rmax＜X 时，不执行 DL Gap 延迟传输。如果没有配置 DL Gap，则意味着没有 DL Gap。

DL Gap 起始子帧满足 $\left(10n_{\mathrm{f}}+\lfloor n_{\mathrm{s}}/2\rfloor\right) \bmod T_g=0$，基于物理子帧定义，周期 T 由 SIB-NB 中 2bits 配置，取值集合为{64, 128, 256, 512}。DL Gap 长度为{1/8, 1/4, 3/8, 1/2}·Gap period，由 SIB-NB 中 2bits 配置。在标准制定过程中，关于 DL Gap 存在争议较大的主要是定义两套 DL Gap 取值[5-6]还是一套 DL Gap 取值[7-9]，最终由于两套取值的非连续传输效果可以由一套取值实现，所以标准采纳了在一个 NB-IoT 载波中只定义一套 DL Gap 取值。取值的数值确定主要是考虑尽量保证较小重复次数的传输可以连续传输完成，并且，较大重复次数的传输可以根据不同周期取值配置出相应 DL Gap 取值留给较小重复次数下行信道的传输，因此取值也是从下行信道的重复次数集合中选取的。

DL Gap 示意图如图 5.31 所示，以 DL Gap 周期等于 256ms，DL Gap 大小为周期的 1/4 为例。

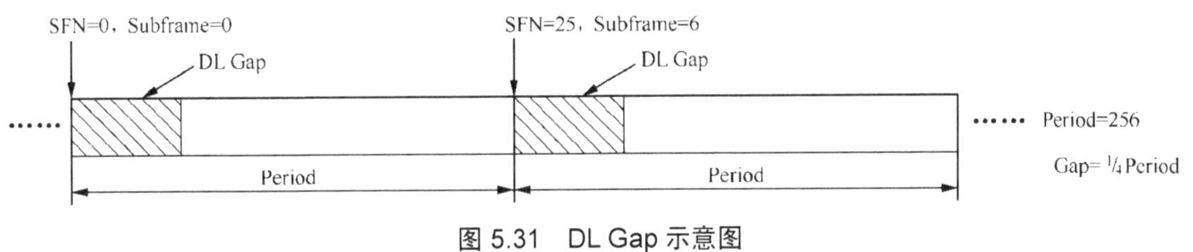

图 5.31　DL Gap 示意图

对于 DL Gap，仅支持单一配置用于下行传输。在支持 Multi-PRB 时，可以对于 anchor PRB（传输 NPSS/NSSS/SIB1-NB）配置单一 DL Gap，对于其他 PRBs 配置额外的单一 DL Gap，如果没有额外的配置，则其他 PRBs 的 DL Gap 配置同 Anchor PRB。

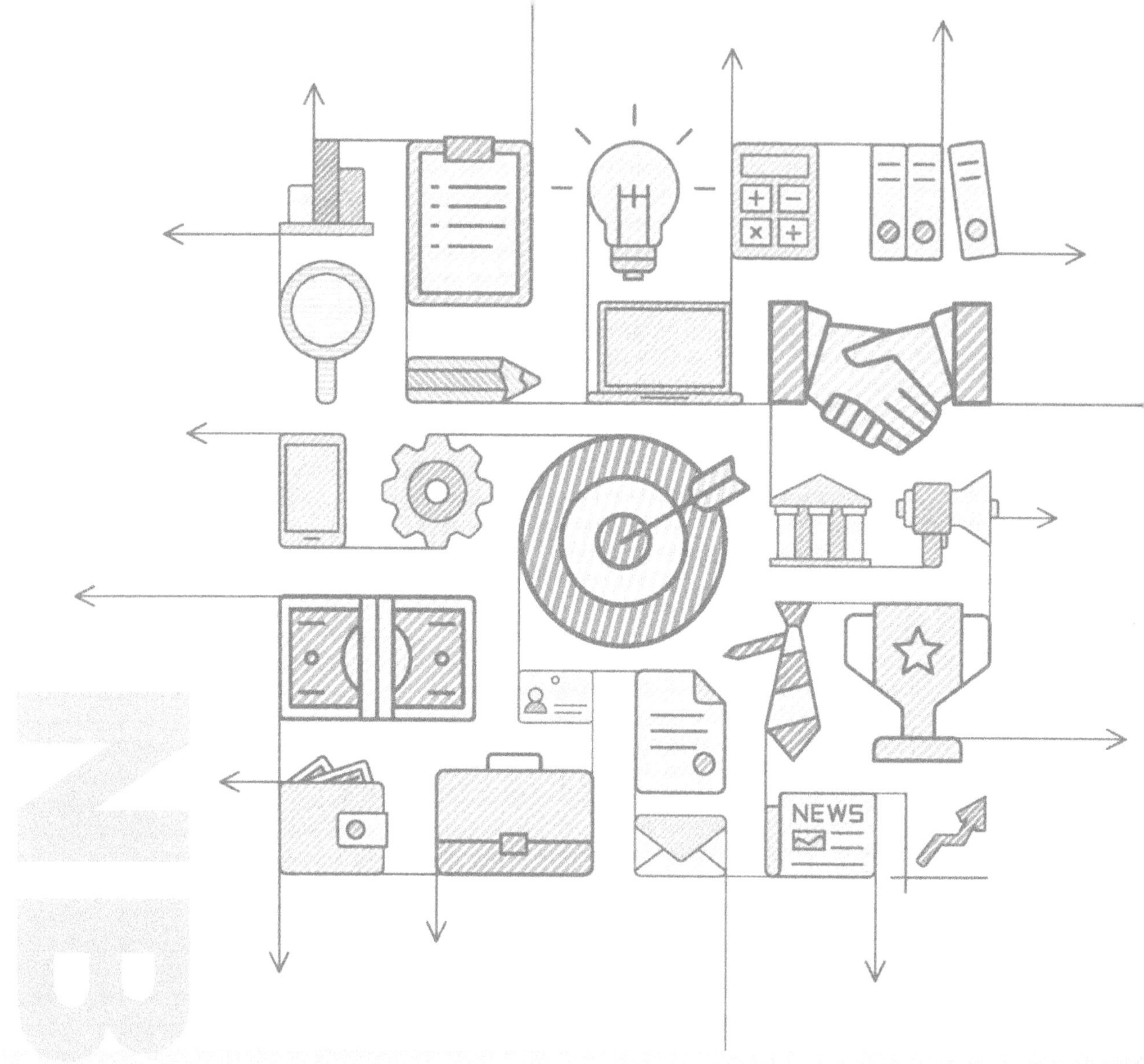

NB-IoT

Chapter 6

第6章

物理层上行链路

6.1 概　述

根据 NB-IoT 系统需求，NB-IoT 终端的上行发射带宽是 180kHz。NB-IoT 系统在上行支持 2 种子载波间隔：3.75kHz 和 15kHz。对于覆盖增强场景，3.75kHz 子载波间隔比 15kHz 子载波间隔可以提供更大的系统容量，但是，在 In-band 场景下，15kHz 子载波间隔比 3.75kHz 子载波间隔具有更好的 LTE 兼容性。

6.1.1 多址方式

无论是 Single-tone 还是 Multi-tone 的发送方式，NB-IoT 系统在上行都是基于 SC-FDMA 的多址技术。

6.1.2 帧结构

对于 15kHz 子载波间隔，NB-IoT 上行帧结构和 legacy LTE 相同。每个无线帧长 10ms，对于 15kHz 子载波间隔，1 个无线帧包含 20 个 0.5ms 长的时隙。

对于 3.75kHz 子载波间隔，NB-IoT 新定义了一个 2ms 长度的窄带时隙结构（NB-slot），即一个无线帧包含 5 个窄带时隙。每个窄带时隙包含 7 个符号，3.75kHz 对应的符号包含 528 Ts，CP 长度为 16 Ts，其中假设 Ts = 1/1.92MHz。在 2ms 周期内，除了前面的 7 个符号，剩下的 144 Ts 作为一个保护间隔，用于最小化 NB-IoT 符号和 LTE SRS 之间的冲突，如图 6.1 所示。

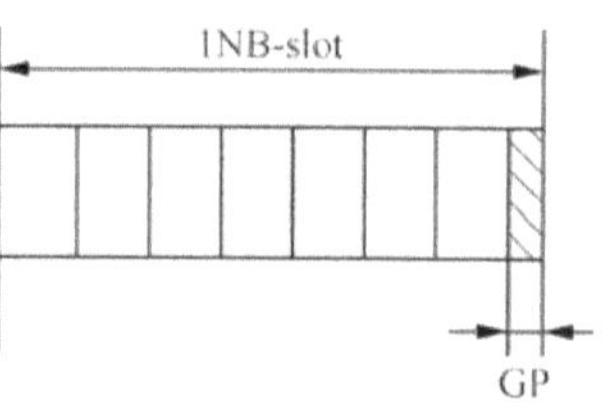

图 6.1 2ms NB-slot 结构

6.1.3 上行资源单元

NB-IoT 中，上行继续沿用了 LTE 的 Resource grid 和 Resource element 的概念，如图 6.2 所示。

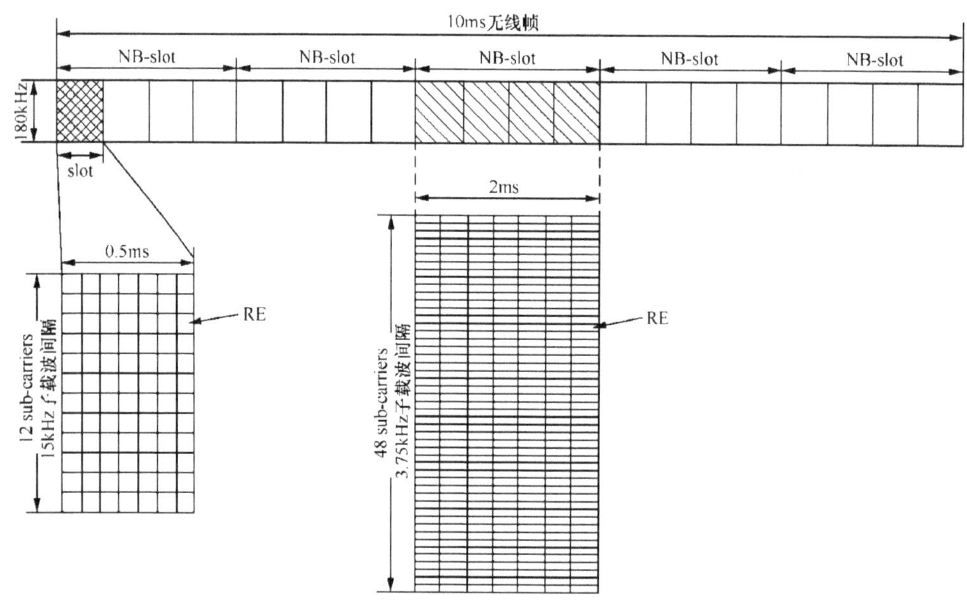

图 6.2 NB-IoT 上行 Resource grid 的结构

除了 Resource grid 和 Resource element 之外，NB-IoT 在上行还引入资源单元（Resource unit）的概念，上行数据的调度和 HARQ-ACK 信息的发送是以资源单元为单位的。

用于上行数据发送的资源单元的划分原则是对于不同的频域子载波数目的一个资源单元中有效的 Resource element 数量一致；同时要保证时域长度为 2 的整数幂，这样能在调度不同类型（不同的频域子载波数目）的资源单元时，降低资源碎片率。当子载波间隔为 3.75kHz 时，NB-IoT 系统只支持 Single-tone 的发送，频域占用 1 个子载波，时域占用 32ms。当子载波间隔为 15kHz 时，上行定义了下列几种用于数据发送的资源单元：

- 频域 12 个子载波，时域 1ms；
- 频域 6 个子载波，时域 2ms；
- 频域 3 个子载波，时域 4ms；
- 频域 1 个子载波，时域 8ms。

对于 15kHz 和 3.75kHz 两种子载波间隔，发送 HARQ-ACK 信息的资源单元都是只支持 Single-tone 发送。对于 15kHz 子载波间隔，发送 HARQ-ACK 信息的资源单元在时域上占用 2ms；对于 3.75kHz 子载波间隔，发送 HARQ-ACK 信息的资源单元在时域上占用 8ms。上行资源单元（RU）如图 6.3 所示。

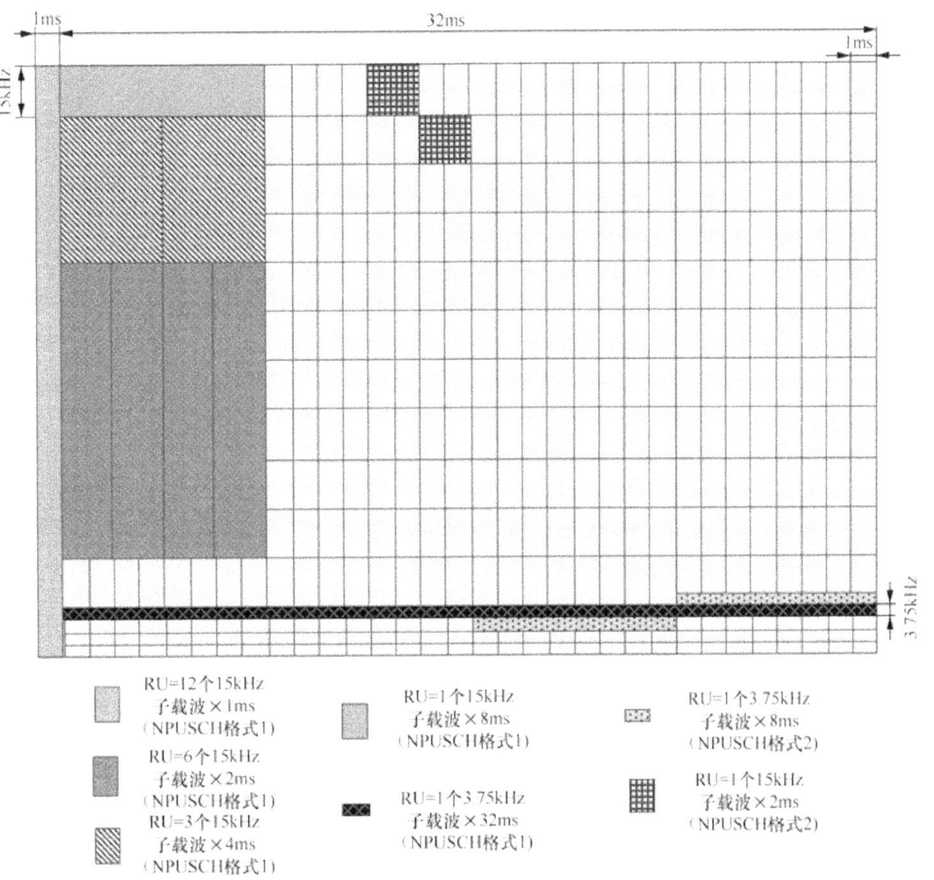

图 6.3 上行资源单元（RU）

6.1.4 上行物理信道

NB-IoT 上行定义了以下物理信道。

- 窄带物理上行共享信道（NPUSCH）：包含两种格式。
    - 窄带物理上行共享信道格式 1：用于携带 UL-DSCH。
    - 窄带物理上行共享信道格式 2：用于携带上行控制信息。
- 窄带物理随机接入信道（NPRACH）。

6.1.5 上行物理信号

NB-IoT 系统定义了以下上行窄带物理信号：

- 窄带解调参考信道。

6.2 物理上行共享信道格式 1

6.2.1 引言

和 LTE 不同，NPUSCH 格式 1 支持 Single-tone 和 Multi-tone 的传输。当子载波个数为 1 时，支持 2 种子载波间隔，3.75kHz 和 15kHz；当子载波个数大于 1 时，只支持 15kHz 的子载波间隔。其中，Single-tone 传输主要适用于低速率、覆盖增强场景，可以提供更低实现成本，Multi-tone 传输可以比 Single-tone 传输提供更大速率，也可以支持覆盖增强。

6.2.2 信道结构

对于 NPUSCH 格式 1 对应的信道结构仍然采用现有 LTE PUSCH 的结构。只是子载波间隔为 3.75kHz 时，解调参考信号所在的位置略有不同，详细见 6.5 节。

6.2.3 处理过程

NPUSCH 格式 1 的基带信号产生流程和 LTE PUSCH 相同[1]，包含：

- 加扰；
- 调制；
- 传输预编码；
- 映射到物理资源；
- 生成 SC-FDMA 信号。

以下步骤的具体操作考虑 NB-IoT 的特点，具体如下。

（1）加扰

加扰的过程和 LTE PUSCH 的加扰相同，具体可参见 TS 36.211。其中加扰序列的产生以 $c_{\text{init}} = n_{\text{RNTI}} \cdot 2^{14} + n_{\text{f}} \bmod 2 \cdot 2^{13} + \lfloor n_{\text{s}}/2 \rfloor \cdot 2^{9} + N_{\text{ID}}^{\text{Ncell}}$ 为初始值，其中 n_{s} 是码字传输的第一个时隙对应的时隙索引。当 NPUSCH 重复传输时，码字的每 L 次传输，序列都要根据上面的公式初始化一次，L 的定义在下面章节具体介绍。

（2）调制

考虑到 NB-IoT 终端低成本的特点，调制方式只支持 BPSK 和 QPSK。具体为：当子载波个数为 1 时，支持 BPSK 和 QPSK；当子载波个数大于 1 时，只支持 QPSK，具体的调制过程参见第 6.8 节。

（3）映射到物理资源

NPUSCH 映射到一个或多个 RU。NPUSCH 支持重复传输来实现大的覆盖范围。对于重复传输，有几个可供选择的方案[2-4]：

方案一：重复基于资源单元，图 6.4 给出一个例子，即基于资源单元重复 L 次；

方案二：重复基于子帧/时隙，图 6.5 给出一个例子，如果一个 NPUSCH 在时域包含 m 个子帧，那么每个子帧重复 L 次；

方案三：重复基于符号，和方案二类似，不同的是重复是基于符号的。

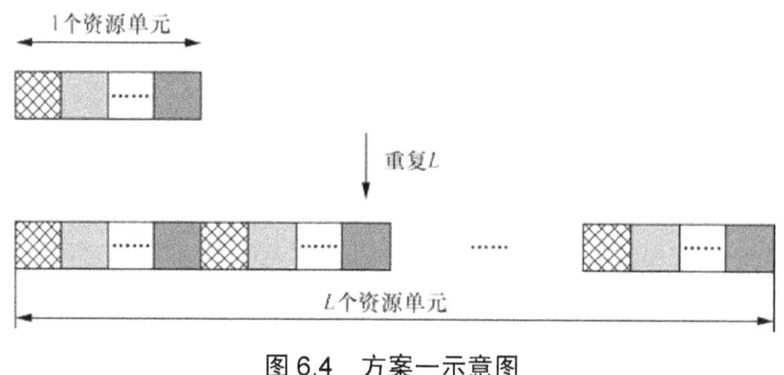

图 6.4 方案一示意图

其中，$L=\begin{cases}\min\left(\left\lceil M_{\text{rep}}^{\text{NPUSCH}}/2\right\rceil,4\right) & N_{\text{sc}}^{\text{RU}}>1\\ 1 & N_{\text{sc}}^{\text{RU}}=1\end{cases}$，其中 $N_{\text{sc}}^{\text{RU}}$ 为子载波个数，$M_{\text{rep}}^{\text{NPUSCH}}$ 为高层信令配置的重复次数。

相比于方案二和方案三，方案一增加相同符号的传输间隔，不利于多子帧信道联合估计。经过讨论，最后标准采纳的方案为：当子载波间隔为 15kHz 时，重复基于子帧；当子载波个数为 3.75kHz 时，重传基于时隙。重复传输时，支持基于 RV 的循环，具体方案参见第 7.9.2.3 节。

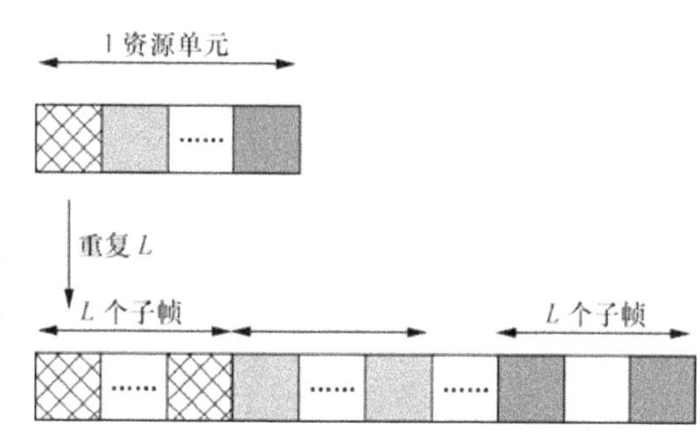

图 6.5 方案二示意图

当映射到 N_{slots} 个时隙上的 NPUSCH 资源或者重复的 PUSCH 资源和任何 NPRACH-ConfigSIB-NB 配置的 PRACH 资源重叠时，重叠的 N_{slots} 个时隙上的 NPUSCH 发送推迟到下一个和 NPRACH 资源没有重叠的 N_{slots} 个时隙位置。

6.3 物理上行共享信道格式 2

6.3.1 引言

LTE 系统中，上行控制信息包含 HARQ-ACK 信息、SR 信息和 CSI 信息。对于 NB-IoT 系统来说，使用随机接入实现调度请求就能满足需求，所以不需要额外上报 SR。有的公司提到当 HARQ-ACK 发送时，SR 可以和 HARQ-ACK 在相同子帧同时发送[1]，这样可以减少 PRACH 的开销，具体的发送方案可以通过不同的加扰序列区分发送的是 HARQ-ACK 还是 HARQ-ACK 和 SR。考虑同传的必要性和标准化复杂度，标准最后不支持 HARQ-ACK 和 SR 同传。而 NB-IoT 的终端通常都是静止的或者很低的速度移动，经历的信道变化不是很频繁，所以上报 CSI 的必要性也不大。所以 NB-IoT 系统中，上行需要发送的控制信息只包含 HARQ-ACK 信息。标准最后定义了 NPUSCH 格式 2 用来发送 HARQ-ACK。

6.3.2 信道结构

关于采用哪种信道结构（这里的信道结构特指基带信号产生流程）发送 HARQ-ACK 信息，有以下几个可供选择的方案[2-4, 6]。

方案一：沿用 PUCCH 结构，尽量重用 LTE PUCCH 的结构，对 NB-IoT 系统来说，相当于额外引入一个物理信道发送 HARQ-ACK 信息。采用 PUCCH 结构可以复用更多的用户，但是要占用整个 PRB，而且 NB-IoT 中下行业务需求量小，所以采用 PUCCH 结构的必要性不大。

方案二：沿用 NPUSCH 结构，对于 1bit HARQ-ACK 信息，需要考虑和传输数据时不同的编码方式，资源映射方式等。

后来经过邮件讨论，确定沿用 NPUSCH 结构，此时上行可以采用相同的处理过程。

6.3.3 处理过程

步骤和 NPUSCH 格式 1 相同，不同的是：NPUSCH 格式 1 中采用的编码方式为 Turbo，Turbo 码不适合小比特的信息编码，需要发送的 HARQ-ACK 仅为 1bit，所以需要重新考虑编码，有以下几个可供选择的方案[2, 5-6]。

方案一：重复编码，一个例子为，当需要发送的 HARQ-ACK 信息为 ACK 时，如果用‘1’表示 ACK 的话，那么发送的序列为[1 1 1 1 1 1……]。

方案二：序列指示，表 6-1 给出一个例子。

表 6-1　序列指示

HARQ-ACK 信息	序列
ACK	[0 1 0 1 0 1 0 1 0 1 ……]
NACK	[1 0 1 0 1 0 1 0 1 0 ……]

考虑到重复编码是 1bit 信息惯用的编码方式和方案二带来的标准化复杂度，最终标准采纳了方案一。

对于 NPUSCH 格式 2，因为只需要发送 1bit HARQ-ACK 信息，所以调制方式为 BPSK，具体的调制过程参见第 6.8 节。

6.4　物理随机接入信道

6.4.1　信道结构

NB-IoT 初期的几次会议，NB-IoT PRACH 的设计主要有两个方向：Multi-tone PRACH 和 Single-tone PRACH。

NB-IoT Multi-tone PRACH 的设计思路是沿用 LTE PRACH 的结构，只是在 PRACH 带宽配置、子载波间隔选择和随机接入前导（Preamble）所使用的 ZC 序列长度等方面有过一些优化设计[1-4]，用来适应 NB-IoT 的特性。

相比于 Multi-tone 传输，Single-tone 传输能够提供更高的功率谱密度，因此，最初的几次会议中，Single-tone PRACH 仅用来支持 Extreme coverage 覆盖等级下的随机接入。Single-tone PRACH 的设计主要集中在 Preamble 结构以及 PRACH 资源分配的设计上[4]。

在 2016 年 1 月的 Ad-Hoc 会议上，为了简化 PRACH 设计，建议采用统一的 PRACH 支持 3 种覆盖等级。考虑到并不是所有的 NB-IoT UE 都支持 Multi-tone 传输，因此，Single-tone PRACH 被建议为唯一的 PRACH 方案，并且在 RAN1 #84 会议中最终确定。

Single-tone PRACH 的 Preamble 结构最初在 RAN1 #82 会议的提案[4]中提出，经过几次会议的讨论，在 RAN1 #84 会议中归纳为两种结构。

- 第一种结构为基于 4 个 Symbol Groups 的 Preamble 方案[6-7]。

Preamble 采用 Single-tone 方式发送，子载波间隔为 3.75kHz，且默认配置支持跳频。Preamble 发送的最基本单位是 4 个符号组（Symbol Groups），其中，Symbol Groups 包括一个循环前缀（Cyclic Prefix，CP）以及 5 个符号，且 5 个符号上发送的信号相同。

4 个 Symbol Groups 的结构如图 6.6 所示，每个 Symbol Groups 发送时占用的子载波相同，且 Symbol Groups 之间配置两个等级的跳频间隔，1st/2nd Symbol Groups 之间和 3rd/4th Symbol Groups 之间配置第一等级的跳频间隔，FH1=3.75kHz；2nd/3rd Symbol Groups 之间配置第二等级的跳频间隔，FH2=22.5kHz。

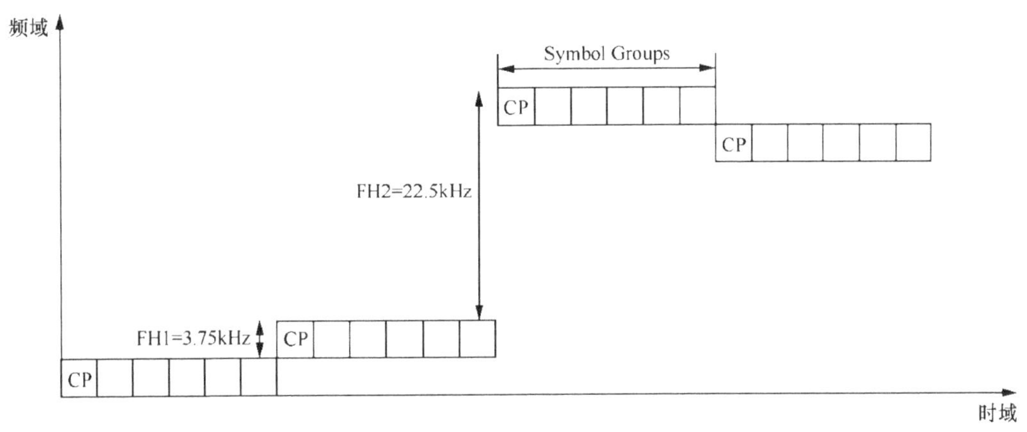

图 6.6　4 个 Symbol Groups 的结构

第一种 Preamble 结构的性能仿真结果在参考文献[8]中有具体分析，其中 Normal Coverage 覆盖等级（对应 MCL=144dB）、Extended Coverage 覆盖等级（对应 MCL=154dB）和 Extreme Coverage 覆盖等级（对应 MCL=164dB）3 种场景下定时提前量误差（Time Advanced Error，TA Error）统计分布曲线如图 6.7、图 6.8 和图 6.9 所示。Preamble 误检概率（False Alarm Probability，FAP）和漏检概率（Missed Detection Probability，MDP）如表 6-2 所示。TA Error 性能如表 6-3 所示。

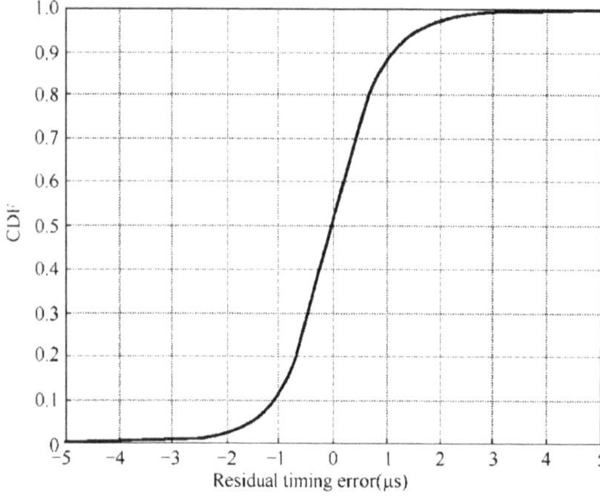

图 6.7　MCL=144dB 时，TA Error 统计分布结果

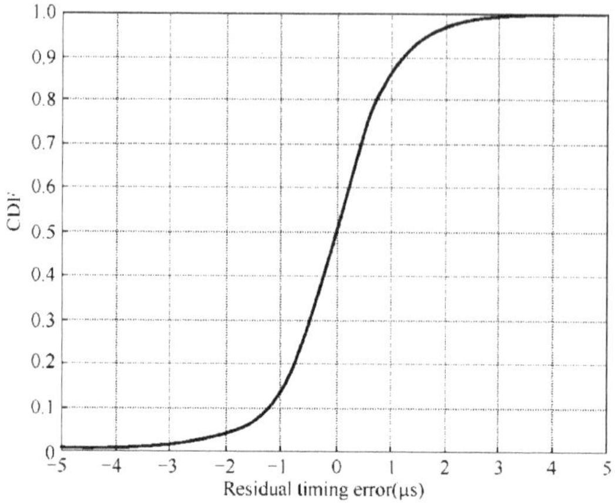

图 6.8　MCL=154dB 时，TA Error 统计分布结果

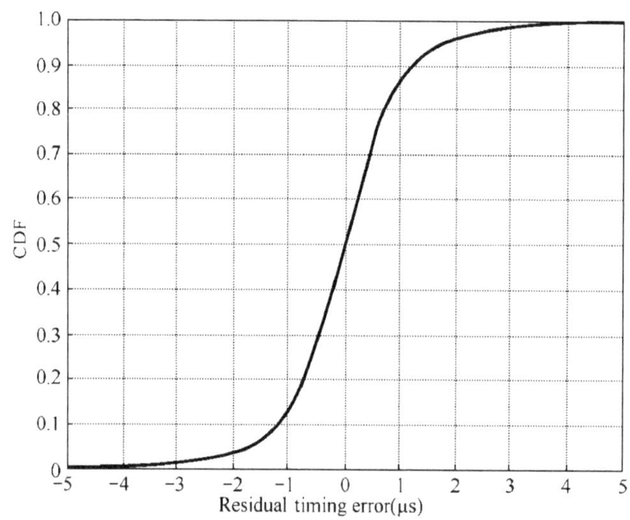

图 6.9　MCL=164dB 时，TA Error 统计分布结果

表 6-2　Preamble 的误检概率和漏检概率统计结果

MCL (dB)	误检概率	漏检概率
144	0.05%	0.5%
154	0.1%	0.6%
164	0.1%	0.8%

表 6-3　TA Error 统计结果

MCL (dB)	TA Error 在–2.5～2.5μs 范围内的概率
144	98.1%
154	97.0%
164	96.1%

- 第二种结构为基于 2 个 Symbol Groups 的 Preamble 方案[9-10]。

Preamble 采用 Single-tone 方式发送，子载波间隔为 15kHz，且默认配置支持跳频。Preamble 发送的基本单位是 2 个 Symbol Groups，其中 Symbol Group 包括长度为一个 CP 以及 23 个符号，且 23 个符号上发送的信号为一条 ZC 序列（ZC 序列长度为 23）。

2 个 Symbol Groups 的结构如图 6.10 所示，每个 Symbol Group 发送时占用的子载波相同，且 Symbol Group 之间配置的跳频间隔=150kHz。

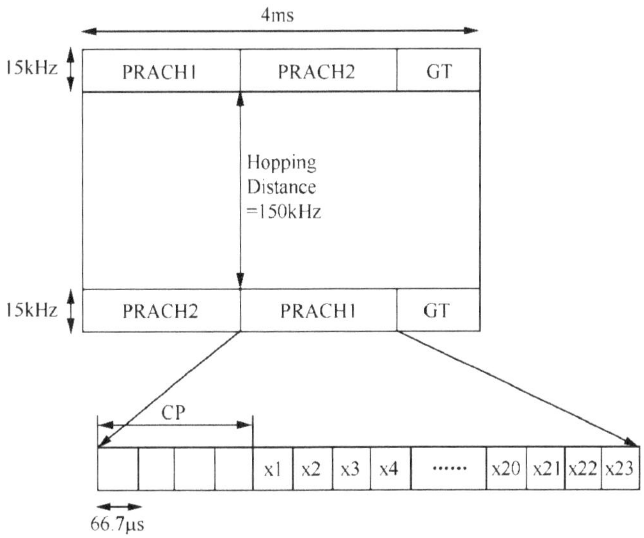

图 6.10　2 个 Symbol Groups 的结构

第二种 Preamble 结构的性能仿真结果在参考文献[9]中有具体分析，其中 Normal coverage 覆盖等级（对应 MCL=144dB）、Extended coverage 覆盖等级（对应 MCL=154dB）和 Extreme coverage 覆盖等级（对应 MCL=164dB）3 种场景下 TA Error 统计分布曲线如图 6.11、图 6.12 和图 6.13 所示。Preamble 误检概率和正确检测概率如表 6-4 所示。

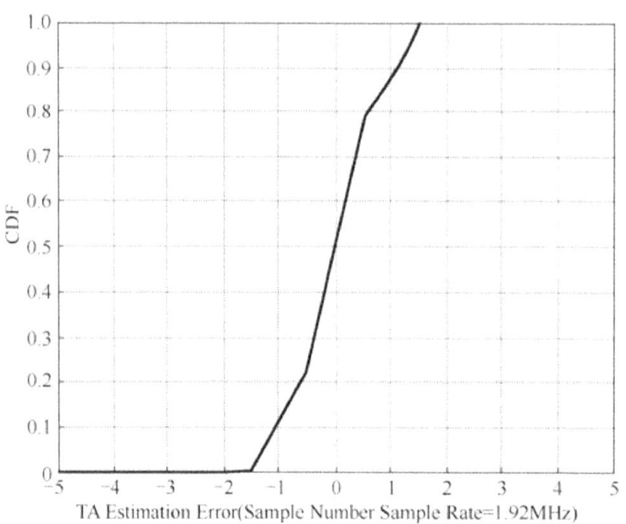

图 6.11　MCL=144dB 时，TA Error 统计分布结果

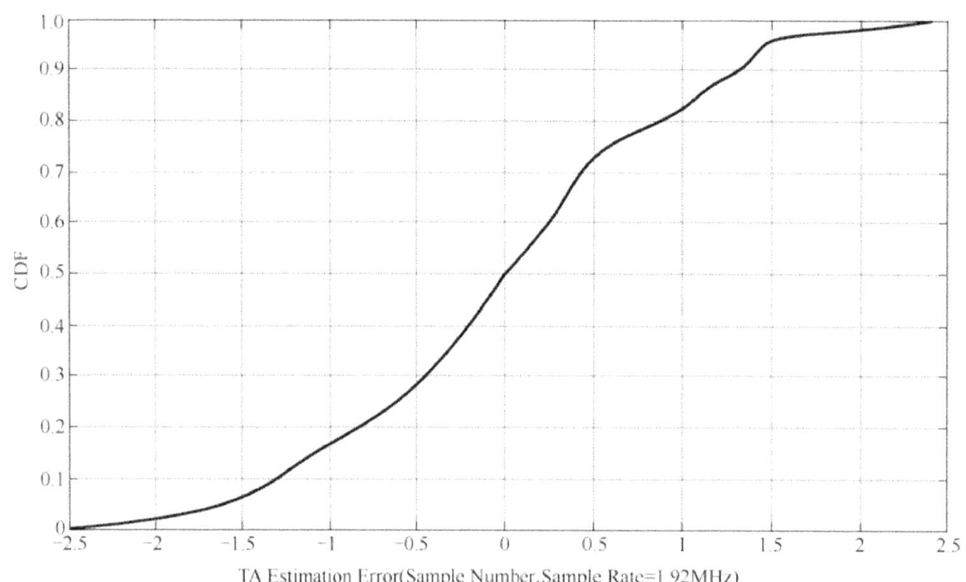

图 6.12　MCL=154dB 时，TA Error 统计分布结果

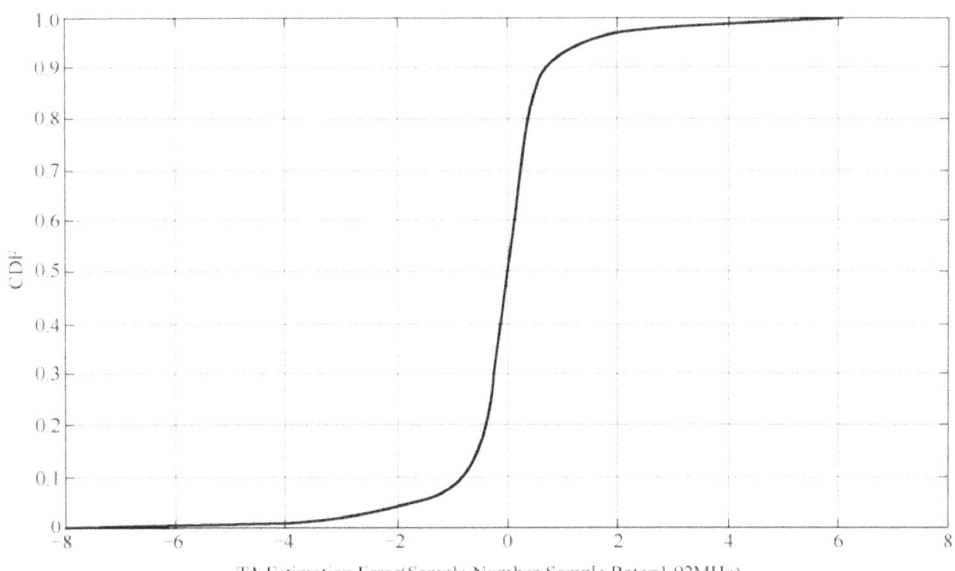

图 6.13　MCL=164dB 时，TA Error 统计分布结果

表 6-4　**TA Error** 统计结果

MCL(dB)	误检概率	正确检测概率
144	3/10 000	99.9%
154	7/10 000	99.9%
164	8/10 000	99.5%

注：采样率为 1.92MHz，正确检测范围是 TA Error 误差在[−4，+4]个采样点之间，即[−2.08, +2.08]μs

相比于 legacy LTE，NB-IoT PRACH Preamble 在 TA Error 估计精准度上放宽了需求[11]，因此，以上两种 Preamble 结构都能够满足 NB-IoT TA Error 精准度的需求。

第一种结构，由于 Preamble 在每个 Symbol Group 内发送的信号都是相同的，因此可以保证频域上配置多条 PRACH 信道时，PRACH 信道之间的正交性，即无需在 PRACH 信道之间配置保护带宽。这种结构的 Preamble 由于无法码分复用，因此在 PRACH 信道容量会有一定的限制。

第二种结构，由于 Preamble 在 Symbol Group 内发送的信号是一条 ZC 序列，因此，可以同时支持多条 Preamble 在 Symbol Group 内发送，提升 PRACH 信道容量。但也由于 Symbol Group 内各个符号上发送的信号不同，导致频域上配置多条 PRACH 信道时，

PRACH 信道之间不能保证正交性，因此需要配置保护带宽用来抑制 PRACH 信道之间的干扰。

考虑到 NB-IoT UE 发起随机接入流程的频率非常低[12]，PRACH 容量并不是 NB-IoT 考虑的主要问题，因此，最终在 RAN1 #84 会议上，第一种 Preamble 结构被采纳。

同时为了支持灵活的小区覆盖，在 RAN1 #84 会议中一共定义了两种 Preamble format：Preamble format 0 和 Preamble format 1。其中，Preamble format 0 支持的 CP 长度为 66.7μs，对应 10km 的小区覆盖；Preamble format 1 支持的 CP 长度为 266.7μs，对应 35km 的小区覆盖。

Preamble 的基本单位是 4 个 Symbol Groups，支持 N 次重复发送，其中 N 的取值为{1，2，4，8，16，32，64，128}且由高层配置。4 个 Symbol Groups 内，根据 1st Symbol Groups 的子载波索引，可以获知 2nd、3rd、4th Symbol Groups 的子载波索引。Symbol Groups 占用的子载波被限制在一个 PRACH band 内，其中 PRACH band 包含 $N_{sc}^{RA}=12$ 个子载波。图 6.14 给出了 CP=266.7μs 时 4 个 Symbol Groups 子载波分配的示意图。

子载波索引	第1个Symbol Group	第2个Symbol Group	第3个Symbol Group	第4个Symbol Group
11	PRACH #11	PRACH #10	PRACH #4	PRACH #5
10	PRACH #10	PRACH #11	PRACH #5	PRACH #4
9	PRACH #9	PRACH #8	PRACH #2	PRACH #3
8	PRACH #8	PRACH #9	PRACH #3	PRACH #2
7	PRACH #7	PRACH #6	PRACH #0	PRACH #1
6	PRACH #6	PRACH #7	PRACH #1	PRACH #0
5	PRACH #5	PRACH #4	PRACH #10	PRACH #11
4	PRACH #4	PRACH #5	PRACH #11	PRACH #10
3	PRACH #3	PRACH #2	PRACH #8	PRACH #9
2	PRACH #2	PRACH #3	PRACH #9	PRACH #8
1	PRACH #1	PRACH #0	PRACH #6	PRACH #7
0	PRACH #0	PRACH #1	PRACH #7	PRACH #6

图 6.14 NB-IoT PRACH 资源分配的时频资源，CP=266.7μs

当 Preamble 重复 N(N 大于 1)次发送时，第一个 4 Symbol Groups 中 1st Symbol Groups 的子载波索引由 UE 在可用的子载波集合中随机选择；其余 N-1 个 4 Symbol Groups 中 1st Symbol Groups 的子载波索引都在第一个 4 Symbol Groups 中 1st Symbol Groups 的子载波索引基础上增加一个随机跳变量。同样要求所有 Symbol Groups 占用的子载波被限制在一个 NPRACH band 内。i^{th} Symbol Groups 对应的子载波索引为 $n_{\text{sc}}^{\text{RA}}(i)=n_{\text{start}}+\tilde{n}_{\text{SC}}^{\text{RA}}(i)$，其中 $n_{\text{start}}=N_{\text{scoffset}}^{\text{NPRACH}}+\lfloor n_{\text{init}}/N_{\text{sc}}^{\text{RA}}\rfloor\cdot N_{sc}^{RA}$，$\tilde{n}_{\text{SC}}^{\text{RA}}(i)$ 按照下面的公式确定：

$$\tilde{n}_{\text{sc}}^{\text{RA}}(i)=\begin{cases}\left(\tilde{n}_{\text{sc}}^{\text{RA}}(0)+f(t)\right)\bmod N_{\text{sc}}^{\text{RA}} & i\bmod 4=0 \text{ and } i>0 \text{ and } t=i/4\\ \tilde{n}_{\text{sc}}^{\text{RA}}(i-1)+1 & i\bmod 4=1,3 \text{ and } \tilde{n}_{\text{sc}}^{\text{RA}}(i-1)\bmod 2=0\\ \tilde{n}_{\text{sc}}^{\text{RA}}(i-1)-1 & i\bmod 4=1,3 \text{ and } \tilde{n}_{\text{sc}}^{\text{RA}}(i-1)\bmod 2=1\\ \tilde{n}_{\text{sc}}^{\text{RA}}(i-1)+6 & i\bmod 4=2 \text{ and } \tilde{n}_{\text{sc}}^{\text{RA}}(i-1)<6\\ \tilde{n}_{\text{sc}}^{\text{RA}}(i-1)-6 & i\bmod 4=2 \text{ and } \tilde{n}_{\text{sc}}^{\text{RA}}(i-1)\geqslant 6\end{cases}$$

$$f(t)=\left(f(t-1)+\left(\sum_{n=10t+1}^{10t+9}c(n)2^{n-(10t+1)}\right)\bmod\left(N_{\text{sc}}^{\text{RA}}-1\right)+1\right)\bmod N_{\text{sc}}^{\text{RA}}$$

$$f(-1)=0$$

其中，

（1）$N_{\text{scoffset}}^{\text{NPRACH}}$ 为基站配置的 PRACH 资源的起始子载波索引；

（2）n_{init} 是由 UE 在索引为 $\{0,1,\cdots\cdots,N_{\text{sc}}^{\text{NPRACH}}-1\}$ 中随机挑选，其中 $N_{\text{sc}}^{\text{NPRACH}}$ 为基站配置的 PRACH 资源的子载波数量；

（3）$N_{\text{sc}}^{\text{RA}}=12$ 个；

（4）$\tilde{n}_{\text{SC}}^{\text{RA}}(0)=n_{\text{init}}\bmod N_{\text{sc}}^{\text{RA}}$；

（5）伪随机序列 $c(n)$ 按照 TS36.211 中 7.2 章节的公式生成。其中伪随机序列 $c(n)$ 生成器初始化使用的 $c_{\text{init}}=N_{\text{ID}}^{\text{Ncell}}$。

6.4.2 随机接入序列结构

在 RAN1 #84 会议上 NB-IoT Single-tone PRACH 结构被最终确定，但是截至 RAN1 #84 会议，Preamble 使用的序列的结构并没有最终确定，只是达成了初步共识，即 Symbol

Group 内各个符号上发送的信号相同，4 个 Symbol Groups 之间发送的信号是否相同还没有结论。

在 2016 年 3 月的 Ad-Hoc 会议上，一种方案[13]建议所有 Symbol Groups 发送的信号都相同，且该信号为“1”。通过配置不同的子载波集合指示 UE 是否支持 Multi-tone Msg3 传输。另一种方案[14]建议 4 个 Symbol Groups 发送方案如图 6.15 所示，4 个 Symbol Groups 上发送的信号分别为 W1, W2, W3, W4，且支持 Multi-tone Msg3 的 UE 发送的[W1 W2 W3 W4]= [1, 1, 1, −1]，其他 UE 发送的[W1 W2 W3 W4]= [1, 1, 1, 1] 。该方案的主要优点即通过 Preamble 携带 1bit 信息，用来指示 UE 是否支持 Multi-tone Msg3。

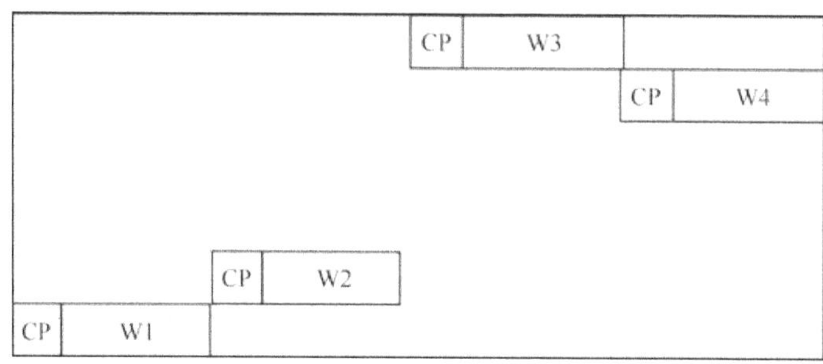

图 6.15　NB-IoT PRACH Preamble 序列配置方案

考虑到 NB-IoT UE 发起随机接入流程的频率非常低[12]，PRACH 容量并不是 NB-IoT 考虑的主要问题，可以通过配置不同的子载波指示 UE 是否支持 Multi-tone Msg3 传输。因此，最终确定 Preamble 的所有 Symbol Groups 上发送的信号都相同，且该信号为“1”。

6.4.3　随机接入信号生成

一个 Symbol Group 中 Preamble 的时域表达形式 $s_i(t)$ 为：

$$s_i(t) = \beta_{\text{NPRACH}} \mathrm{e}^{\mathrm{j}2\pi\left(n_{\text{SC}}^{\text{RA}}(i)+Kk_0+1/2\right)\Delta f_{RA}\left(t-T_{\text{CP}}\right)}$$

其中，$0 \leqslant t \leqslant T_{\text{SEQ}} + T_{\text{CP}}$，

β_{NPRACH} 是 Preamble 发送的功率控制因子，具体配置方案参考第 6.4.5 节；

$k_0 = -N_{\text{sc}}^{\text{UL}}/2$，$N_{\text{sc}}^{\text{UL}}$ 为上行载波对应的子载波个数；

$K = \Delta f / \Delta f_{\text{RA}}$，$\Delta f$ 为上行的子载波间隔，Δf_{RA} =3.75kHz；

$n_{SC}^{RA}(i)$的取值方案参考第 6.4.1 节。

6.4.4 资源配置

在 PRACH Preamble 发送之前，NB-IoT UE 需要确定 PRACH 配置信息。NB-IoT 定义了 3 个覆盖等级，因此系统消息中会广播与之对应的 3 套 PRACH 配置信息，主要包括以下几方面。

- PRACH 重复次数

PRACH 有 8 种可选的重复次数配置，分别是{1, 2, 4, 8, 16, 32, 64, 128}。

- PRACH 时域资源

PRACH 时域资源采用周期配置，有 8 种可选的周期配置，分别为{40, 80, 160, 240, 320, 640, 1280, 2560}ms。

在确定的 PRACH 时域周期内，通过配置相对于 PRACH 时域周期起始位置的偏移量来确定 PRACH Preamble 发送的起始时刻。其中，偏移量从{8, 16, 32, 64, 128, 256, 512, 1024}ms 中选择；第一个 PRACH 时域周期起始位置是 Frame 0 Subframe 0。

从起始时刻之后第一个 Subframe 开始占用连续的 Subframe 发送 PRACH Preamble。

- PRACH 频域资源

通过高层配置的子载波个数"nprach-NumSubcarriers"和子载波偏置量"nprach-SubcarrierOffset"确定为 PRACH 配置的子载波索引，如表 6-5 所示。

表 6-5 PRACH 配置的子载波索引表

PRACH 配置的子载波索引		子载波偏置量						
		0	12	24	36	2	18	34
子载波个数	12	0～11	12～23	24～35	36～47	2～13	18～29	34～45
	24	0～23	12～35	24～47	Invalid	2～25	18～41	Invalid
	36	0～35	12～47	Invalid	Invalid	2～37	Invalid	Invalid
	48	0～47	Invalid	Invalid	Invalid	Invalid	Invalid	Invalid

需要指出的是，在 NB-IoT 中，上行有两种传输模式，Single-tone 和 Multiple-tone，因此在随机接入过程中 Msg3 同样支持这两种传输模式。标准中通过 Preamble 发送时所占用的子载波索引来通知基站 UE 当前是否支持 Multi-tone 方式传输 Msg3，即在 PRACH 频域资源配置中引入了参数 nprach-SubcarrierMSG3-RangeStart（取值范围是{0, 1/3, 2/3, 1}），并且通过公式 nprach-SubcarrierOffset +（nprach-SubcarrierMSG3-RangeStart · nprach-NumSubcarriers）计算得到预留给支持 Multi-tone Msg3 的 UE 的起始子载波索引。例如，当 nprach-SubcarrierOffset 参数取值为 0，nprach-SubcarrierMSG3-RangeStart 参数取值为 2/3，即表示从 2/3 子载波序号开始的剩余 1/3 子载波序号预留给支持采用 Multi-tone Msg3 的 UE 使用。

另外，当 PRACH 重复次数配置为{32, 64, 128}时，默认不支持 Multi-tone Msg3。

- 碰撞解决方案

如果多个覆盖增强等级的 PRACH 资源存在冲突时，所述冲突的 PRACH 资源被高覆盖增强等级认定为无效 PRACH 资源，所述冲突的 PRACH 资源只被最低覆盖增强等级的 PRACH 使用。

6.4.5 功率控制

NB-IoT UE 进行随机接入时，根据配置的 PRACH 重复次数发送 Preamble，其中，PRACH 重复次数支持 8 种配置：{1, 2, 4, 8, 16, 32, 64, 128}，eNB 最多可以配置 3 种 PRACH 重复次数。

当需要通过多次重复发送来增强覆盖时，UE 通常需要采用最大发射功率，因此，标准经过讨论，得出以下结论：小区配置的重复等级中，最低重复等级的 UE 采用 PRACH power ramping 机制进行功率控制，其他重复等级的 UE 采用最大发射功率。

具体地，对于所配置的最低重复等级，PRACH 发射功率根据以下公式确定：

$$\mathrm{P}_{\mathrm{NPRACH}} = \min\{ P_{\mathrm{CMAX\text{-}N,c}}(i), \mathrm{NARROWBAND\_PREAMBLE\_RECEIVED\_TARGET\_POWER} + PL_c \} \ [\mathrm{dBm}]$$

其中，$P_{\mathrm{CMAX\text{-}N,c}}(i)$ 是系统针对服务小区 c 在子帧 i 配置的 UE 最大发射功率，PL_c 是 UE

针对服务小区 c 估计的下行路径损耗。

对于所配置的最低重复等级以外的其他重复等级，PRACH 发射功率 P_{NPRACH} 设置为 $P_{CMAX\text{-}N,c}(i)$。

对于 PRACH power ramping，在标准讨论过程中，各个观点同意仍然沿用 LTE PRACH 的 power ramping 过程，并根据 PRACH 和 LTE PRACH 的差异对 power ramping 过程以及参数取值做一些修正[15-17]。经过讨论，标准最终采纳的 PRACH power ramping 过程如下。

将 NARROWBAND_PREAMBLE_RECEIVED_TARGET_POWER 设置为：

preambleInitialReceivedTargetPower + DELTA_PREAMBLE + (PREAMBLE_ TRANSMISSION_ COUNTER – 1) · powerRampingStep – 10lg(numRepetitionPerPreambleAttempt)

其中，preambleInitialReceivedTargetPower 为 preamble 初始目标接收功率，DELTA_ PREAMBLE 为不同 preamble format 的功率需求差异，PREAMBLE_TRANSMISSION_ COUNTER 为接入次数，powerRampingStep 为功率递增步长，numRepetitionPerPreamble Attempt 为 preamble 的重复次数。

- 由于 PRACH 和 LTE PRACH 的链路预算差异较小，preamble 初始目标接收功率参数 preambleInitialReceivedTargetPower 仍然重用 LTE 系统的取值。
- PRACH 采用 3.75kHz 子载波间隔，提供两种 CP 长度即 66.7μs 和 266.7μs 用于支持不同小区的大小，也就是说，PRACH 仅支持两种 Preamble format，二者 CP 长度不同，序列长度相同，因此，对于这两种 preamble format，不需要额外的功率差异调整。上述 power Ramping 公式中仍然保留了 DELTA_PREAMBLE 参数，并设置为 0。
- powerRampingStep 的取值范围与 LTE 系统相同：{0, 2, 4, 6} dB。
- 最低重复等级的 PRACH 采用 power Ramping，需要考虑最低重复等级配置的影响。如果最低重复等级配置为 1，PRACH 与 LTE PRACH 的链路预算相当；如果最低重复等级配置不为 1，重复会使得 PRACH 的 SNR 需求降低，那么，preamble 初始目标接收功率可以降低，因此，在 NB-PRACH power Ramping 公式中增加–10lg(num RepetitionPer PreambleAttempt)，来调整重复次数配置带来的影响。

6.5 上行参考信号

6.5.1 引言

因为 NPUSCH 以子载波为单位进行传输，而现有 LTE 解调参考信号是以物理资源块为基本单位，所以 NB-IoT 中无法重用 LTE 解调参考信号。

6.5.2 时频结构

下面分别从时频结构和频域结构出发分析上行解调参考信号的时频结构。

1. 时域结构

对于 NPUSCH 格式 1，上行解调参考信号所占的 OFDM 符号个数和 LTE DMRS 相同，即每 7 个 OFDM 符号中有 1 个 OFDM 符号作为上行解调参考信号对应的 OFDM 符号。在标准的讨论过程中，主要对这 1 个 OFDM 符号所在的位置进行讨论。

当子载波间隔为 15kHz 时，采用和现有 LTE DMRS 相同的结构，即每 7 个 OFDM 符号中的第 4 个 OFDM 符号作为上行解调参考信号对应的 OFDM 符号；当子载波间隔为 3.75kHz 时，如图 6.16 所示，如果沿用现有 LTE 的导频结构，DMRS 将对应两个 LTE 子帧，而且会和 LTE SRS 的碰撞[1-4]，所以最终结论是将导频映射在第 5 个 OFDM 符号上，如图 6.17 所示。

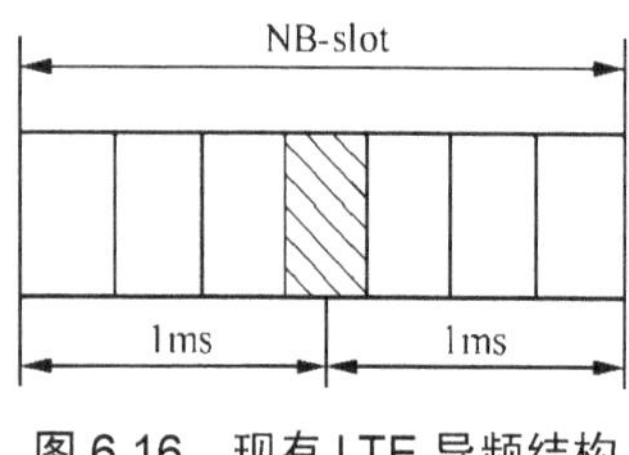

图 6.16　现有 LTE 导频结构

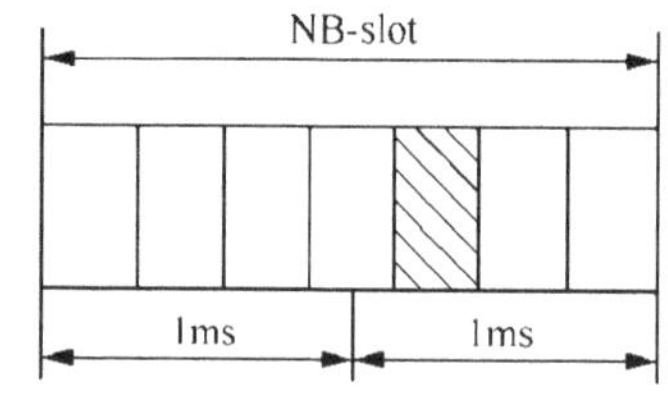

图 6.17　DMRS 示意图

对于 NPUSCH 格式 2，首先讨论了上行解调参考信号对应的符号个数，有以下两种可供选择的方案[5-7]。

方案一：沿用 NPUSCH 格式 1，即每 7 个 OFDM 符号中有 1 个 OFDM 符号作为上行解调参考信号对应的 OFDM 符号。

方案二：沿用 PUCCH 格式 1/1a/1b，即每 7 个 OFDM 符号中有 3 个 OFDM 符号作为上行解调参考信号对应的 OFDM 符号。

对这两种符号结构进行仿真验证，仿真结果如图 6.18 所示，从仿真结果可以得到：使用方案二对应的导频结构时，HARQ-ACK 传输所需的 SNR 更低，所以采用了方案二的导频结构。

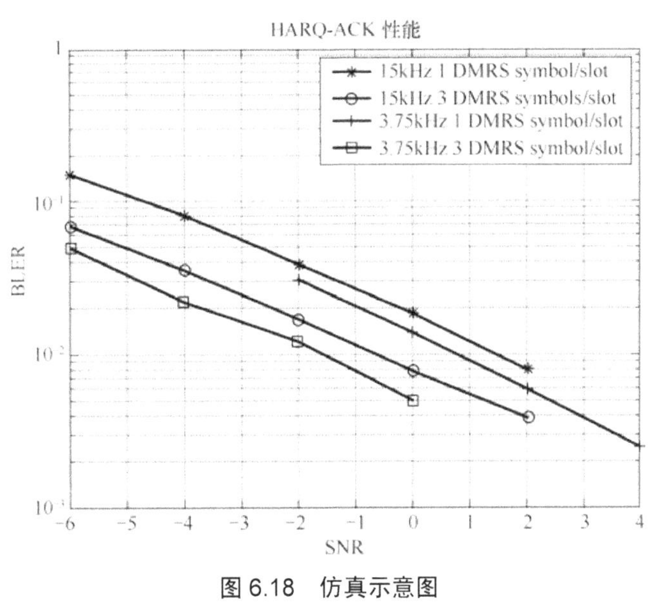

图 6.18 仿真示意图

对这 3 个 OFDM 符号的位置也进行了讨论，当子载波间隔为 15kHz 时，和 LTE PUCCH format1/1a/1b 的位置相同，即 7 个 OFDM 符号中的第 3 个、第 4 个和第 5 个 OFDM 符号作为上行解调参考信号对应的 OFDM 符号；当子载波间隔为 3.75kHz 时，考虑到 LTE SRS 的碰撞问题[8]，上行解调参考信号对应的 OFDM 符号为每 7 个 OFDM 符号中的第 1 个，第 2 个和第 3 个 OFDM 符号。

2．频域结构

对于 NPUSCH 的频域结构，主要针对子载波个数为 3 和 6 的场景，有以下两种可供选择的方案[9-13]。

方案一：上行解调参考信号对应的子载波个数和数据相同，如图 6.19 所示的一个例子，其中 NPUSCH 格式 1 分配的子载波个数为 3。需要引入新的长度为 3 和 6 的 DM RS 序列，考虑到小区间干扰协调，标准最后也采纳了这种方案。

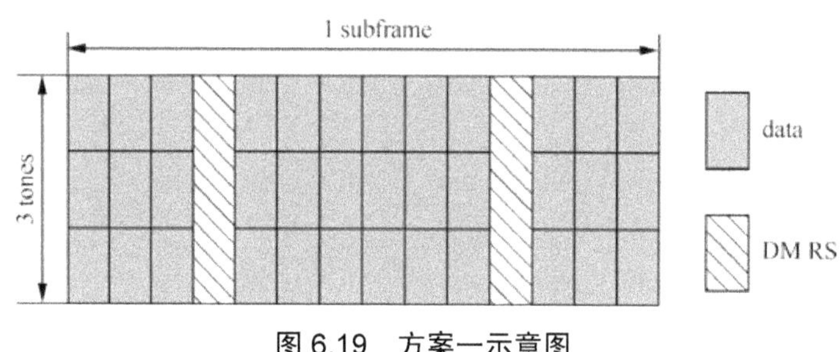

图 6.19　方案一示意图

方案二：上行解调参考信号对应的子载波个数和数据不同。

子方案 2-1：上行解调参考信号对应的子载波个数为 1，图 6.20 所示的一个例子，其中 NPUSCH 格式 1 分配的子载波个数为 3。对于子方案 2-1，可以重用单载波对应的序列，也可以降低对应的 PAPR，但是序列长度仅为 1，小区间干扰协调难以实现。

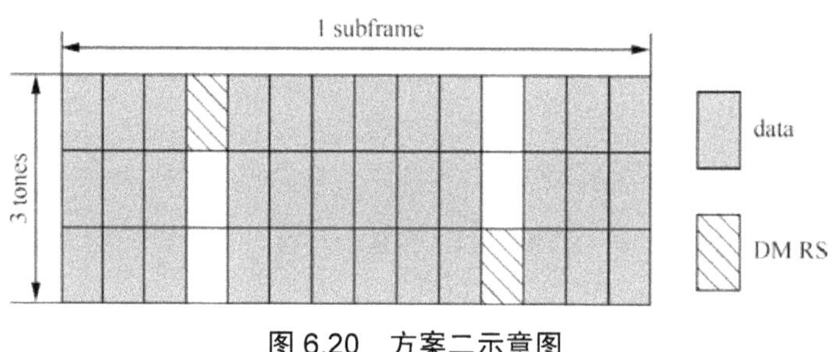

图 6.20　方案二示意图

子方案 2-2：上行解调参考信号对应的子载波个数为 12，如图 6.21 所示的一个例子，其中 NPUSCH 格式 1 分配的子载波个数为 3。对于子方案 2-2，可以重用 LTE DMRS 序列，但是无法实现单载波 NPUSCH 和多载波 NPUSCH 之间的频域复用，存在一定的调度限制。

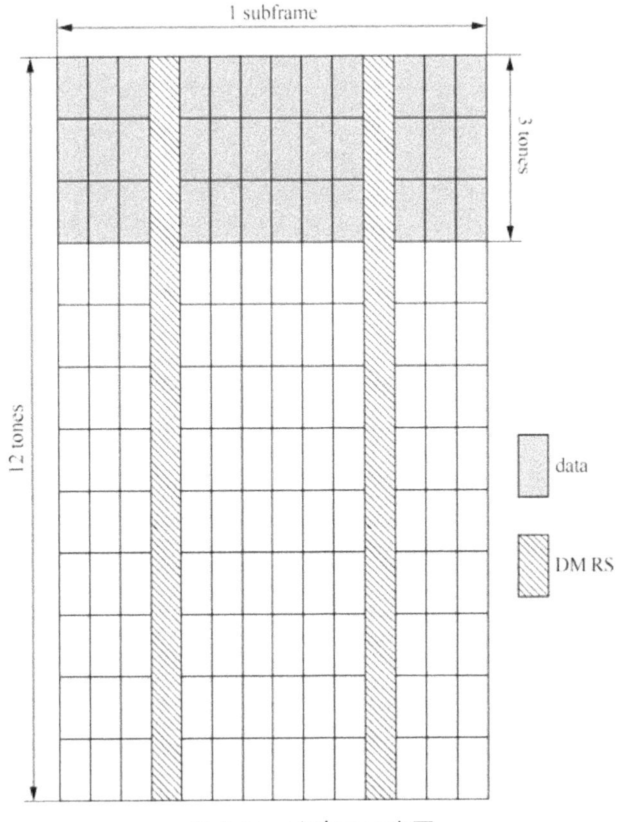

图 6.21　方案二示意图

6.5.3　序列

6.5.3.1　NPUSCH 格式 1

NPUSCH 格式 1 支持的子载波个数有 1、3、6 和 12，所以下面基于子载波个数对 DM RS 序列进行介绍。

1．子载波个数为 1

当子载波个数为 1 时，DM RS 序列的设计有以下几个可供选择的方案[1, 14]：

方案一：从现有序列中选择一个值作为 DM RS 序列，一个例子如图 6.22 所示，序列 $[z_0, z_{47}]$为根据 LTE DM RS 生成的序列，根据 NPUSCH 分配的子载波索引选择 z_i 作为 DM RS 序列；

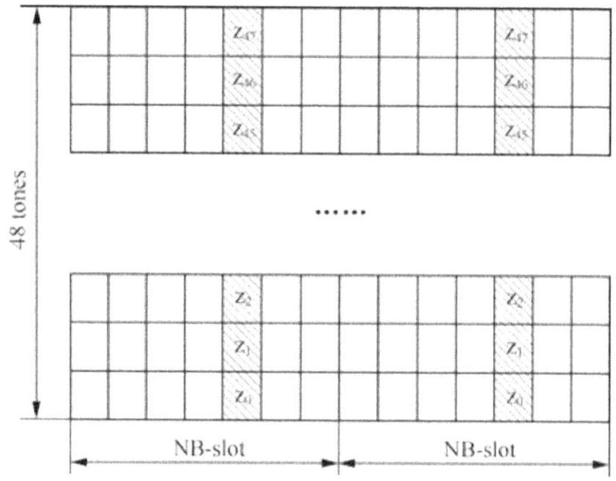

图 6.22　方案一示意图

方案二：引入新的序列，下图 6.23 所示的例子中，新序列的长度为 16。标准采纳方案二，主要是考虑到小区间的干扰协调问题。

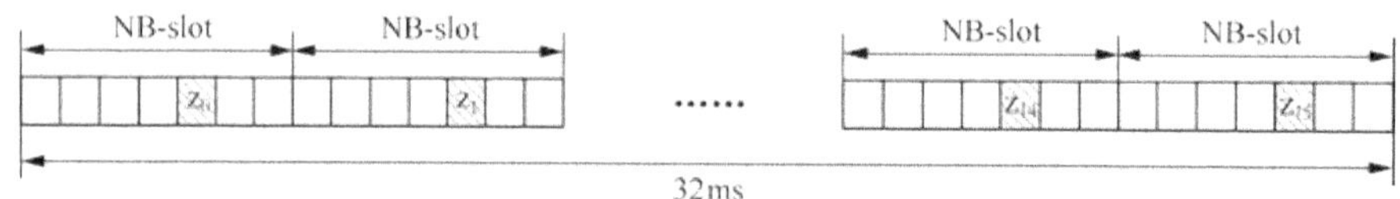

图 6.23　方案一示意图

对于新的序列的设计，在提案中有以下几种[15-17]：

（1）PN 序列；

（2）Gold 序列；

（3）Hadamard 序列；

（4）线性循环序列。

RAN1# Ad-Hoc 2 会场上，对 DM RS 序列进行讨论，给出以下两种方案[18]：

- Alt.1 Element-wise product of
  - a Hadamard sequence (one row of a Hadamard matrix)
  - a PN or Gold-sequence based binary random sequence
- Alt.2 Element-wise product of
  - a codeword from a linear cyclic code
  - a PN or Gold-sequence based binary random sequence

Gold sequence or PN sequence is common (not cell_id dependent)

标准最后采用方案 1，这是因为当序列个数相同时，方案 1 的互相关性优于方案 2[19]。其中 PN 序列为 LTE 中定义的 PN 序列且初始值为 35，16 长的 Hadamard 序列如表 6-6 所示，根据小区索引选择不同的序列。

表 6-6 $w(n)$的定义

u	$w(0)$，……，$w(15)$															
0	1	1	1	1	1	1	1	1	1	1	1	1	1	1	1	1
1	1	−1	1	−1	1	−1	1	−1	1	−1	1	−1	1	−1	1	−1
2	1	1	−1	−1	1	1	−1	−1	1	1	−1	−1	1	1	−1	−1
3	1	−1	−1	1	1	−1	−1	1	1	−1	−1	1	1	−1	−1	1
4	1	1	1	1	−1	−1	−1	−1	1	1	1	1	−1	−1	−1	−1
5	1	−1	1	−1	−1	1	−1	1	1	−1	1	−1	−1	1	−1	1
6	1	1	−1	−1	−1	−1	1	1	1	1	−1	−1	−1	−1	1	1
7	1	−1	−1	1	−1	1	1	−1	1	−1	−1	1	−1	1	1	−1
8	1	1	1	1	1	1	1	1	−1	−1	−1	−1	-1	−1	−1	−1
9	1	−1	1	−1	1	−1	1	−1	−1	1	−1	1	−1	1	−1	1
10	1	1	−1	−1	1	1	−1	−1	−1	−1	1	1	−1	−1	1	1
11	1	−1	−1	1	1	−1	−1	1	−1	1	1	−1	−1	1	1	−1
12	1	1	1	1	−1	−1	−1	−1	−1	−1	−1	−1	1	1	1	1
13	1	−1	1	−1	−1	1	−1	1	−1	1	−1	1	1	−1	1	−1
14	1	1	−1	−1	−1	−1	1	1	−1	−1	1	1	1	1	−1	−1
15	1	−1	−1	1	−1	1	1	−1	−1	1	1	−1	1	−1	−1	1

2．子载波个数为 3/6

当子载波个数为 3/6 时，DM RS 序列对应的长度也为 3/6，详见第 6.5.2 节。对于具体序列，设计标准和 LTE DM RS 序列相同，即序列的 CM 满足要求，好的自相关和互相关特性。经过讨论，确定基于 QPSK 符号生成的序列作为候选序列，即 $r(n)=\mathrm{e}^{\mathrm{j}\varphi(n)\pi/4}$，$0 \leqslant n < N_{\mathrm{sc}}^{\mathrm{RU}}-1$。再统一好序列个数和评估方法[20]，序列的互相关通过下面的公式计算：

xcorr_coeffs = NFFT * IFFT(seq1 .* conj(seq2), NFFT) / length(seq1)。

根据评估方法对各个公司给出的搜索到的具体序列[19, 21-26]进行评估，最终通过的 $\varphi(n)$ 如表 6-7 和表 6-8 所示。

表 6-7 子载波个数为 3 时的 $\varphi(n)$

u	$\varphi(0), \varphi(1), \varphi(2)$,		
0	1	−3	−3
1	1	−3	−1
2	1	−3	3
3	1	−1	−1
4	1	−1	1
5	1	−1	3
6	1	1	−3
7	1	1	−1
8	1	1	3
9	1	3	−1
10	1	3	1
11	1	3	3

表 6-8 子载波个数为 6 时的 $\varphi(n)$

u	$\varphi(0)$, ……, $\varphi(5)$					
0	1	1	1	1	3	−3
1	1	1	3	1	−3	3
2	1	−1	−1	−1	1	−3
3	1	−1	3	−3	−1	−1
4	1	3	1	−1	−1	3
5	1	−3	−3	1	3	1
6	−1	−1	1	−3	−3	−1
7	−1	−1	−1	3	−3	−1

续表

u	$\varphi(0)$, ……, $\varphi(5)$					
8	3	−1	1	−3	−3	3
9	3	−1	3	−3	−1	1
10	3	−3	3	−1	3	3
11	−3	1	3	1	−3	−1
12	−3	1	−3	3	−3	−1
13	−3	3	−3	1	1	−3

因为序列长度较短，可用的根序列较少，所以建议引入循环移位来扩展可用序列[26]，最终通过了 DM RS 序列的生成方式为：

$$r_u(n)=\mathrm{e}^{\mathrm{j}\alpha n}\mathrm{e}^{\mathrm{j}\varphi(n)\pi/4},\quad 0\leqslant n<N_{\mathrm{sc}}^{\mathrm{RU}}-1$$

其中，$N_{\mathrm{sc}}^{\mathrm{RU}}$ 为子载波个数，当序列组跳变使能时，u 的值根据 6.5.4 确定；当序列组跳变不使能时，通过高层信令配置 u 值，如果没有高层信令时，u 的值根据小区索引和可用序列个数确定。α 的值通过高层信令确定，具体如表 6-9 所示。

表 6-9　α的定义

子载波个数为 3		子载波个数为 6	
threeTone-CyclicShift	α	sixTone-CyclicShift	α
0	0	0	0
1	2π/3	1	2π/6
3	4π/3	2	4π/6
		3	8π/6

3. 子载波个数为 12

子载波个数为 12 时，直接沿用 LTE DMRS 序列。

6.5.3.2　NPUSCH 格式 2

NPUSCH 格式 2 对应的子载波个数为 1，所以直接沿用 NPUSCH 格式 1 子载波个数为 1 的 DM RS 序列即可。

NPUSCH 格式 2 对应的 3 个 OFDM 符号，和 LTE PUCCH 一样，3 个 OFDM 符号通过 NPUSCH 格式 1 对应的 1 个 OFDM 符号 OCC 扩展得到，其中 OCC 序列采用 LTE 的 OCC 序列，考虑无法沿用 LTE OCC 序列选择方案，最终采纳了根据 $\left(\sum_{i=0}^{7} c\left(8n_s+i\right)2^i\right)\bmod 3$ 确定 OCC 序列索引的方案[27]，其中 $c_{\text{init}}=N_{\text{ID}}^{\text{Ncell}}$。

6.5.4 序列组跳变

为了协调小区间干扰，LTE 系统中引入序列组跳变，所以序列组跳变同样适合于 NB-IoT 系统[26]，对于 NPUSCH 格式 1 对应的参考信号，支持序列组跳变，具体为，时隙 ns 对应的序列组 u 通过以下方式获得：

$$u=\left[f_{\text{gh}}(n_{\text{s}})+f_{\text{ss}}\right]\bmod N_{\text{seq}}^{\text{RU}}$$

其中 $f_{\text{gh}}(n_{\text{s}})$ 和 f_{ss} 的含义和 LTE 相同，$N_{\text{seq}}^{\text{RU}}$ 是每个资源单元可用的参考序列格式，具体如表 6-10 所示。

表 6-10　$N_{\text{seq}}^{\text{RU}}$ 的值

$N_{\text{sc}}^{\text{RU}}$	$N_{\text{seq}}^{\text{RU}}$
1	16
3	12
6	14
12	30

6.6 SC-FDMA 信号生成

对于 $N_{\text{sc}}^{\text{RU}}>1$，SC-FDMA 信号的生成方式跟现有 LTE 类似，只是将现有 LTE 中 SC-FDMA 信号产生公式中的 $N_{\text{RB}}^{\text{UL}}N_{\text{sc}}^{\text{RB}}$ 用 $N_{\text{sc}}^{\text{UL}}$ 代替。得到一个时隙中的 SC-FDMA 符号上的

时间连续信号$s_l(t)$为：

$$s_l(t)=\sum_{k=-\lfloor N_{sc}^{UL}/2\rfloor}^{\lceil N_{sc}^{UL}/2\rceil-1} a_{k^{(-)},l}^{(p)}\cdot e^{j2\pi(k+1/2)\Delta f(t-N_{CP,l}T_s)}$$

其中，$0\leqslant t<(N_{CP,l}+N)\times T_s$，$k^{(-)}=k+\lfloor N_{sc}^{UL}/2\rfloor$，$N_{sc}^{UL}$为上行载波对应的子载波个数。$N=2048$。$a_{k,l}^{(p)}$是资源粒子$(k,l)$上的发送内容。当$l=0$时，$N_{CP,l}=160T_s$；当$l=1,2,\cdots\cdots,6$时，$N_{CP,l}=144T_s$。

对于$N_{sc}^{RU}=1$，引入了旋转相移键控（详见第6.8.1.1节），重新定义了SC-FDMA信号的生成方式，即上行时隙中，SC-FDMA符号l载波索引k上的时间连续信号定义为：

$$s_{k,l}(t)=a_{k^{(-)},l}\cdot e^{j\phi_{k,l}}\cdot e^{j2\pi(k+1/2)\Delta f(t-N_{CP,l}T_s)}$$

$$k^{(-)}=k+\lfloor N_{sc}^{UL}/2\rfloor$$

其中，$0\leqslant t<(N_{CP,l}+N)T_s$，$\Delta f=15\text{kHz}$和$\Delta f=3.75\text{kHz}$时对应的参数如表6-11所示。$a_{k^{(-)},l}$是SC-FDMA符号#$l$上的调制值，相位旋转$\varphi_{k,l}$定义为：

$$\varphi_{k,l}=\rho(\tilde{l}\bmod 2)+\hat{\varphi}_k(\tilde{l})$$

$$\rho=\begin{cases}\dfrac{\pi}{2} & \text{for BPSK}\\[2mm] \dfrac{\pi}{4} & \text{for QPSK}\end{cases}$$

$$\hat{\varphi}_k(\tilde{l})=\begin{cases}0 & \tilde{l}=0\\ \hat{\varphi}_k(\tilde{l}-1)+2\pi\Delta f(k+1/2)(N+N_{CP,l})T_s & \tilde{l}>0\end{cases}$$

$$\tilde{l}=0,1,\cdots\cdots,M_{rep}^{NPUSCH}N_{RU}N_{slots}^{UL}N_{symb}^{UL}-1$$

$$l=\tilde{l}\bmod N_{symb}^{UL}$$

其中$\tilde{l}$是符号计数器，在一次传输的开始进行重置，在传输过程中对于每个符号递增。

表6-11　$N_{sc}^{RU}=1$对应的SC-FDMA参数

参数	$\Delta f=3.75\text{kHz}$	$\Delta f=15\text{kHz}$
N	8192	2048
循环移位长度$N_{CP,l}$	256	160当l=0 144当l=1, 2, ……, 6
k的取值集合	−24, −23, ……, 23	−6, −5, ……, 5

一个时隙中的 SC-FDMA 符号从$l=0$开始按照l递增的顺序传输。在一个时隙中，SC-FDMA 符号#l的起始时间为$\sum_{l'=0}^{l-1}(N_{\mathrm{CP},l'}+N)T_{\mathrm{s}}$。

对于$\Delta f=3.75\,\mathrm{kHz}$，在$T_{\mathrm{slot}}$中剩余的$2304T_{\mathrm{s}}$不传输用作保护带，避免和 legacy UE 的 SRS 冲突。

6.7 UL Gap

6.7.1 引言

由于 NB-IoT 终端的低成本需求，配备较低成本晶振的 NB-IoT 终端会在连续长时间的上行传输时，终端功率放大器的热耗散导致发射机温度变化，该温度变化将进而导致晶振频率偏移[1]，这样会严重影响到终端上行的传输性能，进而降低数据传输效率。因此，为了纠正这种频率漂移，NB-IoT 中引入了 UL Gap，让终端在长时间连续传输中可以暂时上行传输，并且利用这段时间（UL Gap）终端切换到下行链路，利用 NB-IoT 下行链路中的 NB-PSS/NB-SSS/NRS 信号进行同步跟踪以及时频偏补偿，通过一定时间补偿后达成规范要求，比如频偏小于 50Hz，终端将切换到上行继续传输信号[2-3]。

6.7.2 方案描述

经过 RAN4 会议的讨论，UL Gap 总体的设计思路为：

（1）UL Gap 时间可以保证终端利用下行 NRS 或者 NB-PSS/NB-SSS 时频偏跟踪补偿后满足一定的指标规范，如频偏小于 50Hz；

（2）上行链路传输过程考虑终端的晶振偏移是否满足终端频率误差要求以及上行链路性能损失是否可以接受。

从上面的表述中不难发现，该 UL Gap 的主要诱发源为晶振的频率偏移导致的性能差异，但是个别芯片制造商提出可以通过温度补偿晶振，做到较好的频率跟踪，该实现方案不再需要 UL Gap[4]，可以有效地节省终端侧传输时间，但是该方案需要终端支持这种晶振补偿的能力，考虑到 NB-IoT 终端配备较低成本的晶振，大部分终端都不具备这种晶振补偿的能力，该方案只适用于很少的一部分 NB-IoT 终端。同时，为了支持该方案需要终端预先进行能力上报，鉴于 NB-IoT 标准制定时间截止日期的临近，在 RAN2#94 会议中最终没有支持终端能力的上报，即该方案最终没有被标准采纳。

综上，NB-IoT 必须要支持 UL Gap，UL Gap 的配置方案如下。

针对 NPUSCH 信道，标准规定终端完成 256ms 的数据传输后，要配置 40ms 的 UL Gap 时间用来进行频率漂移的纠正，剩下的数据顺延后再发送。

针对 NPRACH 信道，标准规定终端完成 64 次 Preamble 重复发送后，要配置 40ms 的 UL Gap 时间用来进行频率漂移的纠正，剩下的 Preamble 重复顺延后再发送。

6.8 峰均比降低

对于指定的功放，当输入信号功率较大时，更高的信号峰均功率比通常意味着输入信号需要更大的功率回退，以保证输入信号处于功放线性工作区。功率回退降低了功放的效率，也降低了发射信号的覆盖范围。LTE NB-IoT 终端成本比较低，为了保证功放的效率和系统覆盖，有必要降低功放输入信号的峰均功率比。

下面具体介绍 NB-IoT 上行降峰均比议题涉及到的几个主要方案。其中，旋转相移键控被写入 NB-IoT 协议。

1. 旋转相移键控

LTE NB-IoT 在上行配置单载波（Single-tone）时支持旋转相移键控（Rotation PSK）调制方式，即 π/4-QPSK 和 π/2-BPSK。当 R8 版本 LTE 标准 36.212 中第 5.1.4.1.2 节中计算 G'涉及到的 Q_m 等于 1 和 2 时分别采用 π/2-BPSK 和 π/4-QPSK。如图 6.24 所示，P 为 R8 版本 LTE 标准 36.211 中 QPSK 星座图上星座点$\left(-\sqrt{2}/2,\sqrt{2}/2\right)$。π/4-QPSK(π/2-BPSK)通过对 QPSK(BPSK)星座图进行 π/4(π/2)的整数倍角度旋转，使相邻 OFDM 符号的最大相位跳变由 π 降至 3π/4(π/2)，从而抑制了高频分量，降低时域信号的 PAPR。

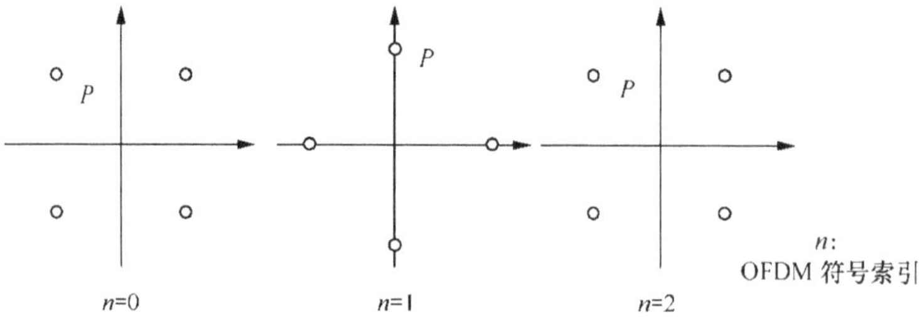

图 6.24　π/4 QPSK 示意图

协议中的具体实现方法如下：在上行 SC-FDMA 基带信号产生时，DMRS 和数据（Data）采用相同的相位旋转方案。当调制方式为 π/2 BPSK 和 π/4 QPSK 时，分别对第 $\tilde{l}$ 个 OFDM 的复数点乘上 exp[jπ/2mod($\tilde{l}$,2)]和 exp[jπ/4mod($\tilde{l}$,2)]的相位旋转因子。其中，$\tilde{l}$ 从上行传输的第一个OFDM符号开始从0计数，且在传输过程中每遇到一个新的OFDM符号时，$\tilde{l}$ 加 1。

另外，波形的产生需要保证 OFDM 符号边界上的相变与采用的调制方式匹配，即，当采用 π/2 BPSK 调制方式时，一个符号的尾部与后一个符号 CP 开头的相变为±π/2；当采用 π/4 QPSK 调制方式时，所述相变为±π/4 或者±3π/4。

表 6-12 列出了不同数目载波下 π/2 BPSK 和 π/4 QPSK 的立方度量 CM(Cubic Metric)[1]。π/2 BPSK 和 π/4 QPSK 的峰均比性能还可以参考其他提案[2-3]。

表 6-12　旋转相移键控立方度量 CM

调制方案	单载波π/2-BPSK	两载波π/4-QPSK	四载波π/4-QPSK	八载波π/4-QPSK	十二载波π/4-QPSK
相对立方度量（dB）	0.1	1.7	2.2	2.3	2.4

2. 载波相移键控

作为另一种备选方案，载波相移键控（TPSK：Tone Phase Shift Keying）[4]同时使用信号的相位和载波位置承载信息。(*K*, *M*)-TPSK 对应 *M* 状态的 PSK 调制以及 *K* 个分配的载波。TPSK 把 M-PSK 调制符号映射到 *K* 个载波中的一个，保留了单载波特性从而具有低 PAPR 特点。

除了符号相位信息，K 个子载波位置还能承载 $\log_2(K)$比特的信息。TPSK 的频谱效率是比较低的，因为对于传统的 SC-FDMA，K 个子载波本可以承载 K 个调制符号。比如，（4，4）TPSK 能承载 4bit 信息，而传统 SC-FDMA 利用 4 个子载波可以承载 4 个 QPSK 符号 8bits 信息。随着子载波数目的增大，TPSK 的频谱效率浪费越严重，所以 TPSK 比较适用于子载波数目比较小的情形。

表 6-13 列出了不同子载波配置的 TPSK CM [1]。可见，TPSK 方案可以有效降低 PAPR。

表 6-13 TPSK 立方度量

调制方案	(2, 2) TPSK	(4, 8) TPSK	(8, 8) TPSK
相对立方度量（dB）	0.1	0.2	0.2

3. 8-BPSK

8-BPSK 是降低 PAPR 的另一种备选方案[5]。如图 6.25 所示，经过 IFFT 后，8-BPSK 的时域复数符号被限制在复平面的一个环内[6]。环内分布的复数符号显然具有比较低的 PAPR，比如，12 个子载波的 8-BPSK 的 CM 只有约 0.2dB[1]。不过，8-BPSK 并不支持比 BPSK 更高阶的调制方式，如 QPSK，因此其频谱效率受到限制。

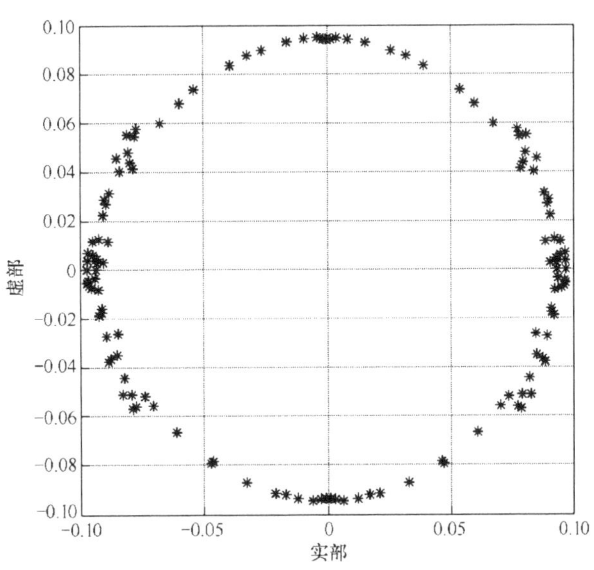

图 6.25 经过 IFFT 处理后的 8-BPSK 复数符号

4．预编码方案

预编码方案通过在 DFT 后采用预编码矩阵处理来降低 PAPR。比如提案[7]采用一个 32×24 的预编码矩阵把 24 点的复数符号变换为 32 点的数据。预编码方案以降低频谱效率为代价降低了信号的 PAPR。随着子载波数目的减小，预编码方案的频谱效率浪费越来越严重，所以预编码方案比较适用于子载波数目比较大的情形。

提案[8]中提到了两种预编码方案。设 $N\times M$ 的预编码矩阵 $\boldsymbol{T}$ 把 M 个 DFT 复数数据变换为 N 个待映射至子载波的符号，$\boldsymbol{T}$ 的形式可以写为：

$$\boldsymbol{T}=\begin{pmatrix}\boldsymbol{A} & \boldsymbol{0}\\ \boldsymbol{0} & \boldsymbol{B}\\ \boldsymbol{A}' & \boldsymbol{0}\end{pmatrix}$$

其中，$\boldsymbol{A}$ 和 $\boldsymbol{A}'$是$(N-M)\times(N-M)$的对角矩阵，其对角元素按照行索引升序分别为$\{a_1, a_2\cdots\cdots, a_{N-M}\}$和$\{a_{N-M}, a_{N-M-1}, \cdots\cdots, a_1\}$。有两种方法可以获得 $\boldsymbol{T}$。

方法一：$\{a_1, a_2, \cdots\cdots, a_{N-M}\}$由特定滚降因子的根升余弦滤波器的频响函数插值得到，而 $\boldsymbol{B}$ 设为单位矩阵。

方法二：$\{a_1, a_2, \cdots\cdots, a_{N-M}, b_1, b_2, \cdots\cdots, b_{2M-N}, a_{N-M}, a_{N-M-1}, \cdots\cdots, a_1\}$ 按照如下方法得到[9]。首先对函数 $w(x)$在点 $x=-(N-1)/2M+k/M$ 处进行采样，其中 $k=0, 1, \cdots\cdots, N-1$，再把 $w(k)$进行归一化，从而$\sum_{k=0}^{N-1} w_k^2=1$。$w(x)$按照以下式子得到：

$$w(x)=\begin{cases}-0.3819x^2+0.2769, & |x|\leqslant 1-\dfrac{N}{2M}\\ -0.3727\operatorname{sgn}(x)x+0.3398, & x>1-\dfrac{N}{2M},\ x<\dfrac{N}{2M}-1\end{cases}$$

图 6.26 [8]给出了经上述两种预编码方法处理过的信号的互补累积分布函数 CCDF 曲线，同时也给出了传统 SC-FDMA 的曲线作为对照，调制方式为 QPSK。从图中可以看到，预编码方案有效地降低了信号的 PAPR。

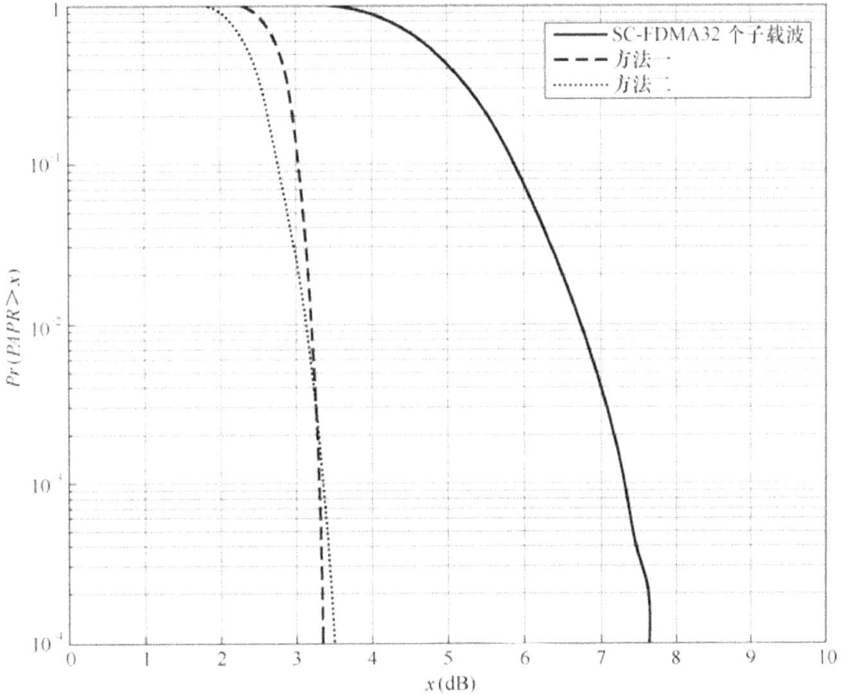

图 6.26　经降 PAPR 预编码处理过的信号的 CCDF 曲线，M = 24, N = 32

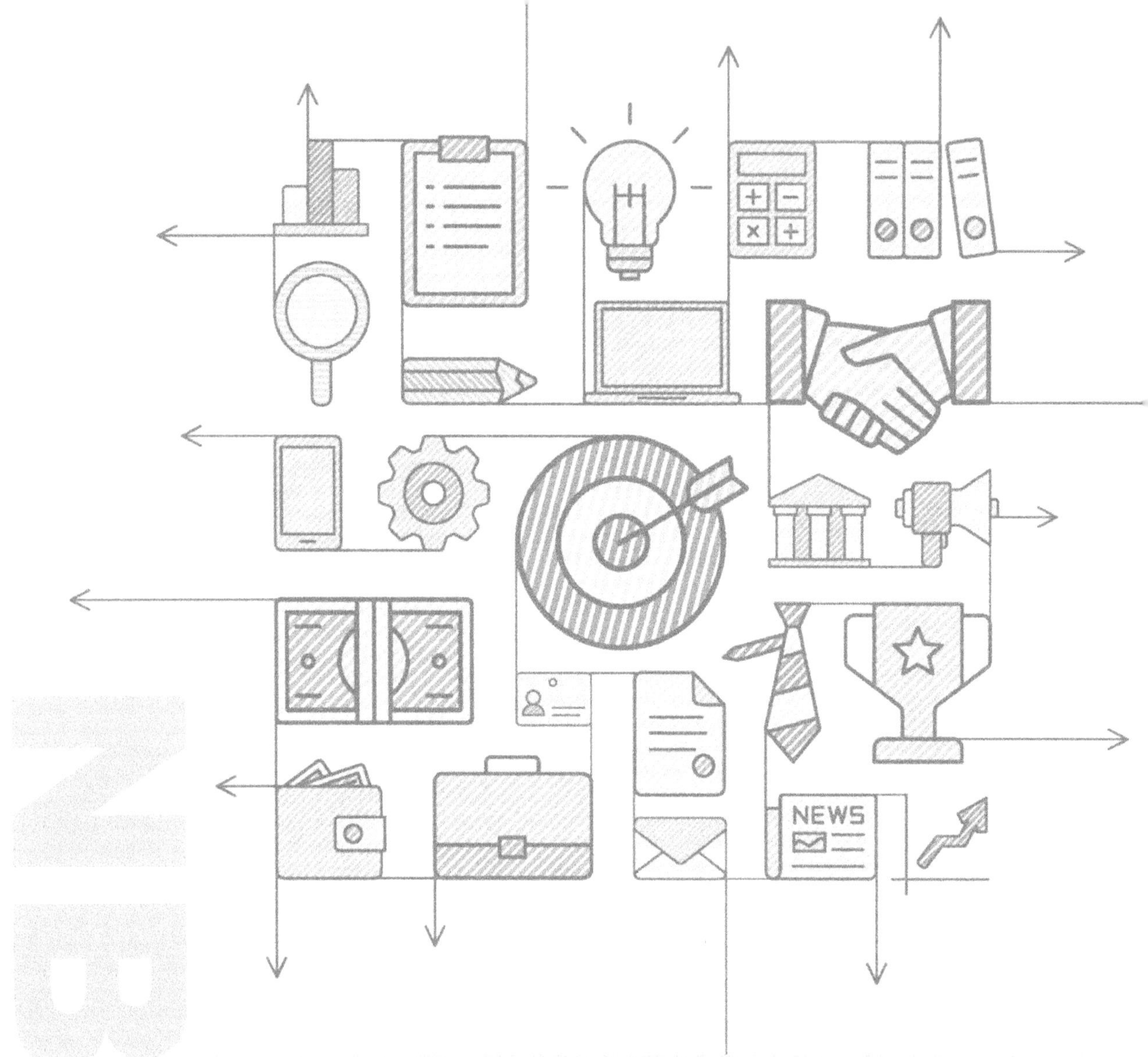

Chapter 7

第7章 NB-IoT关键过程

7.1 总体流程

7.1.1 附着

附着是UE进行业务前在网络中的注册过程，主要完成接入鉴权和加密、资源清理和注册更新等过程。附着流程完成后，网络记录UE的位置信息，相关节点为UE建立上下文。与R12附着流程相比，步骤12-16存在差异，主要是因为UE可以支持不建立PDN连接的附着，所以在附着过程中可以请求不建立PDN连接，这样在附着流程中MME-SGW-PGW之间就不需要建立会话相关的信令。如果NB-IoT UE和网络侧都支持使用控制面优化来传输用户数据，那么即使UE在附着过程中请求PDN连接，网络侧也可以决定不建立无线数据承载，这样UE及MME之间使用NAS消息来传输用户数据，这样就导致步骤17-24存在差异。下面的流程列出在具体步骤上NB-IoT UE附着过程相较R12 UE的附着流程的具体区别。

UE初始附着到E-UTRAN网络的流程如图7.1所示。

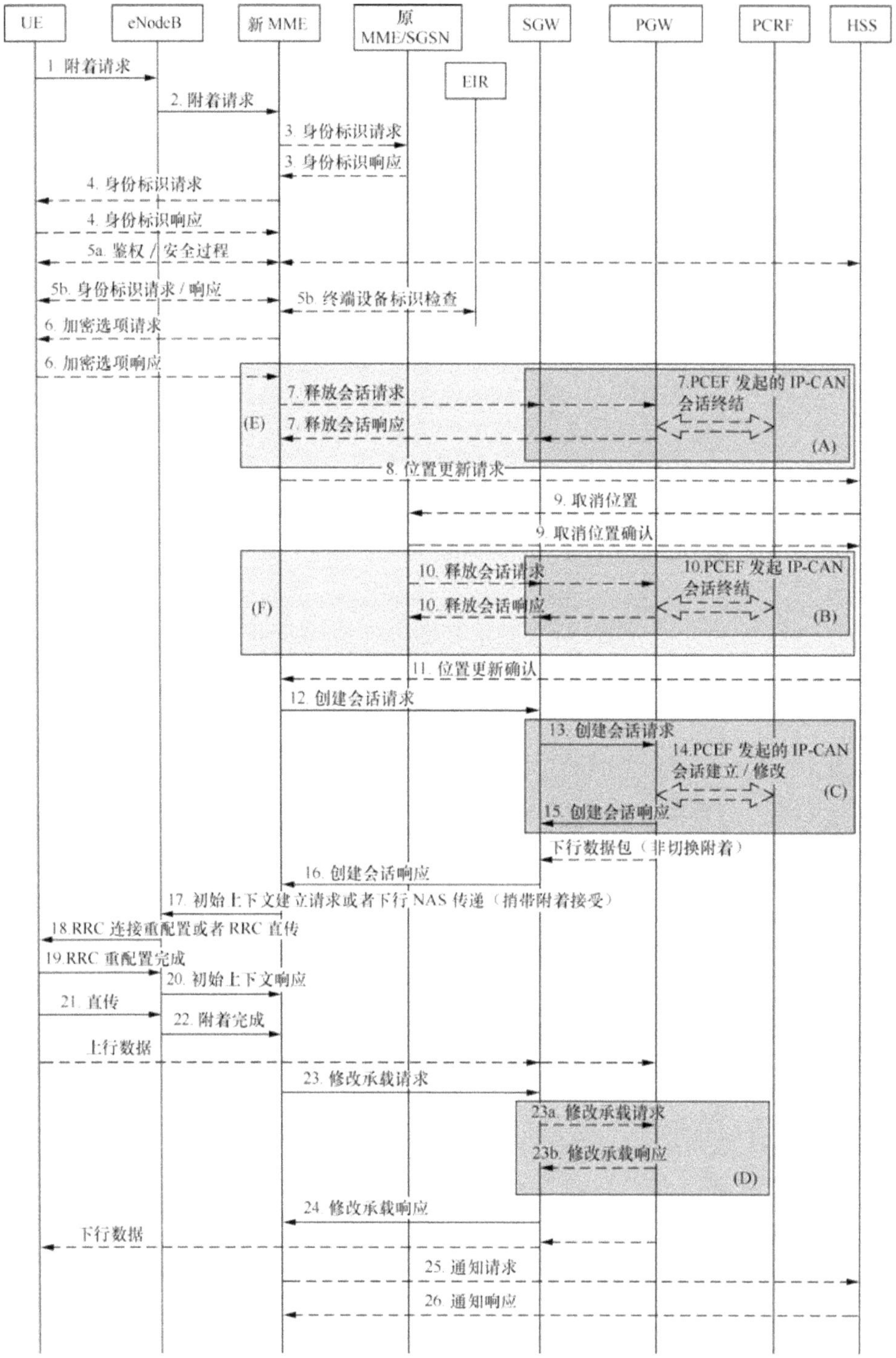

图 7.1　E-UTRAN 初始附着流程（图中步骤 4 有更新）

步骤 1：NB-IoT E-UTRAN 小区应在系统广播消息中广播其是否能够连接到支持不建立 PDN 连接的附着的 MME。

如果广播消息中指示待接入的 PLMN 不支持不建立 PDN 连接的附着，并且 UE 只支持不建立 PDN 连接的附着，则 UE 不能在该 PLMN 的小区内发起附着流程，UE 可以触发 PLMN 选择功能。

如果 UE 能够进行附着流程，UE 发送附着请求消息以及网络选择指示给 eNodeB，此消息相比 R12 的附着请求消息还需要包含携带支持和偏好网络行为（Preferred Network behaviour）。信息支持和偏好的网络行为信息包括：是否支持控制面优化；是否支持用户面优化；偏好控制面优化还是偏好用户面优化；是否支持 S1-U 数据传输；是否请求非联合注册的短信业务（SMS without combined attach）；是否支持不建立 PDN 连接的附着；是否支持控制面优化头压缩。

NB-IoT UE 如果不需要请求建立 PDN 连接，则在附着请求（Attach Request）消息中可以不携带 ESM 消息。此时，MME 不为该 UE 建立 PDN 连接，步骤 6、步骤 12～16、步骤 23～26 不需要执行。如果 UE 在附着过程中请求建立 PDN 连接，但是采用控制面优化来传输数据，则网络无需为 UE 建立无线数据承载，此时步骤 17～22 仅使用 S1 AP NAS 传递（S1-AP NAS Transport）和 RRC 直传（Direct Transfer）消息来传输附着接受和附着完成消息。

如果 UE 支持 Non-IP 数据传输并请求建立 Non-IP 类型的 PDN 连接，那么 ESM 消息中 PDN 类型可以设置为“Non-IP”。

如果 UE 在附着流程中请求 IPv4 或 IPv6 或 IPv4v6 类型的 PDN 连接（指附着请求消息中携带 ESM 消息，以及 ESM 消息中的 PDN 类型设置为“IPv4”或“IPv6”或“IPv4v6”），并且 UE 支持控制面优化和控制面优化头压缩，那么 UE 应在 ESM 消息中包括 HCO，HCO 包括建立 ROHC 信道所必需的信息，还可能包括头压缩上下文建立参数（如目标服务器的 IP 地址）。

对于仅支持 NB-IoT 的 UE 可以在附着请求中的支持和偏好的网络行为信息设置“非联合注册的短信业务”标志位来请求短信业务。

NB-IoT UE 不能在附着过程中携带语音域偏好及使用设置参数；NB-IoT UE 也不能

进行紧急业务的附着过程。

步骤 2：eNodeB 根据 RRC 参数中的原 GUMMEI 标识、选择网络指示和 RAT 类型（NB-IoT 或 WB-E-UTRAN）获取 MME 地址。如果该 MME 与 eNodeB 没有建立关联或 eNodeB 没有获取到原 GUMMEI 标识，则 eNodeB 选择新的 MME，并将附着消息和 UE 所在小区的 TAI+ECGI 标识一起转发给新的 MME。

如果 UE 在附着请求消息中携带支持和偏好的网络行为，并且支持和偏好的网络行为中指示的 NB-IoT 优化方案与网络所支持的优化方案不一致，则 MME 应拒绝 UE 的附着请求。

步骤 12：如果 UE 在附着过程中没有请求建立 PDN 连接（指在附着请求消息中不携带 ESM 消息），则步骤 12、13、14、15 和 16 不需要执行。

如果 UE 在附着流程中请求 IPv4 或 IPv6 或 IPv4v6 类型的 PDN 连接（指附着请求消息中携带 ESM 消息，以及 ESM 消息中的 PDN 类型设置为“IPv4”或“IPv6”或“IPv4v6”），并且签约上下文没有合适的 PGW 可用，则 MME 按照网关选择机制进行 SGW 和 PGW 选择；并向 SGW 发送创建会话请求消息，消息中携带 IMSI、MME 控制面 IP 地址和 TEID、PGW 控制面 IP 地址和 PDN 类型；当 UE 使用了控制面优化时，MME 还携带 MME S11 用户面 IP 地址和 TEID。

如果 UE 在附着流程中请求 Non-IP 类型的 PDN 连接（指附着请求消息中携带 ESM 消息，以及 ESM 消息中的 PDN 类型设置为“Non-IP”），并且签约上下文中没有指示 UE 携带的 APN 或者默认 APN（注：UE 未携带 APN 时，MME 选择签约数据中默认 APN 作为 UE 使用的 APN）需要建立至 SCFF 的连接，则 MME 按照网关选择机制进行 SGW 和 PGW 选择；并向 SGW 发送创建会话请求消息，消息中携带 IMSI、MME 控制面 IP 地址和 TEID、PGW 控制面 IP 地址和 PDN 类型。当 UE 使用了控制面优化时，MME 还携带 MME S11 用户面 IP 地址和 TEID；当 UE 使用了控制面优化时，并且签约上下文指示 UE 携带的 APN 或者默认 APN 需要建立至 SCEF 的连接，则 MME 根据签约数据中的 SCEF 地址建立到 SCEF 的连接，具体过程参见本书第 7.1.8.3 节。

步骤 15：如果 UE 在附着流程中请求 IPv4 或 IPv6 或 IPv4v6 类型的 PDN 连接，那么此步骤与 R12 的步骤相同；如果 UE 在附着流程中请求 Non-IP 类型的 PDN 连接，则 MME

和 PGW 不应改变 PDN 类型，PGW 向 SGW 返回创建会话响应消息，但是在此消息中不包括 PDN 地址。

步骤 16：SGW 向 MME 返回创建会话响应消息，消息中携带 PGW 控制面 IP 地址和 TEID、PGW 用户面 IP 地址和 TEID、SGW 上行用户面 IP 地址和 TEID 以及 PDN 地址。当 UE 使用了控制面优化时，SGW 上行用户面 IP 地址和 TEID 指 S11 上行用户面 IP 地址和 TEID，否则 SGW 上行用户面 IP 地址和 TEID 指 S1 上行用户面 IP 地址和 TEID。

步骤 17：MME 向 eNodeB 发送附着接受（Attach Accept）消息，相比 R12 的附着接受消息，此消息还需要携带支持的网络行为。支持的网络行为用于指示网络能够接受的优化，包括：是否支持控制面优化、是否支持用户面优化、是否支持 S1-U 数据传输、是否支持非联合注册的短信业务、是否支持不建立 PDN 连接的附着和是否支持控制面优化头压缩。如果 UE 在附着过程中请求建立了 PDN 连接，并且 MME 决定为此 PDN 连接建立无线数据承载，那么附着接受消息包含在 S1-AP 初始上下文建立请求消息中。如果 UE 在附着流程中请求 Non-IP 类型的 PDN 连接，并且 MME 决定为此 PDN 连接建立无线数据承载，那么 MME 将附着接受消息包含在 S1-AP 初始上下文建立请求消息中，为了指示 eNodeB 不执行头压缩，MME 还需在 S1-AP 初始上下文建立请求消息中携带 PDN 类型（设置为“Non-IP”）。如果 UE 在附着过程中请求建立了 PDN 连接，并且 MME 确定使用控制面优化，那么 MME 将附着接受消息通过 S1-AP 下行 NAS 传输消息发送至 eNodeB，并在 S1-AP 下行 NAS 传递消息中携带 UE-AMBR。如果 UE 在附着过程没有请求建立 PDN 连接（UE 发送的附着请求消息没有携带 ESM 消息），则 MME 将附着接受消息通过 S1-AP 下行 NAS 传输消息发送至 eNodeB。

如果附着过程中建立的 IP PDN 连接采用了控制面优化，并且 UE 在附着请求消息中的 ESM 消息中携带了 HCO，并且如果 MME 支持头压缩参数，那么 MME 应在附着接受消息中的 ESM 消息中包括 HCO。MME 绑定上行和下行 ROHC 信道以便于传输反馈信息。如果 UE 在 HCO 中包括了头压缩上下文建立参数，MME 可向 UE 确认这些参数。如果在附着过程中没有建立 ROHC 上下文，UE 和 MME 应在附着完成之后根据 HCO 建立 ROHC 上下文。

如果 MME 根据本地策略决定该 PDN 连接仅能使用控制面优化，MME 应在附着接受消息中的 ESM 消息中携带仅控制面指示信息，用于表示该 PDN 连接只能使用控制面优化来传输数据。对于到 SCEF 的 PDN 连接，MME 应总在 ESM 消息中携带仅控制面指示信息。

如果附着请求消息中没有携带 ESM 消息，那么附着接受消息中不应该携带 PDN 相关的参数，并且 S1-AP 下行 NAS 传递消息中不应携带接入层（AS）上下文相关的信息。

步骤 18：如果 eNodeB 接收到 S1-AP 初始上下文建立请求消息，eNodeB 向 UE 发送 RRC 连接重配置消息，其包含 EPS 无线承载 ID 和附着接受消息，此过程与 R12 的处理一致。

如果 eNodeB 接收到 S1-AP 下行 NAS 传递消息，eNodeB 向 UE 发送 RRC 直传消息。

如果采用了控制面优化或者附着请求消息中没有携带 ESM 消息，步骤 19、20 不执行。

步骤 21：UE 向 eNodeB 发送直传消息，该消息包含附着完成消息。如果附着请求消息中没有携带 ESM 消息，那么附着完成消息中也不携带 ESM 消息。

步骤 22：eNodeB 使用上行 NAS 传递消息向 MME 转发附着完成消息。如果步骤 1 中的附着请求消息中携带了 ESM 消息，则 UE 在收到 Attach Accept 消息以及 UE 获得 IP 地址信息以后，UE 就可以向 eNodeB 发送上行数据包，eNodeB 通过隧道将数据传给 SGW 和 PGW。如果采用了控制面优化并且 UE 在附着过程中请求建立 PDN 连接，上行数据的发送过程请参见本书第 7.1.5 节。

步骤 23：MME 接收到步骤 21 的初始上下文响应消息和步骤 22 的附着完成消息，MME 向 SGW 发送修改承载请求消息，消息中携带 eNodeB 的下行 IP 地址和 TEID。当 UE 使用控制面优化并且 PDN 连接是连接到 SGW、PGW 的，则步骤 23a、23b 和 24 不执行；当 PDN 连接是连接到 SCEF 的，则步骤 23～26 不执行。

7.1.2 去附着

7.1.2.1 概述

去附着可以是显式去附着，也可以是隐式去附着。显式去附着是由网络或 UE 通过明确的信令方式来去附着 UE，隐式去附着指网络注销 UE，但不通过信令方式告知 UE。

去附着流程包括 UE 发起的过程和网络发起（MME /HSS 发起）的过程。

如果 UE 存在激活的 PDN 连接，那么去附着流程与 R12 中去附着流程类似。如果 UE 不存在激活的 PDN 连接，那么去附着流程中不存在 MME-SGW-PGW 网元间的信令。

第 7.1.2.2～7.1.2.4 节列出了与 R12 去附着流程步骤的具体差异。

7.1.2.2　UE 发起的去附着流程

UE 发起的去附着流程如图 7.2 所示。主要是步骤 2 与 R12 去附着流程存在差异，该不同主要是考虑到 UE 可能没有激活的 PDN 连接，具体描述如下。

步骤 2：如果 UE 没有激活的 PDN 连接，则步骤 2～6 不需要执行。如果 UE 存在连接到 SCEF 的 PDN 连接，MME 应向 SCEF 指示 UE 的 PDN 连接不可用，并且不需要执行步骤 2～6，而执行本书第 7.1.8.3 节的过程；如果 UE 存在连接到 PGW 的 PDN 连接，MME 向 SGW 发送释放会话请求消息。

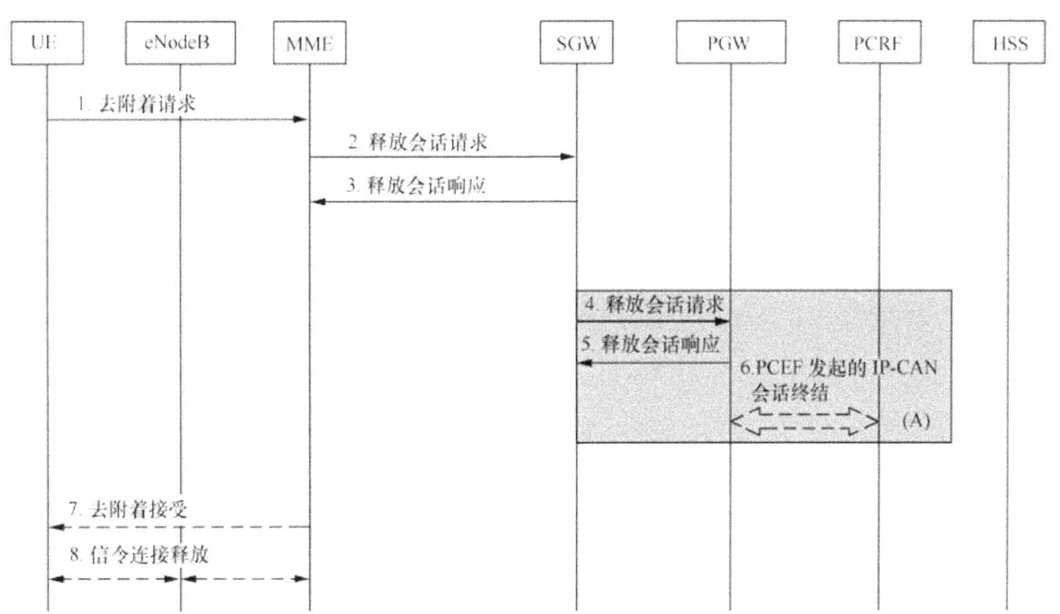

图 7.2　UE 发起的去附着流程

7.1.2.3 MME 发起的去附着流程

MME 发起的去附着流程如图 7.3 所示。主要是步骤 2 与 R12 去附着流程存在差异，该不同主要是考虑到 UE 可能没有激活的 PDN 连接，具体描述如下。

步骤 2：如果 UE 没有激活的 PDN 连接，则步骤 2～6 不需要执行。如果 UE 存在连接到 SCEF 的 PDN 连接，MME 应向 SCEF 指示 UE 的 PDN 连接不可用，并且不需要执行步骤 2～6，而执行本书第 7.1.8.3 节的过程；如果 UE 存在连接到 PGW 的 PDN 连接，MME 向 SGW 发送释放会话请求消息。

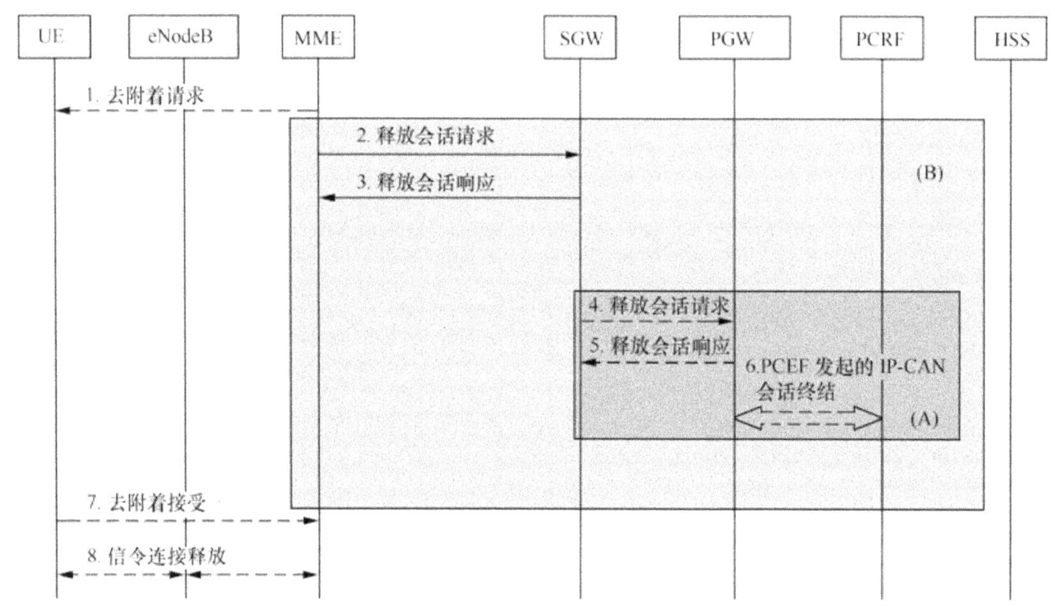

图 7.3 MME 发起的去附着流程

7.1.2.4 HSS 发起的去附着流程

HSS 发起的去附着流程如图 7.4 所示。主要是步骤 2 与 R12 去附着流程存在差异，该不同主要是考虑到 UE 可能没有激活的 PDN 连接，具体描述如下。

步骤 3：如果 UE 没有激活的 PDN 连接，则步骤 3～7 不需要执行。如果 MME 上下文中存在连接到 SCEF 的 PDN 连接，MME 应向 SCEF 指示 UE 的 PDN 连接不可用，并且不需要执行步骤 3～7，而执行本书第 7.1.8.3 节的过程；如果 MME 上下文中存在连接到 PGW 的 PDN 连接，MME 向 SGW 发送释放会话请求消息。

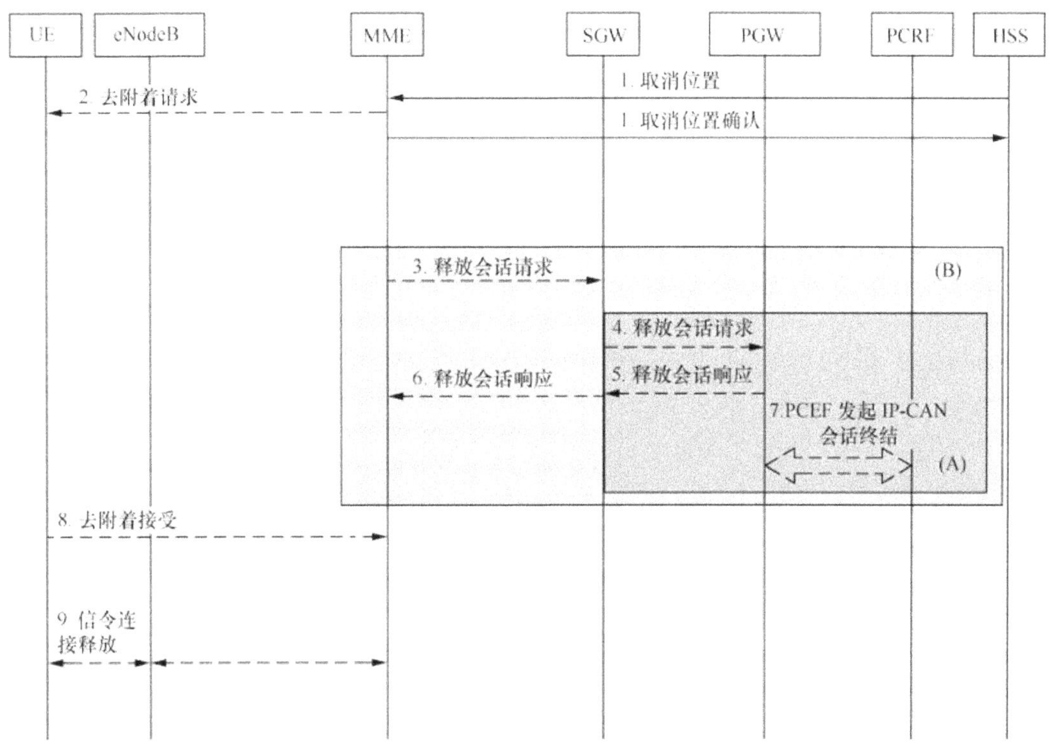

图 7.4 HSS 发起的去附着流程

7.1.3 跟踪区域更新

7.1.3.1 概述

在传统 E-UTRAN 终端进行跟踪区更新过程的触发条件的基础上，NB-IoT UE 触发跟踪区更新的触发条件还包括：

- UE 中支持和偏好的网络行为（Perferred Network Behaviour）信息发生变化。

由于 NB-IoT 终端一般并不移动，且暂不支持在 2G/3G 网络中接入，所以本书仅以 SGW 不变的 TAU 流程为例说明 NB-IoT UE 发起的 TAU 流程的特殊性。

7.1.3.2 SGW 不变的 TAU 流程

与传统 E-UTRAN 终端相比，在图 7.5 中，NB-IoT 终端触发的跟踪区更新流程包含如下区别。

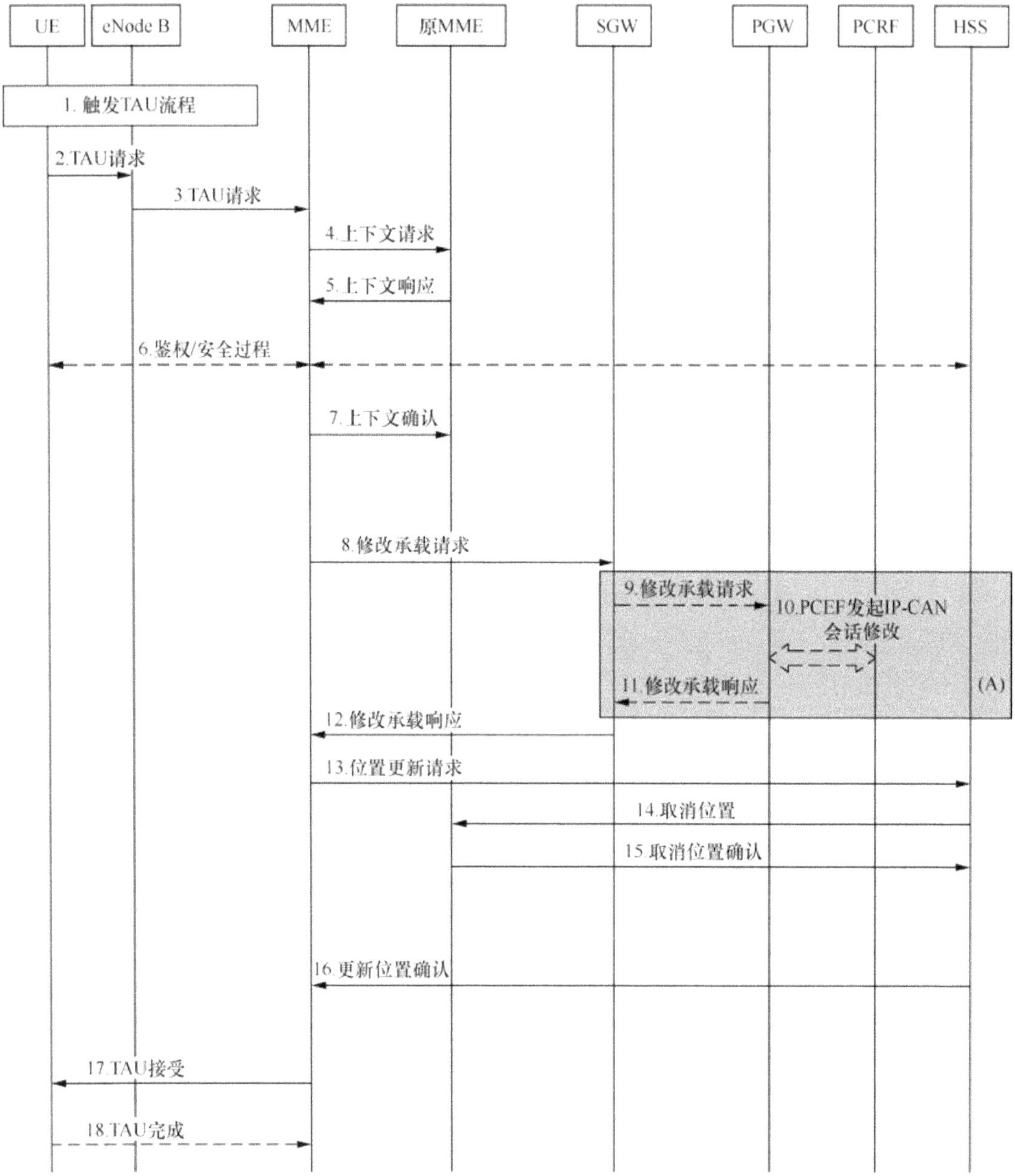

UE　eNode B　MME　原MME　SGW　PGW　PCRF　HSS

1. 触发TAU流程
2.TAU请求
3.TAU请求
4.上下文请求
5.上下文响应
6.鉴权/安全过程
7.上下文确认
8.修改承载请求
9.修改承载请求
10.PCEF发起IP-CAN会话修改
11.修改承载响应
(A)
12.修改承载响应
13.位置更新请求
14.取消位置
15.取消位置确认
16.更新位置确认
17.TAU接受
18.TAU完成

图 7.5　SGW 不变的 TAU 过程

步骤 2：UE 向 eNodeB 发送跟踪区更新请求（TAU Request）消息，其中还包含支持和偏好的网络行为（Perferred Network Behaviour）。支持和偏好的网络行为包括：是否支持控制面优化；是否支持用户面优化；是偏好控制面优化还是偏好用户面优化；是否支持 S1-U 数据传输；是否请求非联合注册的短信业务（SMS without Combined Attach）；是否支持不建立 PDN 连接的附着（Attach without PDN Connectivity）；是否支持控制面优化的头压缩。

如果 UE 没有激活任何 PDN 连接，则 TAU 请求消息中不携带激活标记（Active Flag）或 EPS 承载状态（EPS bearer status）字段；如果 UE 激活了 Non-IP 类型的 PDN 连接，UE 需在 TAU 请求消息中携带 EPS bearer status 字段。

TAU 请求消息还可以携带信令激活标记（Signaling Active Flag）字段来指示网络是否应该保留 UE 与 MME 之间的 NAS 信令连接。

步骤 3：eNodeB 依据旧 GUMMEI、已选网络指示和无线接入类型（RAT）得到 MME 地址，并将 TAU 请求消息转发给选定的 MME，转发消息中还须携带小区的 RAT 类型，以区分 NB-IoT 和 WB-E-UTRAN 类型。

步骤 4：在跨 MME 的 TAU 流程中，新 MME 根据收到的 GUTI 获取原 MME 地址，并向其发送上下文请求消息来获取用户的移动性管理和承载上下文信息。如果新 MME 支持 NB-IoT 优化功能，该消息中还携带 NB-IoT 优化支持信息，用于指示新 MME 所支持的 NB-IoT 优化方案（例如支持控制面优化的头压缩功能等）。

步骤 5：在跨 MME 的 TAU 流程中，原 MME 向新 MME 返回上下文响应消息。如果新 MME 支持 NB-IoT 优化功能且该 UE 与原 MME 已协商过头压缩，则该消息中还需将 ROHC 通道建立的参数信息（并非指 ROHC 上下文）包含在 HCO 中。

如果 UE 没有激活任何 PDN 连接，上下文响应消息中不携带 EPS 承载上下文信息。

基于 NB-IoT 优化功能支持信息，原 MME 仅传递新 MME 所支持的 EPS 承载上下文。如果新 MME 不支持 NB-IoT 优化功能，那么原 MME 不会将 Non-IP 的 PDN 连接信息传送给新 MME。如果某个 PDN 连接的所有 EPS 承载上下文没有被全部转移至新 MME，则原 MME 应将该 PDN 连接的所有承载视为失败，并触发 MME 请求的 PDN 连接释放过程。原 MME 在收到上下文确认消息后丢弃其所缓存数据。在 R13 中，3GPP 不支持 UE 从 NB-IoT 移动到 WB-E-UTRAN 或者从 WB-E-UTRAN 移动到 NB-IoT，当 UE 发生了上述移动性过程，MME 将请求 UE 进行重新附着。

注：假定为 NB-IoT 小区分配的 TAC 与为其他 E-UTRA 小区分配的 TAC 不同。

步骤 7：如果 UE 没有激活任何 PDN 连接，步骤 8～12 省略。

步骤 8：新 MME 针对每一个 PDN 连接向 SGW 发送修改承载请求消息，消息中携带 MME 的控制面 IP 地址和 TEID。如果新 MME 收到与 SCEF 相关的 EPS 承载上下文，则新 MME 将更新到 SCEF 的连接，具体流程参见本书第 7.1.8.7 节。

在控制面优化中，如果 SGW 中缓存了下行数据，在 MME 内部 TAU 过程中且 MME 移动性管理上下文中下行数据缓存定时器尚未超时，或者在跨 MME 的 TAU 场景下原 MME 在步骤 5 中的上下文响应中有缓存下行数据等待指示，则 MME 还应在修改承载请求消息中携带 MME 下行用户面 IP 地址和 TEID，用于 SGW 转发下行数据。当 SGW 没有缓存下行数据时，MME 也可以在修改承载请求消息中携带 MME 下行用户面 IP 地址和 TEID。

步骤 12：SGW 更新它的承载上下文并向新 MME 返回修改承载响应消息。

在控制面优化方案中，如果在步骤 8 的消息中包含有 MME 下行用户面 IP 地址和 TEID 字段，则 SGW 在修改承载响应消息中携带 SGW 上行用户面 IP 地址和 TEID 信息。

步骤 17：MME 向 UE 回应 TAU 接受消息。该消息中包含支持的网络行为字段用于表示 MME 支持及偏好的优化功能。

如果 NB-IoT UE 没有激活任何 PDN 连接，则 TAU 接受消息中不携带 EPS 承载状态信息。

如果在步骤 5 中 MME 成功获得头压缩配置参数，则 MME 通过每个 EPS 承载的头压缩上下文状态（Header Compression Context Status）指示 UE 是否可以继续使用先前协商的配置。当头压缩上下文状态指示某些 EPS 承载不能使用先前协商的配置时，在这些 EPS 承载上使用控制面优化收发数据时 UE 停止执行头压缩和解压缩。

步骤 18：如果 GUTI 已经改变，UE 通过返回一条跟踪区完成（Tracking Area Update Complete）消息给 MME 来确认新的 GUTI。

对于传统 E-UTRAN TAU 过程中，如果在 TAU 请求消息中“Active Flag”未置位且 TAU 过程不是在 ECM-CONNECTED 状态发起的，则 MME 释放与 UE 的信令连接。对于 NB-IoT UE，当 TAU 请求消息中“Signalling Active Flag”置位时，MME 在 TAU 流程完成后不应立即释放与 UE 的 NAS 信令连接。

7.1.4 业务请求

业务请求流程用于在空闲态 UE 请求建立用户面通道时使用的流程，在此流程中MME 需要根据所存储的上下文决定是否需要释放 S11 用户面隧道。与 R12 流程相比，为了 SGW、PGW 能够统计 UE 发起建立“MO exception data”RRC 连接的次数，MME 需要将每次收到的“MO exception data”RRC 建立原因值发送到 SGW 及 PGW，以便 SGW 及 PGW 将此参数记录到 CDR 中。

本章仅列出与 R12 流程的具体差异，如图 7.6 所示。

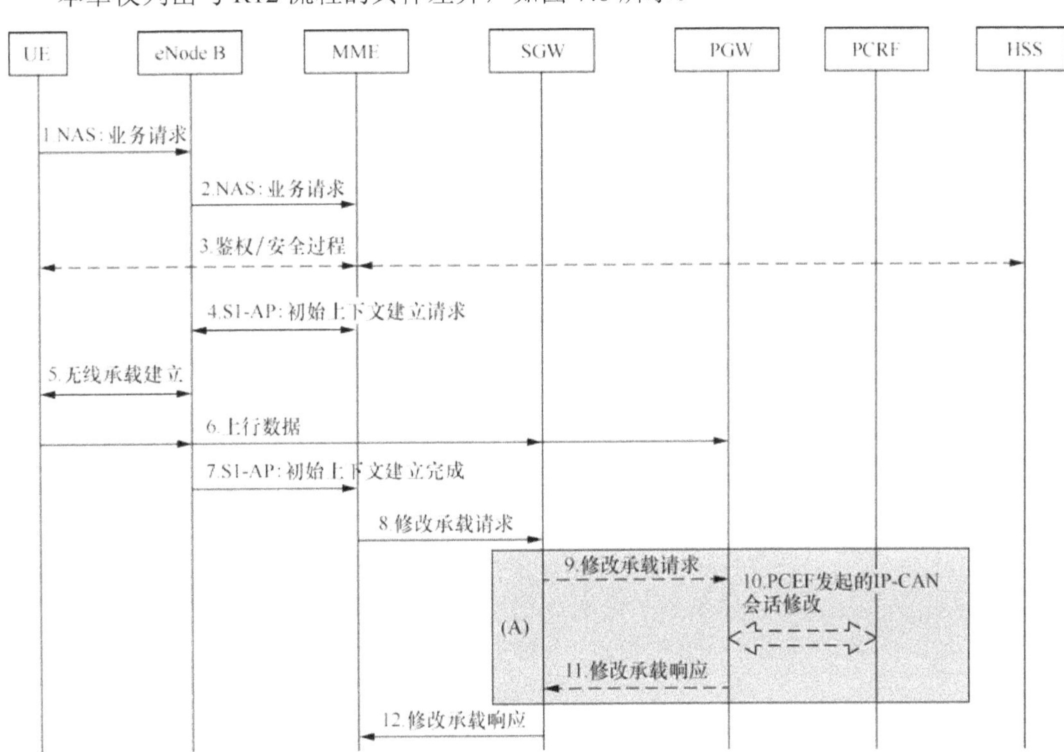

图 7.6 业务请求过程

步骤 4：MME 收到业务请求后，如果先前 UE 使用控制面 NB-IoT 优化方案并且建立了 S11 用户面隧道，MME 删除 MME 下行用户面 IP 地址和 TEID，MME 也删除 ROHC 上下文，但是 MME 仍然保留 HCO；MME 向 eNodeB 发送 S1-AP 初始上下文建立请求消息，消息中携带 SGW 的上行用户面 IP 地址和 TEID，承载 QoS。

步骤 8：MME 向 SGW 发送修改承载请求消息，消息中携带 eNodeB 的下行用户面 IP 地址和 TEID；如果在步骤 1 中 RRC 建立请求原因值为“MO exception data”时，修改承载请求消息中也需要携带 RRC 建立原因值，SGW 将该 RRC 建立原因值记录到 SGW-CDR 中。

步骤 9：SGW 向 PGW 发送修改承载请求消息，消息中携带 RRC 建立原因值。

步骤 10：PGW 将 RRC 建立原因值记录在 CDR 中。

7.1.5 控制面数据传输

7.1.5.1 概述

控制面数据传输方案是 NB-IoT 系统中新增加的流程，主要针对小数据传输进行优化，支持将 IP 数据包、非 IP 数据包或 SMS 封装到 NAS 协议数据单元（PDU）中传输，无需建立数据无线承载（DRB）和 S1-U 承载。

控制面数据传输是通过 RRC、S1-AP 协议的 NAS 传输以及 MME 和 SGW 之间的 GTP 用户面隧道来实现。对于非 IP 数据，也可以通过 MME 与 SCEF 之间的连接来实现。

对于 IP 数据，UE 和 MME 可基于 IETF RFC 4995[8]定义的 ROHC 框架执行 IP 头压缩。对于上行数据，UE 执行 ROHC 压缩器的功能，MME 执行 ROHC 解压缩器的功能。对于下行数据，MME 执行 ROHC 压缩器的功能，UE 执行 ROHC 解压缩器的功能。UE 和 MME 绑定上行和下行 ROHC 信道以便于传输反馈信息。PDN 连接建立过程完成头压缩相关配置。

为了避免 NAS 信令 PDU 和 NAS 数据 PDU 之间的冲突，MME 应在完成安全相关的 NAS 流程（如鉴权、安全模式命令、GUTI 重分配等）之后再发起下行 NAS 数据 PDU 的传输。

控制面数据传输方案包括 UE 发起（MO）的数据传输流程和 UE 终结（MT）的数据传输流程。

7.1.5.2 MO 控制面数据传输流程

MO 控制面数据传输流程如图 7.7 所示。

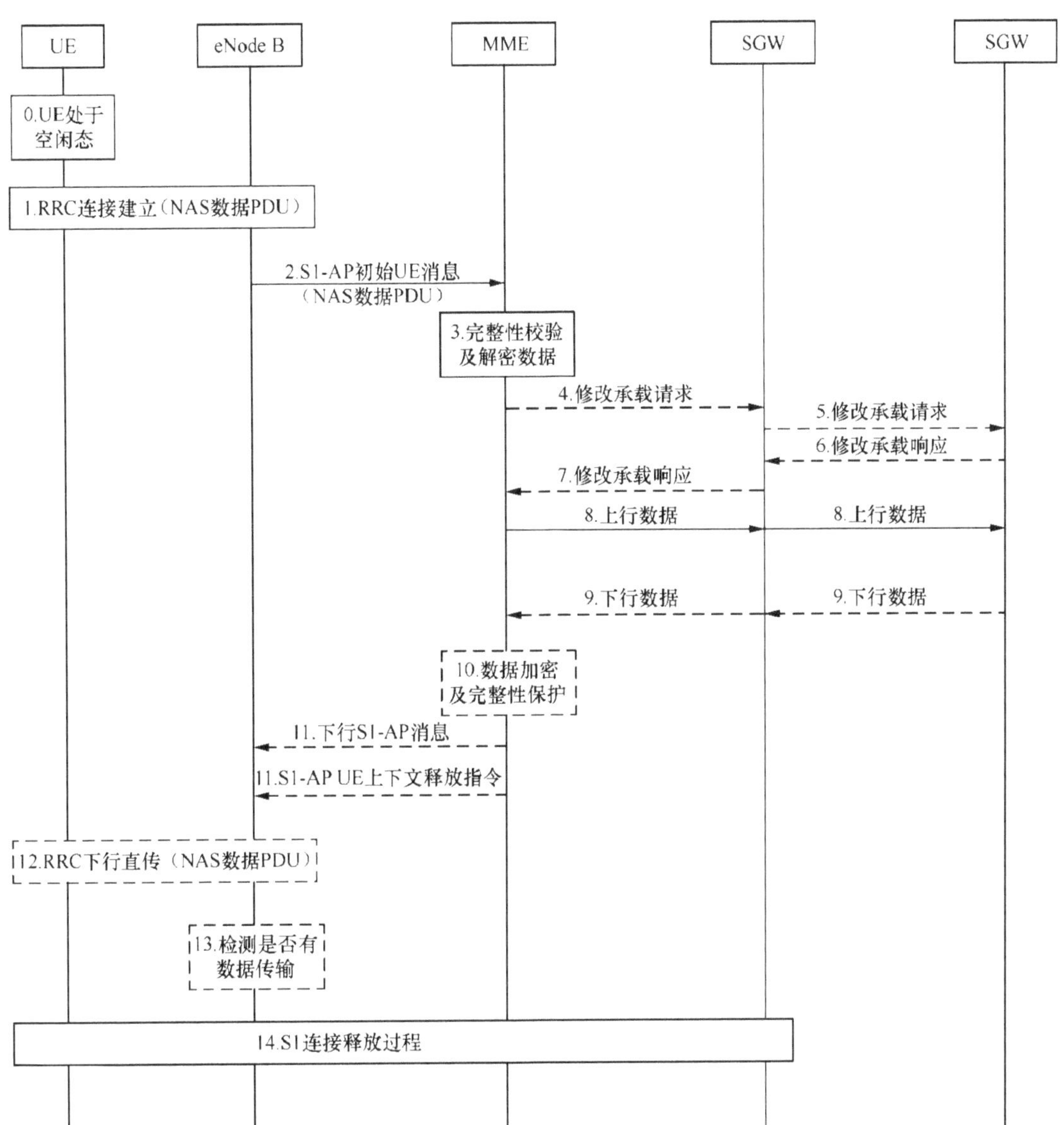

图 7.7　MO 控制面数据传输流程

步骤 0：UE 附着到网络之后转为空闲态。

步骤 1：UE 建立 RRC 连接，将通过完整性保护的 NAS PDU 通过 RRC 传输，在 NAS PDU 中携带 EPS 承载标识（EBI）和已经加密的上行用户数据。UE 在 NAS PDU 中可携带释放辅助信息，指示在此上行数据传输之后是否期待有下行数据传输（例如，上行数据的确认或响应）或者是否还有上行数据需要传递。

步骤 2：eNodeB 通过 S1-AP 初始 UE 消息将 NAS PDU 转发给 MME。

步骤 3：MME 检查 NAS PDU 的完整性，然后解密数据。如果采用了头压缩，MME 需要执行 IP 头解压缩操作。MME 根据需要执行安全相关的流程，步骤 4-9 可以与安全相关的流程并行执行，但步骤 10-11 只可等到安全相关流程完成之后再执行。

步骤 4a：如果 S11 用户面隧道尚未建立，MME 向 SGW 发送修改承载请求消息，消息中携带 MME 下行用户面 IP 地址和 TEID。SGW 现在可以经过 MME 传输下行数据给 UE。当 UE 通过 NB-IoT RAT 接入并且 RRC 建立原因值为“MO exception data”，MME 需要在消息中将该 RRC 建立原因值通知到 SGW。SGW 将该 RRC 建立原因值记录到 SGW-CDR 中。

步骤 4b：如果 S11-U 已经建立，并且 UE 通过 NB-IoT RAT 接入，RRC 建立原因值为“MO exception data”，MME 应将该 RRC 建立原因值告知 SGW，SGW 将该 RRC 建立原因值记录到 SGW-CDR 中。

步骤 5：SGW 向 PGW 发送修改承载请求消息，消息中携带 RRC 建立原因值, PGW 将 RRC 建立原因值“MO exception data”记录到 PGW-CDR 中。

步骤 6：PGW 向 SGW 回复修改承载响应消息。

步骤 7：SGW 向 MME 返回修改承载响应消息，消息中向 MME 提供 SGW 上行用户面 IP 地址和 TEID。

步骤 8：MME 将上行数据经 SGW 发送给 PGW。

步骤 9：如果在步骤 1 中携带的释放辅助信息中指示不期待接收下行数据并且也无上行数据需要传递，说明通过上行数据的传输已经完成了所有应用层数据的交互。因此如果 MME 没有待发送的下行数据或者 S1-U 承载也没有建立，MME 执行步骤 14 并立即释放连接。

步骤 10：如果 MME 在步骤 9 中接收到下行数据，则 MME 将其进行加密和完整性保护。

步骤 11：如果执行了步骤 10，则下行数据封装在 NAS PDU 中；MME 在 S1-AP 下行消息中将 NAS PDU 下发给 eNodeB。对于 IP PDN 类型且支持头压缩的 PDN 连接，MME

在将数据封装到 NAS PDU 之前应先执行 IP 头压缩。如果步骤 10 没有执行，MME 向 eNodeB 发送连接建立指示（Connection Establishment Indication）消息，此消息可携带 UE 无线能力信息。如果在上下行数据中通过释放辅助信息指示 UE 期待接收下行数据，则表明紧接着释放辅助信息之后的下行数据是最后的应用层交互数据。此时 MME 没有待发送的下行数据，或者 S1-U 承载没有建立，则 MME 在最后的应用层交互数据发送完成之后，立即向 eNodeB 发送 S1-AP UE 上下文释放指令消息，以便于 eNodeB 释放连接。

步骤 12：eNodeB 向 UE 发送 RRC 下行数据消息，将封装下行数据的 NAS PDU 下发给 UE。如果同时收到 MME 的 S1-AP UE 上下文释放指令消息，eNodeB 会先发送 NAS Data，然后执行步骤 14 释放连接。

步骤 13：如果持续一段时间没有 NAS PDU 传输，eNodeB 则进入步骤 14 启动 S1 释放。

步骤 14：eNodeB 或 MME 触发 S1 释放流程。

7.1.5.3 MT 控制面数据传输流程

MT 控制面数据传输流程如图 7.8 所示。

步骤 0：UE 附着到网络之后转为空闲态。

步骤 1：当 SGW 收到 UE 的下行数据分组或下行控制信令，如果 SGW 的 UE 上下文数据中没有 MME 的下行用户面 IP 地址和 TEID，SGW 缓存下行数据。

步骤 2：如果 SGW 在步骤 1 缓存了数据，SGW 向 MME 发送下行数据通知消息。MME 向 SGW 回复下行数据通知确认消息。

如果 S11-U 已经建立，则 SGW 不执行步骤 2，而立即执行步骤 11。

步骤 3：如果 UE 已在 MME 注册并且处于寻呼可达，MME 向 UE 已注册的跟踪区内的每个 eNodeB 发送寻呼消息，消息中携带用于寻呼的 NAS ID，跟踪区标识信息。

步骤 4：如果 eNodeB 收到来自 MME 的寻呼消息，eNodeB 发送寻呼消息来寻呼 UE。

步骤 5～6：当 UE 接收到寻呼消息，UE 通过 RRC 连接请求和 S1-AP 初始消息将控制面业务请求（Control Plane Service Request）消息发送至 MME。如果采用了控制面数据传输方案，控制面业务请求不会触发 MME 建立数据无线承载，MME 可立即通过 NAS PDU 发送下行数据。

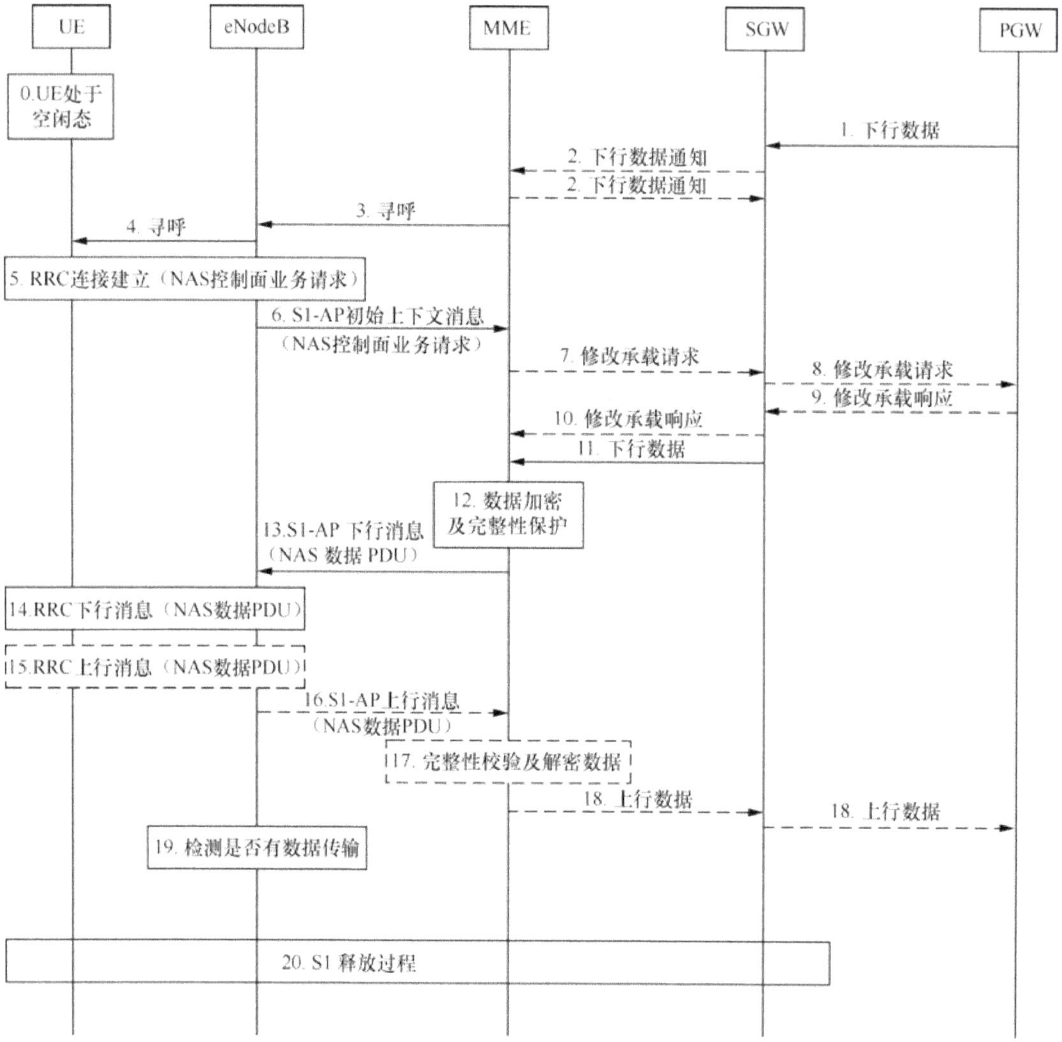

UE　eNodeB　MME　SGW　PGW

0.UE处于空闲态

1. 下行数据

2. 下行数据通知

2. 下行数据通知

3. 寻呼

4. 寻呼

5. RRC连接建立（NAS控制面业务请求）

6. S1-AP初始上下文消息（NAS控制面业务请求）

7. 修改承载请求

8. 修改承载请求

9. 修改承载响应

10. 修改承载响应

11. 下行数据

12. 数据加密及完整性保护

13.S1-AP 下行消息（NAS 数据 PDU）

14.RRC下行消息（NAS数据PDU）

15.RRC上行消息（NAS数据PDU）

16.S1-AP上行消息（NAS数据PDU）

17. 完整性校验及解密数据

18. 上行数据

18. 上行数据

19. 检测是否有数据传输

20. S1 释放过程

图 7.8　MT 控制面数据传输流程图

MME 根据需要执行安全相关的流程，步骤 7～11 可以与安全相关的流程并行执行，但步骤 12～13 应等到安全相关流程完成之后再执行。

步骤 7：如果 S11 用户面隧道没有建立，MME 向 SGW 发送修改承载请求消息，消息中携带 MME 下行用户面 IP 地址和 TEID。SGW 现在可以经过 MME 传输下行数据给 UE。

步骤 8：SGW 向 PGW 发送修改承载请求消息。

步骤 9：PGW 向 SGW 返回修改承载响应消息。

步骤 10：如果在步骤 7 发送了修改承载请求消息，SGW 向 MME 返回修改承载响应消息，向 MME 提供 SGW 上行用户面 IP 地址和 TEID。

步骤 11：下行数据由 SGW 发送给 MME。

步骤 12～13：MME 对下行数据进行加密和完整性保护，将其封装到 NAS PDU 中并通道通过 S1-AP 下行 NAS 消息发给 eNodeB。对于 IP PDN 类型且支持头压缩的 PDN 连接，MME 在将数据封装到 NAS PDU 之前应先执行 IP 头压缩。

步骤 14：eNodeB 将 NAS 数据 PDU 通过 RRC 消息下发给 UE。如果采用了头压缩，UE 需要执行 IP 头的解压缩操作。

步骤 15：由于 RRC 连接没有释放，更多的上行和下行数据可以通过 NAS PDU 来传输。UE 尚没有建立用户面承载，可以在上行 NAS PDU 中携带释放辅助信息。对于 IP PDN 类型且支持头压缩的 PDN 连接，UE 在将上行数据封装到 NAS PDU 之前应先执行 IP 头压缩。

步骤 16：eNodeB 通过 S1-AP NAS 传输消息将 NAS PDU 转发给 MME。

步骤 17：MME 检查 NAS 消息的完整性，然后解密数据。如果采用了头压缩，MME 需要执行 IP 头解压缩操作。

步骤 18：MME 通过 SGW 发送上行数据到 PGW，并执行与释放辅助信息相关的处理。

如果释放辅助信息指示上行数据之后不接收下行数据，并且此时 MME 没有待发送的下行数据，或者 S1-U 承载没有建立，则 MME 应执行步骤 20 立即释放连接。

如果释放辅助信息指示上行数据之后可以接收下行数据，并且此时 MME 没有待发送的下行数据或信令，或者 S1-U 承载没有建立，则 MME 在下行数据发送完成之后，立即向 eNodeB 发送 S1 UE 上下文释放指令消息，以便于 eNodeB 释放连接。

步骤 19：如果持续一段时间没有 NAS PDU 传输，eNodeB 则进入步骤 20 启动 S1 释放。

步骤 20：eNodeB 或 MME 触发 S1 释放流程。

7.1.6 用户面数据传输

7.1.6.1 概述

用户面优化数据传输方案支持用户面数据传输时无需使用业务请求流程来建立eNodeB与UE间的接入层（AS）上下文。

使用NB-IoT用户面优化数据传输方案的前提，UE需要在执行初始连接建立时在网络和UE侧建立AS承载和AS安全上下文，且通过连接挂起流程来挂起RRC连接。当UE处于空闲态（ECM-IDLE）状态，任何NAS层触发的后续操作（包括UE尝试使用控制面方案传输数据）将促使UE尝试恢复连接流程。如果连接恢复流程失败，则UE发起待发的NAS流程。为了支持UE在不同eNodeB间移动时用户面优化数据传输方案，在eNodeB间可以传递AS上下文信息。

为支持连接挂起流程：

- UE在转换到空闲态（ECM-IDLE）状态时应存储AS信息；
- eNodeB应存储该UE的AS信息、S1AP关联信息和承载上下文；
- MME存储进入ECM-IDLE状态下UE的S1AP关联和承载上下文。

在该方案中，当UE转换到ECM-IDLE状态时，UE和eNodeB应存储相关AS信息。

为支持连接恢复流程：

- UE通过利用连接挂起流程中存储的AS信息来恢复到网络的连接；
- eNodeB（有可能是新的eNodeB）将UE连接安全恢复的信息告知MME，则MME进入到连接态（ECM-CONNECTED）状态。

如果存储一个UE相关S1AP关联信息的MME从其他UE关联连接、或包含MME改变的TAU流程、或UE重附着时收到SGSN上下文请求、或UE关机，MME及相关eNodeB应使用S1 释放流程删除存储的S1-AP关联。

7.1.6.2 连接挂起过程

当UE和网络都支持用户面优化方案时，网络可以使用此流程进行连接挂起。连接挂起流程是NB-IoT系统中新增加的流程，具体步骤如图7.9所示。

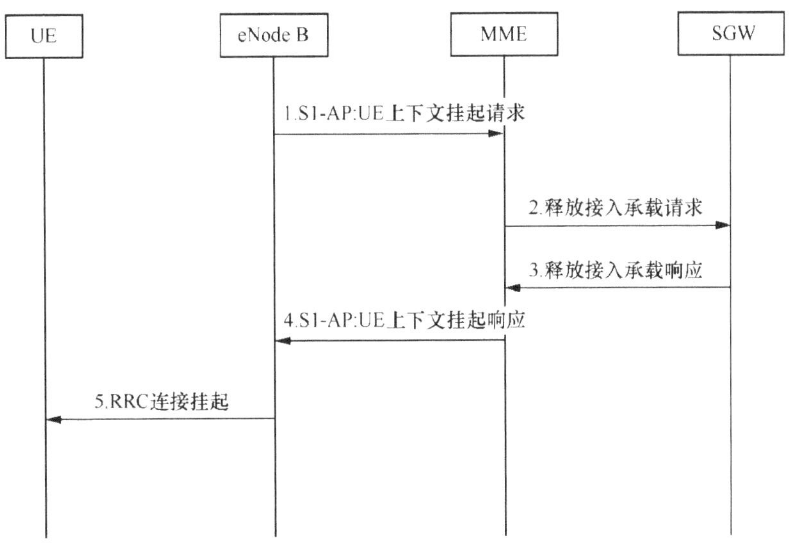

图 7.9　eNodeB 发起的连接挂起过程

步骤 1：eNodeB 发起连接挂起过程，eNodeB 向 MME 发送 S1-AP UE 上下文挂起请求消息。MME 进入 ECM-IDLE，并保留 S1-AP 关联，UE 上下文和承载上下文。所有用于连接恢复的信息都保留在 eNodeB、UE 及 MME 中。

eNodeB 在 S1-AP UE 上下文挂起请求消息中可以携带用于寻呼的推荐小区及 eNodeB 信息，MME 存储这些信息，并可在寻呼过程中使用这些信息。

步骤 2：MME 向 SGW 发送释放连接承载请求消息，请求 SGW 释放 eNodeB 的用户面 IP 地址和 TEID。

步骤 3：SGW 释放所有 eNodeB 的用户面 IP 地址和 TEID，并向 MME 发送释放连接承载响应消息 MME。

步骤 4：MME 向 eNodeB 返回 S1-AP UE 上下文挂起响应消息，此消息中可以携带安全参数 NH、NCC。

步骤 5：eNodeB 向 UE 发送 RRC 连接挂起流程。

7.1.6.3　连接恢复过程

当 UE 及网络支持用户面优化方案，并且 UE 存储了用于连接恢复过程的必要信息，则 UE 使用连接恢复流程来进入连接态。连接恢复流程是 NB-IoT 系统中新增加的流程，具体步骤如图 7.10 所示。

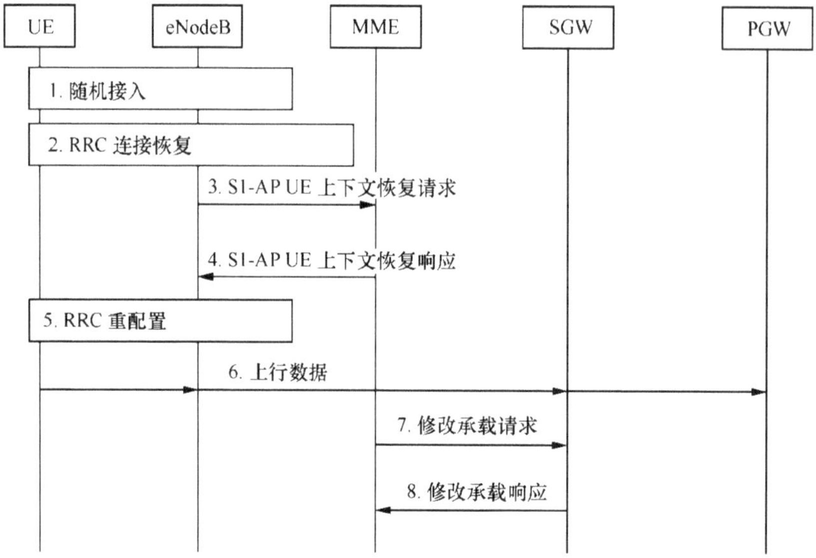

图 7.10　UE 发起连接恢复流程

步骤 1：UE 向 eNodeB 触发随机接入过程。

步骤 2：UE 向 eNodeB 发起 RRC 连接恢复流程，RRC 恢复消息中携带恢复标识，以便 eNodeB 寻找到存储的 AS 上下文。eNodeB 进行安全检查过程。UE 与网络之间的承载将进行同步即：对于没有成功建立的无线承载的承载且承载不是仅控制面优化的承载，UE 将本地释放这些承载；　如果默认承载的无线承载没有建立成功，则 UE 释放掉默认承载所在 PDN 连接下的所有承载。

步骤 3：eNodeB 向 MME 发送 S1-AP UE 上下文恢复请求消息通知 MME UE 的 RRC 连接已经恢复，消息中可携带拒绝的承载列表。收到此消息后，MME 进入连接态并恢复 S1-AP 连接。

如果默认承载没有建立成功，那么默认承载对应的 PDN 连接下所有的承载都可认为没有建立成功。MME 释放没有成功建立承载的资源并触发承载释放流程。

步骤 4：MME 向 eNodeB 返回 S1-AP UE 上下文恢复响应消息，消息中可以携带拒绝的承载列表。

步骤 5：如果步骤 4 消息中没有携带可拒绝的承载列表，步骤 5 不执行；如果步骤 4 中的消息携带了拒绝承载列表，eNodeB 根据步骤 4 中的拒绝承载列表信息重配置无线承载。

步骤 6：UE 可以将上行数据通过 eNodeB、SGW 发送至 PGW。

步骤 7：为了将成功恢复的承载信息通知到 SGW，MME 向 SGW 发送修改承载请求消息，消息中携带成功恢复承载的 eNodeB 用户面 IP 地址和 TEID。此时 SGW 可以发送下行数据。如果 UE 通过 NB-IoT RAT 接入并且 RRC 建立原因值为“MO exception data”，MME 需要在消息中将该 RRC 建立原因值通知到 SGW。SGW 将该 RRC 建立原因值记录到 SGW-CDR 中。

步骤 8：SGW 向 PGW 发送修改承载请求消息，消息中携带 RRC 建立原因值，PGW 将 RRC 建立原因值“MO exception data”记录到 PGW-CDR 中。

步骤 9：PGW 向 SGW 回复修改承载响应消息。

步骤 10：SGW 向 MME 返回修改承载响应消息。

7.1.7 控制面方案用户面方案切换

控制面优化方案适合传输小包数据，而用户面方案适合传输相对较大的数据包数据。

当 UE 采用控制面优化方案传输数据并且 UE 支持用户面方案传输数据时，如有相对较大的数据包传输需求时，则可由 UE 或者网络发起由控制面优化方案到用户面方案的转换，此处的用户面方案包括传统用户面方案和用户面优化方案。

如果 UE 既可以使用用户面方案，又可以使用控制面优化方案进行数据传输，则 UE 或者 MME 可以使用本节流程来进行控制面到用户面方案的转换。连接态用户的控制面到用户面方案的转换可以由 UE 通过业务请求流程发起，也可以通过 MME 直接发起。MME 收到 UE 发起的携带 Active Flag 的控制面业务请求消息时，或者检测到下行数据包较大时，MME 可以决定为 UE 建立用户面通道。具体流程如图 7.11 所示。

步骤 1：连接态 UE 使用控制面优化方案正在发送及接受数据。

步骤 2：UE 发起业务请求流程。UE 向 eNodeB 发送 RRC 消息，消息中捎带控制面业务请求消息；业务请求消息中携带 Active Flag 用于触发建立用户面承载。在标准讨论中，也曾提出使用 TAU 请求消息中携带 Active Flag 来触发建立用户面承载，但是 TAU 请求消息中冗余信息太多，不符合 NB-IoT 尽可能有效传递数据的原则，所以在最后将 TAU 请求触发建立用户面承载的选项删除。

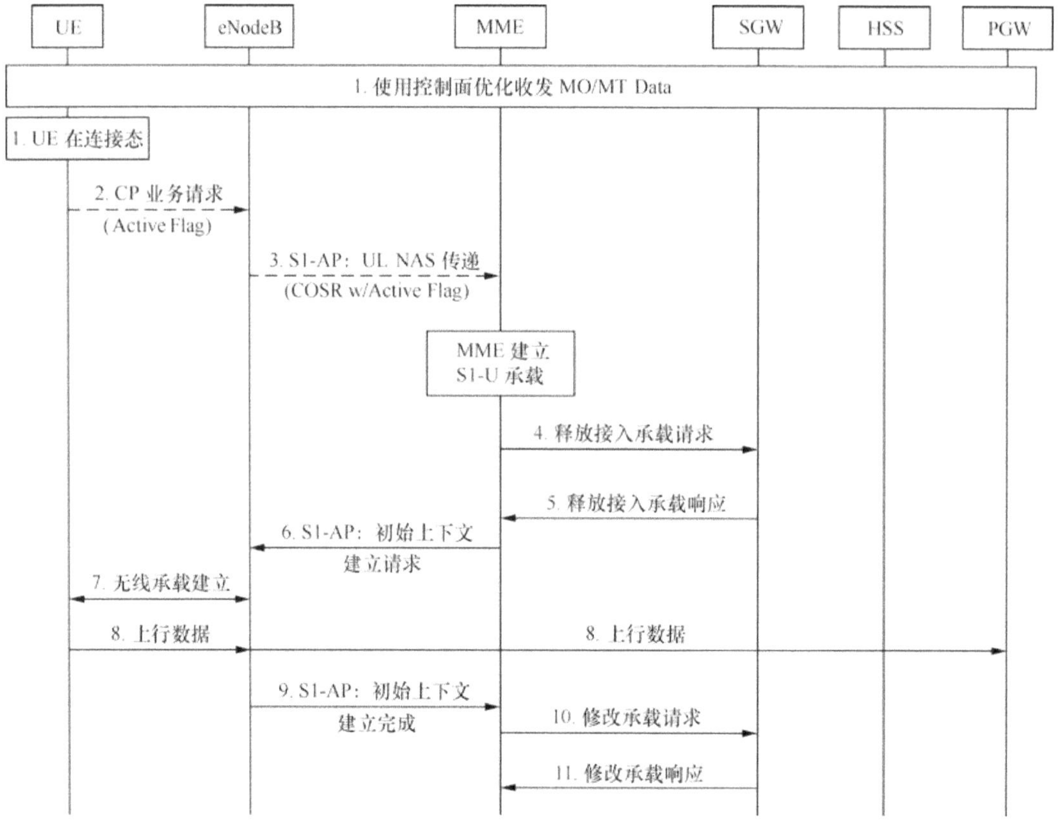

图 7.11 控制面用户面切换流程图

步骤 3：eNodeB 向 MME 发送 S1-AP 上行 NAS 消息，消息携带了 NAS 消息控制面业务请求；MME 收到业务请求后，MME 建立 S1 用户面隧道。

步骤 4：MME 将残留的上行数据通过 S11 用户面隧道发送至 SGW；并且为了减少可能发生的下行数据乱序（例如有些数据通过控制面发送），MME 向 SGW 发送释放连接承载请求消息用于请求 SGW 释放 S11 用户面隧道。MME 本地也删除 MME 下行用户面 IP 地址和 TEID 及删除 ROHC 上下文，但是 MME 仍然保留 HCO。

步骤 5：SGW 释放 S11 用户面隧道并向 MME 返回释放连接承载响应消息。如果 SGW 收到下行数据，SGW 将缓存下行数据，并发起网络触发的业务请求流程。

步骤 6：MME 向 eNodeB 发送 S1-AP 初始上下文建立请求消息用于建立非仅控制面优化 PDN 连接的用户面承载，消息中携带 SGW 的上行用户面 IP 地址和 TEID，承载 QoS。

步骤 7：eNodeB 发起无线承载建立过程。此步骤完成建立用户面安全过程。当用户面无线承载建立完成后，UE 需要本地释放用于控制面优化的 ROHC 上下文。UE 和网络之间的承载也进行同步，即，UE 本地释放没有成功建立无线承载的非“仅控制面传输”的 EPS 承载，如果默认承载的无线承载没有建立成功，则 UE 本地释放默认承载对应的 PDN 连接下所有的承载。

步骤 8：所有无线承载建立成功的承载都必须使用用户面方案来传输数据。此时 UE 可以通过 eNodeB、SGW 将上行数据发送至 PGW。

步骤 9：eNodeB 向 MME 返回 S1-AP 初始上下文建立响应消息，消息中携带 eNodeB 的下行用户面 IP 地址和 TEID。

步骤 10：MME 向 SGW 发送修改承载请求消息，消息中携带 eNodeB 的下行用户面 IP 地址和 TEID。

步骤 11：SGW 向 MME 返回修改承载响应消息。

7.1.8 非 IP 数据传输

7.1.8.1 引言

支持 Non-IP 数据传输，是 NB-IoT 系统的重要部分。从 EPS 系统角度来看，Non-IP 数据是非 IP 结构化的。Non-IP 数据传输，包括终端发起（MO）的、终端接收（MT）的数据传输两部分。将 Non-IP 数据传输给 SCS/AS，可以有两种主要方案：

- 经过 SCEF 的 Non-IP 数据传输；
- 经过 PGW 的 Non-IP 数据传输（使用点对点的 SGi 隧道）。

经过 PGW 的点对点 SGi 隧道方式传输 Non-IP 数据，目前存在两种传输方案，基于 UDP/IP 的 PtP 隧道和其他类型的 PtP 隧道。

基于 UDP/IP 的 PtP 隧道方案：

（1）在 PGW 上，以 APN 为粒度，预先配置 AS 的 IP 地址；

（2）UE 发起附着/PDN 连接建立时，PGW 为 UE 分配 IP 地址（但是该 IP 地址不发送给 UE），并建立（GTP 隧道 ID，UE IP 地址）映射表；

（3）以上行数据为例，PGW 收到 UE 侧的 Non-IP 数据后，将其从 GTP 隧道中分离，并加上 IP 头（源 IP 为 PGW 为 UE 分配的 IP，目的 IP 为 AS 的 IP），然后经由 IP 网络发往 AS;

（4）AS 收到 IP 报文后，解析其中的 Non-IP 数据内容及其中的用户 ID，并建立（用户 ID，UE IP 地址）映射表，便于下行数据发送。

基于其他类型的 PtP 隧道方案：

（1）在 PGW 上，以 APN 为粒度，预先配置 AS 的 IP 地址;

（2）UE 发起附着/PDN 建立时，PGW 不为 UE 分配 IP 地址，并建立到 AS 的隧道，以及建立左右两侧隧道的映射表;

（3）以上行数据为例，PGW 收到 UE 侧的 Non-IP 数据后，将其从 GTP 隧道 1 中剥离，并将其放入隧道 2 中，然后经由隧道发往 AS;

（4）AS 收到后，解析其中的 Non-IP 数据内容及其中的用户 ID，并建立（用户 ID，隧道 ID）映射表，便于下行数据发送。

经过 SCEF 实现 Non-IP 数据传输，基于在 MME 和 SCEF 之间建立的指向 SCEF 的 PDN 连接，该连接实现于 T6a 接口，在 UE 附着时、UE 请求创建 PDN 连接时被触发建立。UE 并不感知用于传输 Non-IP 数据的 PDN 连接，是指向 SCEF 的、还是指向 PGW 的，网络仅向 UE 通知某 Non-IP 的 PDN 连接使用控制面优化方案。

为了实现 Non-IP 数据传输，在 SCS/AS 和 SCEF 之间需要建立应用层会话绑定，该过程不在 3GPP 范畴内。

在 T6 接口上，使用 IMSI 来标识一个 T6 连接/SCEF 连接所归属的用户，使用 EPS 承载 ID 来标识 SCEF 承载。在 SCEF 和 SCS/AS 间，使用 UE 的外部标识或 MSISDN 来标识用户。

根据运营商策略，SCEF 可能缓存 MO/MT 的 Non-IP 数据包。需要明确地，在 R13 中，MME 和 IWK-SCEF 不会缓存上下行 Non-IP 数据包。

7.1.8.2 NIDD 配置

NIDD 配置过程允许 SCS/AS 向 SCEF 执行初次 NIDD 配置，或更新 NIDD 配置，或删除 NIDD 配置。通常，NIDD 配置过程，应在 UE 附着过程之前执行。NIDD 配置过程如图 7.12 所示。

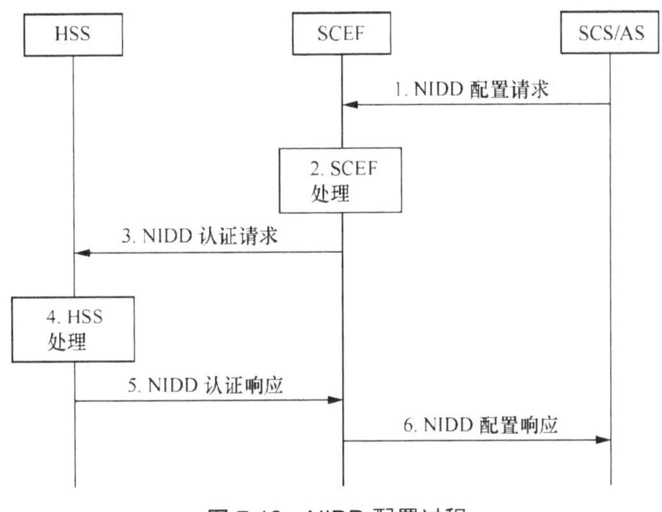

图 7.12 NIDD 配置过程

步骤 1：SCS/AS 向 SCEF 发送 NIDD 配置请求消息，消息中携带外部标识或者 MSISDN、SCS/AS 标识 Identifier、SCS/AS 参考 ID、NIDD 时效、NIDD 目的地址和用于释放的 SCS/AS 参考 ID 消息。

注：SCS/AS 应保证所选择的 SCEF，和 HSS 中配置的 SCEF 是同一个。

步骤 2：SCEF 存储 UE 的外部 ID/MISISDN 及其他相关参数。如果根据服务协议，SCS/AS 不被授权执行该请求，则执行步骤 6，拒绝 SCS/AS 的请求，返回相应的错误原因。

注：如果 SCEF 收到 SCS/AS 发送的用于删除的参考 ID，则 SCEF 在本地释放 SCS/AS 的 NIDD 配置信息。

步骤 3：SCEF 向 HSS 发送 NIDD 授权请求消息，消息中携带外部标识或者 MSISDN、APN，以便 HSS 检查对 UE 的外部 ID 或 MSISDN 是否允许 NIDD 操作。

步骤 4：HSS 执行 NIDD 授权检查，并将 UE 的外部标识映射成 IMSI 或 MSISDN。如果 NIDD 授权检查失败，则 HSS 在步骤 5 中返回错误原因。

步骤 5：HSS 向 SCEF 返回 NIDD 授权响应消息，HSS 返回由 External Identifier 映射的 IMSI 和 MISIDN，如果 HSS 为 UE 配置了 MSISDN。使用 HSS 所映射的 IMSI/MSISDN，

SCEF 可将 T6 连接和 NIDD 配置请求绑定。

步骤 6：SCEF 向 SCS/AS 返回 NIDD 配置响应消息，消息中携带 SCS/AS 参考 ID。SCEF 为 SCS/AS 的本次 NIDD 配置请求分配 SCS/AS 参考 ID 作为业务主键。

7.1.8.3 T6 连接建立

当 UE 请求 EPS 附着或者请求建立 PDN 连接，指明 PDN 类型为“Non-IP”，并且签约数据中默认 APN 可用于创建 SCEF 连接，或者 UE 请求的 APN 可用于创建 SCEF 连接，则 MME 发起 T6 连接创建过程，如图 7.13 所示。

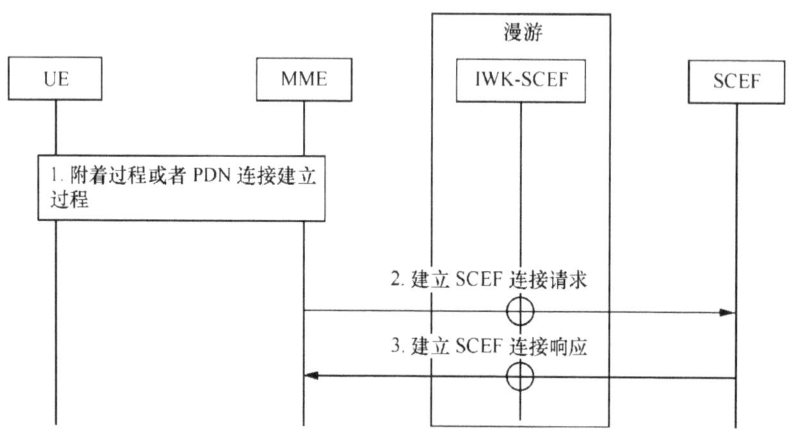

图 7.13 T6 连接建立过程

步骤 1：UE 执行初始附着流程，或者 UE 请求建立 PDN 连接。MME 根据 UE 签约数据，检查 APN 设置，如果签约数据中 APN 所对应的 APN 配置信息包括：选择 SCEF 指示、SCEF ID，则该 APN 用于创建指向 SCEF 的 T6 连接。

步骤 2：在如下条件下，MME 发起 T6 连接创建。(a) 当 UE 请求初始附着，并且默认 APN 被设置为用于创建 T6 连接；(b) UE 请求 PDN 连接建立，并且 UE 所请求的 APN 被设置为用于创建 T6 连接。

MME 向 SCEF 发送建立 SCEF 连接请求消息，消息中包括用户标识、承载 ID、SCEF 标识、APN、APN 速率限额、服务 PLMN 速率限额及 PCO 信息。如果网络中部署了 IWK-SCEF，则 IWK-SCEF 将该请求前转给 SCEF。

如果 SCS/AS 已经向 SCEF 请求执行了 NIDD 配置过程，则 SCEF 执行第 3 步。否则，SCEF 可以：

- 拒绝 T6 连接建立；
- 使用默认配置的 SCS/AS 发起 NIDD 配置过程。

步骤 3：SCEF 为 UE 创建 SCEF 承载，承载标识为 MME 提供的 EPS 承载标识。SCEF 承载创建成功后，SCEF 向 MME 发送建立 SCEF 连接响应消息，消息中携带用户标识、承载标识、SCEF 标识、APN、PCO 及 NIDD 计费标识。如果网络中部署了 IWK-SCEF，则 IWK-SCEF 将消息前转给 MME。

7.1.8.4　MO NIDD 数据投递

MO NIDD 数据投递流程如图 7.14 所示。

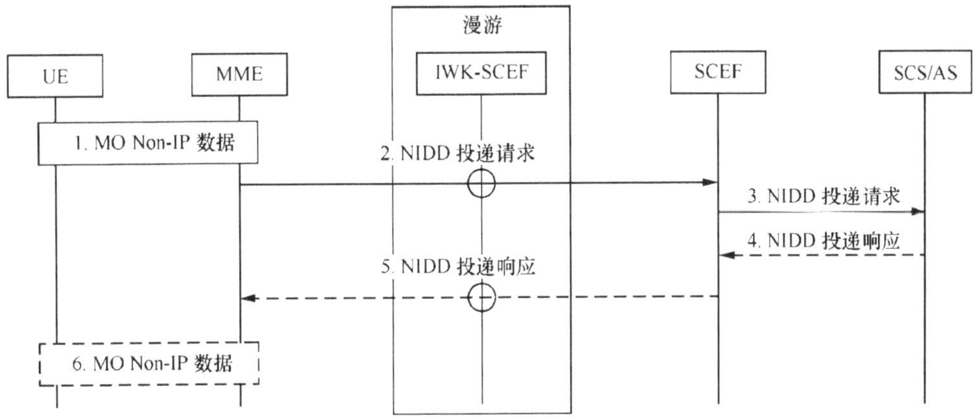

图 7.14　MO NIDD 数据投递流程

步骤 1：UE 向 MME 发送 NAS 消息，携带 EBI 和 Non-IP 数据包。UE 发送 NAS 消息的流程参考本书第 7.1.5 节。

步骤 2：MME 向 SCEF 发送 NIDD 传递消息，消息中包括用户标识、EBI 及非 IP 数据。在漫游时，该消息由 IWK-SCEF 转发给 SCEF。

步骤 3：当 SCEF 收到 Non-IP 数据包后，SCEF 根据 EPS 承载 ID 找寻 SCEF 承载以及相应的 SCEF/AS 参考 ID，并将 Non-IP 数据包发送给对应的 SCS/AS。

步骤 4～6：根据需要，SCS/AS 利用 NIDD 传递响应消息携带下行 Non-IP 数据包。经过 MME 发送 Non-IP 数据的过程，参考本书第 7.1.5 节。

7.1.8.5　MT NIDD 数据投递

SCS/AS 使用 UE 的外部标识或 MSISDN 向 UE 发送 Non-IP 数据包，在发起 MT NIDD

数据投递流程前，SCS/AS 必须先执行 NIDD 配置流程，如图 7.15 所示。

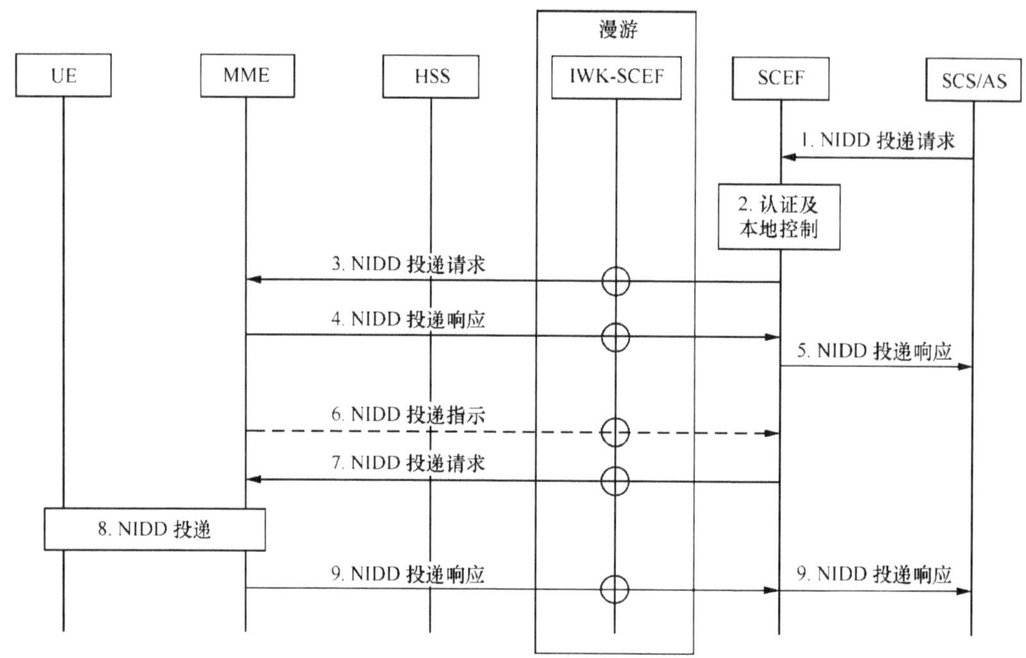

图 7.15　MT NIDD 数据投递过程

步骤 1：当 SCS/AS 已经为某 UE 执行过 NIDD 配置流程后，SCS/AS 可以向该 UE 发送下行 Non-IP 数据。SCS/AS 向 SCEF 发送 NIDD 投递请求消息，消息中携带外部标识或 MSISDN，SCS/AS 参考 ID 及 Non-IP 数据。

步骤 2：SCEF 根据 UE 的外部标识或 MSISDN，检查是否为该 UE 创建了 SCEF 承载。SCEF 检查请求 NIDD 数据投递的 SCS 是否被授权允许发起 NIDD 数据投递，并且检查该 SCS 是否已经超出 NIDD 数据投递的限额（比如，24 小时内允许 1000Bytes），或已经超出速率限额（如每小时 100Bytes）。如果上述检查失败，SCEF 执行步骤 5，并返回错误原因。如果上述检查成功，SCEF 继续执行步骤 3。

如果 SCEF 没有检查到 SCEF 承载，则 SCEF 可能：

- 向 SCS/AS 返回 NIDD 投递响应消息，携带适当的错误原因；
- 使用 T4 终端激活流程，触发 UE 建立 Non-IP PDN 连接；
- 接收 SCS 的 NIDD 投递请求，但是返回适当的原因（如：等待发送），并等待 UE

主动建立 Non-IP PDN 连接。

步骤 3：如果 UE 的 SCEF 承载已建立，SCEF 向 MME 发送 NIDD 投递请求消息，消息携带用户标识、承载标识、SCEF ID 和 Non-IP 数据。若 IWF-SCEF 收到投递请求消息，则前转给 MME。

步骤 4：如果当前 MME 能立即发送 Non-IP 数据给 UE，比如 UE 在 ECM-CONNECTED 态，或 UE 在 ECM-IDLE 态但是可寻呼，则 MME 执行步骤 8，向 UE 发起 Non-IP 数据投递。

如果 MME 判断 UE 当前不可及（例如 UE 当前使用 PSM 模式，或 eDRX 模式），则 MME 向 SCEF 发送 NIDD 投递响应消息，消息中携带原因值及 NIDD 可达通知标记。MME 携带原因值指明 Non-IP 数据无法投递给 UE 的原因， NIDD 可达通知标记用于指明 MME 将在 UE 可达时通知 SCEF。MME 在移动性管理上下文中存储 NIDD 可达通知标记。

步骤 5：SCEF 向 SCS/AS 发送 NIDD 投递响应消息，通知从 MME 处获得的投递结果。如果 SCEF 从 MME 收到 NIDD 可达通知标记，则根据本地策略，SCEF 可考虑缓存步骤 3 中的 Non-IP 数据。

步骤 6：当 MME 检测到 UE 可及时（例如，UE 从 PSM 模式中恢复并发送 TAU，或发起 MO 信令或数据传输，或 MME 预期 UE 即将进入 DRX 监听时隙），如 MME 之前对该 UE 设置了可达通知标记，则 MME 向 SCEF 发送 NIDD 投递指示消息，表明 UE 已可及。MME 清除移动性管理上下文中的可达通知标记。

步骤 7：SCEF 向 MME 发送 NIDD 投递请求消息，消息中携带用户标识、承载 ID、SCEF ID 及 Non-IP 数据。

步骤 8：如果需要，MME 寻呼 UE，并向 UE 投递 Non-IP 数据。MME 向 UE 投递 Non-IP 流程，参考本书第 7.1.5 节。根据运营商策略，MME 可能产生计费信息。

步骤 9：如果 MME 执行了步骤 8，则 MME 向 SCEF 发送 NIDD 投递响应消息并返回投递结果。SCEF 向 SCS/AS 发送 NIDD 投递响应消息并返回 NIDD 数据投递结果。

注：MME、SCEF 所返回的投递成功，并不意味着 UE 一定正确地接收到 Non-IP 数据，只表示 MME 通过 NAS 信令将 Non-IP 数据发送到 UE。

7.1.8.6 T6 连接释放

在如下条件下，MME 发起 T6 连接的释放：

- UE 发起去附着流程；
- MME 发起去附着流程；
- HSS 发起去附着流程；
- UE 或 MME 发起 PDN 连接释放过程。

T6 连接释放流程如图 7.16 所示。

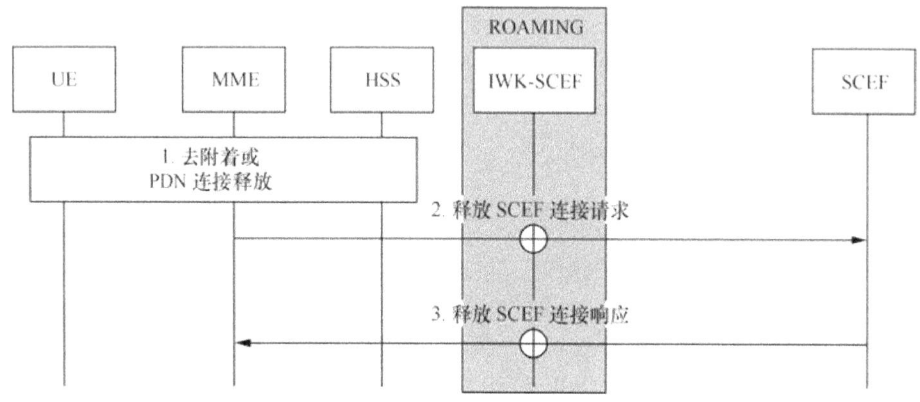

图 7.16 T6 连接释放

步骤 1：UE 执行去附着流程，或者请求释放 PDN 连接流程。或 MME 发起去附着流程，或释放 PDN 连接过程。或 HSS 发起去附着流程。相关流程参考本书第 7.1.2 节。

步骤 2：如果 MME 上存在 T6 接口的 SCEF 连接和 SCEF 承载，则对每一个 SCEF 承载，MME 向 SCEF 发送释放 SCEF 连接请求消息，消息中携带用户标识、承载 ID、SCEF ID、APN 和 PCO。同时，MME 删除自身保存的该 PDN 连接的 EPS 承载上下文。

步骤 3：SCEF 向 MME 返回释放 SCEF 连接响应消息，消息中携带用户标识、EBI、SCEF ID、APN 和 PCO，指明操作是否成功。SCEF 删除自身保存的该 PDN 连接的 SCEF 承载上下文。

7.1.8.7 T6 连接更新

当 UE 发生跨 MME TAU 的过程时， 新 MME 需要与 SCEF 之间进行连接更新，如图 7.17 所示。

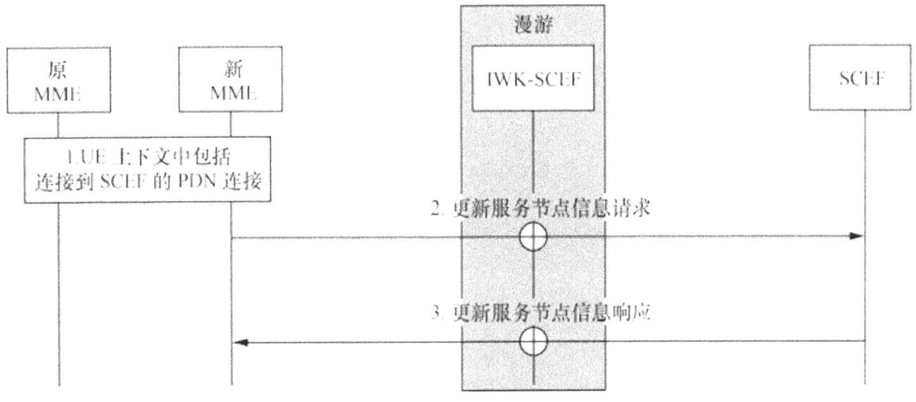

图 7.17 T6 连接更新

步骤 1：UE 触发 TAU 过程并且新 MME 在上下文响应消息中（参见本书第 7.1.3.2 节）接收到连接到 SCEF 的 PDN 连接的上下文。

步骤 2：新 MME 根据 SCEF PDN 连接上下文中的 SCEF ID 进行 SCEF 连接更新，新 MME 向 SCEF 发送更新服务节点信息请求消息，消息中携带用户标识、EBI、MME 标识和 APN 等信息；如果 SCEF 先前收到了原 MME 发送的 NIDD 可达标记，但是并未收到原 MME 发送的投递指示消息，那么 SCEF 此时可以投递缓存的数据。

如果 IWK-SCEF 收到更新服务节点信息请求消息，那么 IWK-SCEF 将把此消息转发给 SCEF。

步骤 3：SCEF 向 MME 返回更新服务节点信息响应，消息中携带用户标识和 NIDD Charging 标识。如果 IWK-SCEF 收到更新服务节点信息响应，那么 IWK-SCEF 将把此消息转发给 MME。

7.2 系统消息的调度

7.2.1 系统消息的类型和结构

3GPP 重新定义了一整套 NB-IoT 系统专用的系统消息，NB-IoT 系统的 UE 并不使用传统 LTE 中定义的任何系统消息。与 LTE 类似，NB-IoT 的系统消息包括一个主信息块（MIB-NB）和多个系统信息块（SIB），在 R13 中，SIB 类型包括 SIB1-NB、SIB2-NB、SIB3-NB、SIB4-NB、SIB5-NB、SIB14-NB 和 SIB16-NB。其中除 SIB1-NB 之外的 SIB 块组成若干个 SI message，通过 NPDSCH 信道承载。

7.2.2 MIB-NB 的内容与调度

MIB-NB 需要频繁的发送，因此其大小受到严格的限制，只包含最关键的信息，其主要内容包括以下几点。

- 系统帧号 SFN 的高 4 位（不同于 LTE 系统中 MIB 需要提供系统帧号 SFN 的高 8 位），SFN 的低 6 位通过 MIB-NB 的编码和辅同步信道携带（参考第 5.3.2 节）。
- 超系统帧号 H-SFN 的 2 个低比特位，主要原因是 SIB1 保持不变的周期为 40.96s，也就是说 UE 通过 MIB-NB 可以知道每 4 个 H-SFN 的边界，从而获知 SIB1-NB 保持不变的时间范围。而且 SIB1-NB 在 40.96s 内保持不变，因此 H-SFN 的低 2 位也不合适放在 SIB1-NB 中。

- AB-enabled 接入控制使能（1bit）：接入阻止（Access Barring）是否使能的指示开关。UE 在发起 RRC 连接前需要读取该比特，如果使能，则 UE 需要获取 SIB14-NB 中的接入阻止信息，来决定是否发起 RRC 连接。
- SIB1-NB 调度信息（4bits）：用于指示 SIB1-NB 的 TBS 和重复次数。根据小区情况，配置 SIB1 传输，提供资源使用效率。
- 系统信息值标签 Value Tag（5bits）：UE 通过该系统消息值标签检测系统消息是否发生了更新，相比 LTE 中系统消息值标签在 SIB1 中指示，NB-IoT 将系统消息的值标签在 MIB-NB 中指示，其主要目的是为了 UE 仅仅通过接收 MIB-NB 即可知道当前系统消息是否和本地保存的版本发生了更新（MIB-NB 中的 Value Tag 在 SIB1-NB 发生改变时也会发生更新），以节省 UE 的电池消耗。
- 操作模式（Operation Mode）相关的配置信息，用于区分“In-band/相同 PCI”、“In-band/不同 PCI”、“Guard-band”和“Stand-alone”操作模式并指示相应操作模式下

需要的其他必要信息。其中，“In-band/相同 PCI”意味着工作在 In-band 模式，并且 NB-IoT 与 LTE 小区共享相同的物理小区标识以及 LTE CRS 天线端口数与 NRS 的端口数相同；“In-band/不同 PCI”意味着工作在 In-band 模式，并且 NB-IoT 与 LTE 小区使用不同的物理小区标识。在“In-band/相同 PCI”操作下，为使终端能够利用 LTE CRS 解调后面的物理信道，还需要指示 LTE CRS 序列的信息，其中，由于 LTE CRS 序列与 NB-IoT 窄带占用的物理资源块位置有关，该 LTE CRS 序列信息的具体形式最终表现为相对 LTE 系统带宽中心的物理资源块位置的偏置信息。在“In-band/不同 PCI”操作下，还需指示 LTE CRS 端口数和信道 Raster 偏置信息；在“Guard-band”操作下，还需要指示信道 Raster 偏置信息。其中，该 LTE CRS 端口数为 4 或与 NRS 端口数相同，用于实现基于 LTE CRS 的速率匹配，信道 Raster 偏置表示 NB-IoT 窄带的中心频点相对 LTE 信道 Raster 频点的频率偏置。需要说明的是，由于基于 LTE CRS 序列信息（即物理资源块位置信息）能够隐式获取信道 Raster 偏置信息，在“In-band/相同 PCI”操作下，信道 Raster 偏置不需要再额外指示。

关于操作模式相关所有信息的指示方式存在以下两个技术方向：

第一，先指示操作模式，其次再指示在上述操作模式下所需要的其他信息；

第二，操作模式相关所有信息联合编码（单个字段）。

考虑到按照方式一，在 Guard-band/Stand-alone 操作下的保留比特可用于未来扩展，以及与方式一相比较，方式二能够节省的控制开销非常有限（至多 1 或 2bit）。最终，采用方式一被大部分公司认可并被采纳。

- 11 个保留比特（spare bit）。

MIB-NB 的传输机制在第 5.3 节物理广播信道中进行了详细描述。

7.2.3 SIB1-NB 的内容与调度

SIB1-NB 的内容包括以下几点。

- 小区接入（Cell access）和小区选择（Cell selection）信息。
- H-SFN 的高 8 位，H-SFN 的低 2 位在 MIB-NB 中指示。

- SI message 的调度信息，包括：
  - SIB 到 SI 的映射关系；
  - SI-Window 的长度，所有 SI 共享参数；
  - 每个 SI 的重复周期（Periodicity）和 SI-Window 的偏移；
  - 每个 SI 的 value tag，取值从 0 到 3；
  - 每个 SI 的 TBS 的大小；
  - 每个 SI 的重复模式（SI-RepetitionPattern）。
- DownlinkBitmap：用于指示下行传输的有效子帧，有效子帧是指 SI message 和 PDSCH 等可使用的子帧。如果不配置该参数，则除 NPSS、NSSS、NPBCH 和 SIB1-NB 占用的子帧之外的所有的下行子帧都是有效子帧。

SIB1-NB 的调度周期固定为 2560ms。SIB1-NB 调度相关的配置，还包括调度周期内的重复次数和 TBS，通过 MIB-NB 中的信元 schedulingInfoSIB1-r13 指示。

在 2560ms 的调度周期内，SIB1-NB 的重复次数可配置为 4、8 或 16 次，分别对应在 2560ms 周期内每 64、32、16 个无线帧重复发送一次，在调度周期内，SIB1-NB 的重复在时间上等间隔出现。SIB1-NB 的一次重复传输被映射到 16 个连续无线帧中的 8 个无线帧的子帧 4 上完成。

为了避免相邻小区间 SIB1-NB 发送之间的干扰，SIB1-NB 在 2560ms 调度周期内起始发送无线帧和小区的物理小区标识 PCID 有关，即相邻小区通过设置不同的 SIB1-NB 消息的起始无线帧来错开时域发送资源。SIB1-NB 的起始发送无线帧与重复次数、PCID 的具体映射关系如表 7-1 所示。

表 7-1　SIB-NB 起始无线帧与 PCID 以及重复次数的映射

重复次数	PCID	重复发送的起始无线帧
4	PCID mod 4 = 0	SFN mod 256 = 0
	PCID mod 4 = 1	SFN mod 256 = 16
	PCID mod 4 = 2	SFN mod 256 = 32
	PCID mod 4 = 3	SFN mod 256 = 48

续表

重复次数	PCID	重复发送的起始无线帧
8	PCID mod 2 = 0	SFN mod 256 = 0
	PCID mod 2 = 1	SFN mod 256 = 16
16	PCID mod 2 = 0	SFN mod 256 = 0
	PCID mod 2 = 1	SFN mod 256 = 1

考虑到NB-IoT 窄带只包括一个物理资源块和可能的第一系统信息块传输块，为确保性能，传输块的一次传输必须映射到多个子帧。由于在该问题的讨论期间，下行最大传输块大小已经被设置为 680bits，为简化设计以及从信道编码角度适配该 680bits，不同大小的第一系统信息块传输块固定映射到 8 个子帧最终被采纳。

另外，在第一系统信息块传输的讨论期间，每个无线帧的子帧#0 已经确定用于物理广播信道传输，每个无线帧的子帧#5 已经确定用于主同步信号传输，每两个无线帧中的一个子帧#9 已经确定用于辅同步信号传输，所以只有每个无线帧的子帧#4 尚没有预定义用于指定公有信道或信号的传输；最终，在发送第一系统信息块的无线帧中子帧#4 用于第一系统信息块传输被采纳。结合已经达成的“第一系统信息块传输块固定映射到 8 个子帧”的一致建议，再考虑到一定程度的时间分集，最终，第一系统信息块传输块固定映射到连续 16 个无线帧中每间隔一个无线帧（即 8 个奇数或偶数无线帧）的子帧#4 被采纳。

关于第一系统信息块的调度周期和重复次数，在讨论期间主要考虑以下两个选择：

第一，调度周期包括 256 个无线帧，支持的重复次数包括 4、8 和 16；

第二，调度周期包括 512 个无线帧，以及支持的重复次数包括 8、16 和 32。

考虑到重用 eMTC 第一系统信息块（SIB1-BR）重复次数和终端设备有能力跨调度周期合并接收第一系统信息块消息，方式一足够确保第一系统信息块传输性能，最终上述方式一被采纳；在此基础上，通过主信息块（MIB-NB）指示第一系统信息块的传输块大小和重复次数（重用 eMTC 方式）也被采纳。

类似于 eMTC，为实现相邻小区间的干扰协调，第一系统信息块在调度周期内占用的无线帧能够依赖于物理小区标识（PCID）。如果将包括 256 个无线帧的调度周期内每 16 个连续无线帧视为一个传输窗（Transmission Window），即一个调度周期共包括 16 个传输窗，则对于任一个重复次数（4、8 或 16），以下 3 个选择能够被考虑：

第一，只基于 PCID 确定传输窗位置，在传输窗内的无线帧位置固定；

第二，传输窗位置固定，只基于 PCID 确定在传输窗内的无线帧位置；

第三，基于 PCID 同时确定传输窗的位置和在传输窗内的无线帧位置。

其中，在传输窗内的无线帧位置是奇数或偶数无线帧；候选的传输窗位置数依赖于重复次数，例如对于重复次数 4、8 和 16，候选的传输窗位置数分别为 4、2 和 1 个。虽然方式三能够实现最好的干扰协调效果，但由于实现的复杂度没有被采纳。

最终，经过长时间讨论后各公司融合的方案是：当重复次数为 4 时，基于 PCID 确定传输窗位置以及在传输窗内固定占用偶数无线帧，实现效果如图 7.18 所示；当重复次数为 8 时，与重复次数为 4 时采用的机制相同，基于 PCID 确定传输窗位置以及在传输窗内固定占用偶数无线帧，实现效果如图 7.19 所示；当重复次数为 16 时，基于 PCID 确定在传输窗占用的无线帧为偶数还是奇数无线帧，效果如图 7.20 所示。

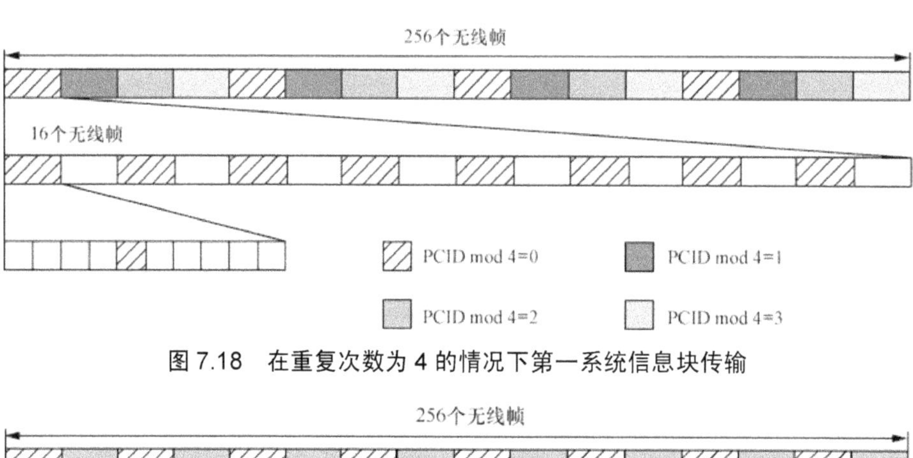

图 7.18　在重复次数为 4 的情况下第一系统信息块传输

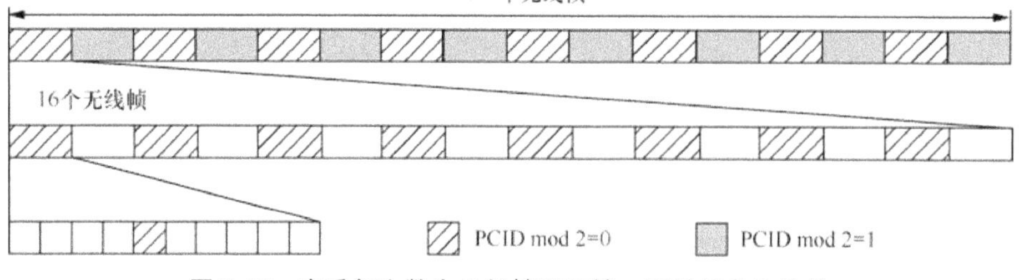

图 7.19　在重复次数为 8 的情况下第一系统信息块传输

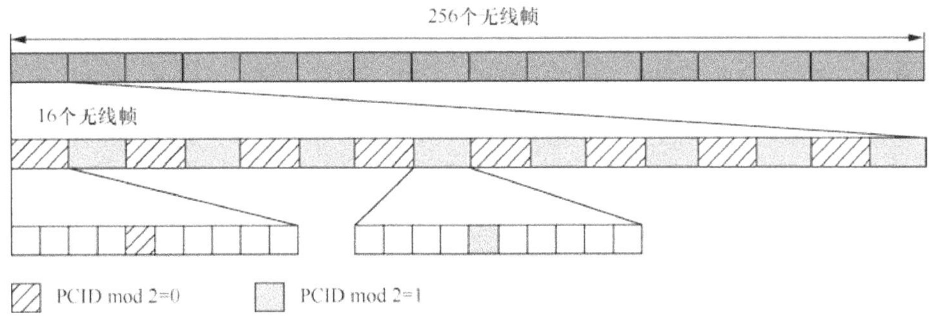

图 7.20 在重复次数为 16 的情况下第一系统信息块传输

7.2.4 SI message 的调度

NB-IoT 中 SI message 的调度方式与传统 LTE 中有较大的区别，主要在于取消了传统 LTE 中 SI message 的动态调度，采用了半静态的调度方式，即 PDCCHless 的调度。

与传统 LTE 相同的是，在 NB-IoT 中多个相同周期性（Periodicity）的 SIB 可组成一个 SI message，以 SI message 为单位进行调度。系统根据 SI message 的周期性，为每个 SI message 配置发送窗口，即 SI-Window。不同 SI message 的 SI-Window 互不重叠。不同的 SI message 的 SI-Window 的起始位置通过下面的公式计算：

（H-SFN · 1024 + SFN）· mod T = FLOOR(x/10) + Offset，其中

- T 为 SI message 的周期性（Periodicity）；
- Offset 为 SI-window 的起始偏移；
- $x = (n - 1) \cdot w$，w 为 SI-window 的长度，n 为 SI message 在 SIB1-NB 信元 System InformationBlockType1-NB 中排列的顺序。

公式中的 Periodicity、offset、SI-Window 的长度均在 SIB1-NB 中配置。需要特别指出的，在 NB-IoT 中，SI-window 的配置引入了一个起始偏移，即上述公式中的 Offset，目的在于基站能错开相邻小区发送 SI message 的时域资源以减少相互干扰。

SI message 在为其配置的 SI-Window 内重复发送若干次，其重复的次数通过 SIB1-NB 中为每个 SI 配置的重复模式以及 SI-Window 的长度共同确定。在 SIB1-NB 中，SI message 的重复模式被定义为每第 2，或第 4，或第 8，或第 16 个无线帧的第一个有效无线子帧开

始发送其一次重复。

根据 SI message 传输块大小（TBS）的不同，SI message 的一次重复发送需要 8 个无线子帧或 2 个无线子帧完成，SI message 从重复模式定义的无线帧的第一个有效子帧开始发送，连续地占用有效的无线子帧，直到发送一次完整的重复。如果重复模式信元指定的无线帧中没有足够的无线子帧，则不足部分占用后续无线帧的有效无线子帧。

7.2.5 系统消息的有效性与更新通知

NB-IoT 的系统消息更新同样采用了修改周期的概念，也就是说，系统消息只能在其修改周期的边界发生变更。eNB 在系统消息更新前，首先通过寻呼消息通知 UE 系统消息的更新。

和传统 LTE 不同的是，NB-IoT 需要考虑 UE 配置的 eDRX 周期可能大于修改周期的长度，因此 eDRX 周期大于等于系统消息修改周期和 eDRX 周期小于系统消息修改周期的 UE，其系统消息的更新机制有所不同。对 DRX 周期小于系统修改周期的 UE，eNB 在寻呼消息中携带 systemInfoModification 指示，接收到 systemInfoModification 的 UE，在下一个修改周期开始接收更新的系统消息，这和传统 LTE 中的系统消息更新通知是一样的。对 DRX 周期大于或等于系统消息修改周期的 UE，eNB 在寻呼消息中携带 systemInfoModification-eDRX 指示，接收到 systemInfoModification-eDRX 的 UE，在 eDRX 获取周期的边界处开始接收更新的系统消息。在 NB-IoT 中，所谓的 eDRX 获取周期的边界被定义为 H-SFN mod 1024 = 0 开始的超帧。

在有寻呼消息需要发送给 UE 时，systemInfoModification 和 systemInfoModification-eDRX 这两个指示通过寻呼消息中的信元指示给 UE。在没有寻呼消息需要发送时，上述两个指示通过 PDCCH DCI 中定义的比特指示。

在 NB-IoT 中，值标签（Value Tag）机制仍然被用于 UE 检测系统消息的有效性。整个系统消息的值标签被定义为 MIB-NB 中的信元 systemInfoValue Tag，取值范围为 0～31。UE 通过检测 MIB-NB 即可知道系统消息是否发生了更新，相比在 LTE 中，系统消息的值标签在 SIB1 中指示，UE 需要接收完 SIB1 才能判断系统消息是否发生了更新，NB-IoT

的改进更有利于 UE 省电。该值标签更新的触发条件包括：除了 SIB14-NB 和 SIB16-NB 之外的 SIB 的内容发生了更新，包括 SIB1-NB（除 H-SFN 之外的）信息发生了更新。

NB-IoT 系统消息的有效性（validity）被固定定义为 24h，即 UE 接收的系统消息的有效期为 24h，而 LTE 系统消息有效时间为 3h。这个变化降低了 UE 重新获取系统消息的时间要求（从每 3h 重新获取一次系统消息，改变为每 24h 重新获取一次系统消息），同样有利于 UE 省电。

除此之外，NB-IoT 还对每个 SI message 引入了值标签机制。每个 SI message 的值标签为 2 个比特长，在 SIB1-NB 中指示。UE 在更新系统消息时，通过检查 SIB1-NB 中指示的每个 SI message 的值标签与 UE 本地保存的值标签对比，可以知道具体哪个 SI message 发生了变更，从而不需要接收没有发生更新的 SI message，为 UE 节省电池消耗是引入该机制的主要目的。

处于连接态的 UE 并不要求同时接收系统消息更新，因此 UE 如果需要更新系统消息，将回到 IDLE 之后接收更新的系统消息。

7.2.6 SIB14-NB 的更新

在 NB-IoT 中，SIB14-NB 用于指示接入控制信息，即接入阻止（Access Barring），其内容的更新是系统消息更新的一个特例，即 SIB14-NB 内容的变化不影响 MIB-NB 中的系统消息值标签，也不需要通知 UE。

UE 在发起 RRC 连接之前，需要检测 MIB-NB 中的 ab-enbled 指示位，如果该指示为 1，则表示当前小区的 SIB14-NB 有效，UE 应该首先接收 SIB14-NB，并遵循 SIB14-NB 中的接入控制要求。此后，UE 应该自行保持对 SIB14-NB 内容变化的更新。

7.3 随机接入过程

与 LTE 类似，NB-IoT 同样使用随机接入过程实现 UE 初始接入网络，完成上行同步过程。但由于 R13 NB-IoT 不支持 PUCCH 信道，也不要求支持连接态切换功能、定位功能，NB-IoT 中使用随机接入过程的相关场景被简化，如下：

（1）RRC_IDLE 状态的初始接入过程；

（2）RRC 连接重建过程；

（3）RRC_CONNECTED 状态下接收下行数据过程（上行链路失步）；

（4）RRC_CONNECTED 状态下发送上行数据过程（上行链路失步或者触发 SR 过程）。

此外，在 LTE 原有的两种随机接入方式中，NB-IoT 只支持基于竞争的方式，对于基于非竞争的随机接入方式在 R13 版本中暂不要求支持。但是为了提高上述某些场景下的随机接入性能，例如场景 3，满足未来扩展的需求，未来仍有必要考虑提供灵活方案使得能够预留或指配用于非竞争随机接入的 PRACH 资源。

7.3.1 基于竞争的随机接入过程

NB-IoT 中基于竞争的随机接入过程仍然采用如下与 LTE 类似的 4 个步骤，但是每个步骤针对 NB-IoT 的特性都进行了必要的优化：

（1）传输随机接入前导（Msg1）；

（2）传输随机接入响应（Msg2）；

（3）传输 MAC 子层或 RRC 子层消息（Msg3）；

（4）竞争解决（Msg4）。

7.3.1.1 传输随机接入前导

在传输随机接入前导之前，NB-IoT UE 需要确定包括所使用的前导在内的 NB-PRACH 资源。

与 LTE 不同，针对 NB-IoT 的覆盖需求，NB-PRACH 资源采用了按照不同覆盖等级进行配置的方式。对于频域资源，根据 180kHz 的窄带配置以及 NB-PRACH 使用 3.75kHz 子载波间隔的要求，频域资源有两种配置方式，一种方式是划分为 4 个 band，每个 band 包含 12 个 3.75kHz 的子载波；另一种方式是划分为 3 个 band，每个 band 包含 16 个 3.75kHz 的子载波。在此基础上，定义了子载波个数（nprach-NumSubcarriers）、子载波偏置（nprach-

SubcarrierOffset）等参数。对于时域资源，定义了周期 nprach-Periodicity、起始子帧位置 nprach-StartTime 等参数。这些时、频域参数需要针对每个覆盖等级进行配置。除此之外，每个覆盖等级下还需定义每个 preamble 的最大尝试次数、发送 preamble 的最大次数以及下行 PDCCH 监听位置等参数。上述这些参数构成了每个覆盖等级的 NB-PRACH 配置并通过系统消息广播。R13 NB-IoT 定义了 3 个覆盖等级，因此系统消息中会广播与之对应的 3 套 NB-PRACH 配置参数。

NB-IoT UE 产生随机接入前导的方式与 LTE 也不相同，基站不再广播划分为组 A 和组 B 的随机接入前导序号，即 preamble index，UE 也不再需要基于 preamble index 来生成随机接入前导序列，所有 UE 均采用默认配置的全 1 序列。

UE 根据对基站下行信道的测量以及与基站广播的门限参数的比较结果，判决自己当前所处覆盖等级，UE 在系统消息广播的 NB-PRACH 资源配置中选择与自己当前覆盖等级匹配的 NB-PRACH 资源，使用固定格式的随机接入前导序列发起随机接入。

图 7.21 为采用第一种频域资源配置方式时 UE 的 preamble 传输示意图。

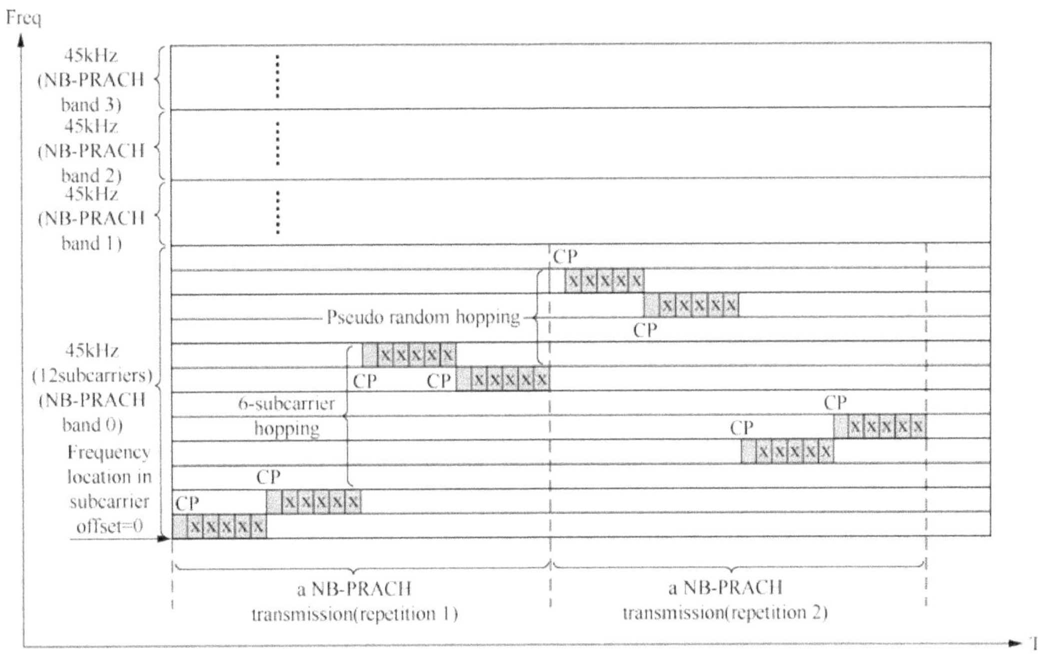

图 7.21　第一种频域资源配置方式时 UE 的 preamble 传输示意图

需要指出的是，在 R13 NB-IoT 中，要求 UE 总是采用 Single-tone 方式传输 preamble，但是为了提高传输效率，降低传输时延，对于支持 Multi-tone 的 UE，也允许其在合适的覆盖条件下采用 Multi-tone 方式传输 MAC 子层或 RRC 子层消息，即传输 Msg3。为了让基站能够在收到 preamble 之后获知 UE 当前有能力采用 Multi-tone 方式传输 Msg3 并为其分配合适资源，在 NB-PRACH 频域资源配置中，引入了参数 nprach-SubcarrierMsg3-RangeStart。基于公式 nprach-SubcarrierOffset +（nprach-SubcarrierMsg3-RangeStart • nprach-NumSubcarriers）计算得到的结果，可以指示预留给支持采用 Multi-tone 方式传输 Msg3 的 UE 的频域资源的起始位置。例如，当 nprach-SubcarrierOffset 参数取值为 0，nprach-SubcarrierMsg3-RangeStart 参数取值为 2/3，即表示从 2/3 子载波序号开始的剩余 1/3 子载波序号预留给支持采用 Multi-tone 方式传输 Msg3 的 UE 使用，如果 UE 选择这一段子载波传输 preamble，则意味着基站应为其分配可用于传输 Multi-tone Msg3 的资源。特别的，对于配置了大于等于 32 的重复次数的覆盖等级，不支持采用 Multi-tone 方式传输 Msg3，因此对于这种覆盖等级的参数配置，其 nprach-SubcarrierMsg3-RangeStart 应是无效的。

在 v13.2.0 之后的协议版本中，引入了新的参数 nprach-NumCBRA-StartSubcarriers 来进一步划分用于竞争随机接入的子载波序号子集 S1，假设当前覆盖等级可用的子载波序号全集为 S，当基站未配置 nprach-NumCBRA-StartSubcarriers 或配置了该参数且其取值等于 nprach-NumSubcarrier 时，意味着基站将所有可用的子载波序号用于竞争随机接入，即 S1=S。当基站配置了 nprach-NumCBRA-StartSubcarriers 且其取值小于 nprach-NumSubcarriers 时，意味着基站隐含地为非竞争随机接入预留了子载波序号子集 S2，S2=S−S1。

基于该参数 nprach-NumCBRA-StartSubcarriers，终端发起竞争随机接入，只能在如下范围内选择子载波序号：

nprach-SubcarrierOffset + [0, nprach-NumCBRA-StartSubcarriers − 1]。

相应地，如果基站配置了取值为{oneThird}或{twoThird}的 nprach-SubcarrierMsg3-RangeStart 参数，则用于发送 Single-tone Msg3 的 PRACH 资源的起始位置定义如下：

nprach-SubcarrierOffset + [0, floor（nprach-NumCBRA-StartSubcarriers · nprach-Subcarrier

Msg3-RangeStart）–1]。

用于发送 Multi-tone Msg3 的 PRACH 资源的起始位置定义如下：

nprach-SubcarrierOffset + [floor（nprach-NumCBRA-StartSubcarriers · nprach-Subcarrier Msg3-RangeStart）, nprach-NumCBRA-StartSubcarriers – 1]

NB-IoT 中，对于目标前导传输功率的设置也与 LTE 不同。首先，按照 LTE 原有方式设置 PREAMBLE_RECEIVED_TARGET_POWER，对 NB-IoT，其中 DELTA_PREAMBLE 为 0。

PREAMBLE_RECEIVED_TARGET_POWER = preambleInitialReceivedTargetPower + DELTA_PREAMBLE + (PREAMBLE_TRANSMISSION_COUNTER – 1) · powerRamping Step。如果 UE 采用最低重复等级，其 PREAMBLE_RECEIVED_TARGET_POWER 设置为 PREAMBLE_RECEIVED_TARGET_POWER – 10lg(numRepetitionPerPreambleAttempt)；如果 UE 采用其他重复等级，则 PREAMBLE_RECEIVED_TARGET_POWER 设置为对应的最大发射功率。

7.3.1.2 传输随机接入响应（Msg2）

UE 发送 preamble 后，需要在特定的时间窗内接收随机接入响应（Random Access Response, RAR）。在 LTE 中，RAR 中需要包含的信息有对应于 preamble 的 RAPID、TA 调整量、Temp C-RNTI 以及 Msg3 的调度信息等。如果基站同时收到多个 preamble，可以将它们的 RAR 复用在同一个 MAC PDU 中发送给 UE，通过包含在与每个 RAR 对应的 MAC 子头中的 RAPID 信息，UE 可以判断该 RAR 是否是对自己发送的 preamble 的响应。

但是在 NB-IoT 中，UE 使用的都是相同的 preamble，因此不再需要通过 RAPID 来区分 preamble。

另一方面，由于上下行信道的重复传输，10ms 的 RA 响应窗最大长度不再适用，需要进一步扩展。在 NB-IoT 中，RA 响应窗单位从子帧改为 PDCCH 周期（PDCCH Period, PP）。PDCCH 周期的含义由物理层参数 Rmax · G 定义，可以简单理解为两个 PDCCH 传输机会之间的间隔。在较差覆盖下，PDCCH 周期可以很长，进而导致相应的 RA 响应窗很长，甚至有可能长于 PRACH 的最大传输周期（即 nprach-Periodicity 的最大值 2 560ms）。

此时，基站可能会出现收到第二个 preamble 时，尚未传输完针对第一个 preamble 的 RAR 的情况，那么基站就会延迟发送针对第二个 preamble 的 RAR。如果这种延迟不断累积，会导致系统出现严重的随机接入延迟。为避免这种情况，可以考虑将 RA 响应窗取较小值，例如，只取 1 个 PDCCH 周期的长度，但这样又会导致 UE 没有足够长的响应窗来接收 RAR。因此，折中考虑足够多的 PDCCH 接收机会以及可以接受的延迟，在现有以 PP 为单位的 RA 响应窗基础上，规定了 RA 响应窗的最大长度不能超过 10.24s，即一个超帧的长度。

在 RA 响应窗内，UE 先要解调用 RA-RNTI 加扰的 PDCCH 信道，进而确定如何解调用于发送包含自己 RAR 的 MAC PDU 的 PDSCH 信道。因此 RA-RNTI 的计算方法应使得 UE 尽量准确地只解调包含自己 RAR 的 MAC PDU。在 LTE 中，定义了如下的 RA-RNTI 计算公式：RA-RNTI= 1 + t_id+10 · f_id

对于 FDD 系统，上述公式可以简化为 RA-RNTI= 1 + t_id，这里 t_id 表示 UE 发送的 preamble 的第一个无线子帧的序号。根据该公式，UE 和基站能够根据 UE 发送 preamble 的时频域位置各自计算得到 RA-RNTI，可以看到：

（1）对于在不同无线帧的不同子帧发送 preamble 的两个 UE，UE 计算得到的以及基站用于发送 RAR 的 RA-RNTI 不同，UE 可以各自去解调包含自己 RAR 的 MAC PDU，避免冲突；

（2）对于在不同无线帧的相同子帧发送 preamble 的两个 UE，UE 计算得到的以及基站用于发送 RAR 的 RA-RNTI 会相同，但是因为 RAR 响应窗不会长于 1 个无线帧，两个 UE 接收 preamble 的 RA 响应窗不可能重叠，这样可以通过 RA 响应窗的隔离来避免两个 UE 去解调相同的 MAC PDU，避免冲突；

（3）对于在相同无线帧的相同子帧发送 preamble 的两个 UE，它们的 RA 响应窗重叠，UE 计算得到的以及基站用于发送 RAR 的 RA-RNTI 也相同，两个 UE 会去解调相同的 MAC PDU，潜在的冲突只能通过其他方式来解决。

在 R13 eMTC 中，因为 RA 响应窗延长，可能超过 1 个无线帧，对于在不同无线帧的相同子帧发送 preamble 的两个 UE（上述第 2 种情况），它们的 RA 响应窗也有可能重叠，即原来不存在冲突的情况也会出现冲突，因此最直接的方式是在 RA-RNTI 计算公式中反映出 preamble 发送起始无线帧的差异。但是考虑到无线帧的序号为 0～1 023，直接引入绝对的无线帧序号会导致 RA-RNTI 取值范围过大，可以只考虑最长 RA 响应窗内最多会有多少 UE 在同时接收 RAR，并把它们的无线帧序号区分开来即可。因此 R13 eMTC 中引入了如下优化的 RA-RNTI 计算公式：

$$\text{RA-RNTI}=1+t\_id + 10 \cdot f\_id + 60 \cdot (SFN\_id \bmod (Wmax/10))$$

这里 t_id，f_id 与 LTE 的 RA-RNTI 计算公式中的对应因子的含义相同，SFN_id 对应 preamble 发送起始无线帧的序号，Wmax 取固定值 400，对应 R13 eMTC 增强覆盖情况下最大的 RA 响应窗长度。

NB-IoT 的 PRACH 资源配置方式相比 R13 eMTC 有了进一步变化。首先，对于处于相同覆盖等级的 UE，它们发送 preamble 的子帧位置都相同，在 RA-RNTI 计算公式中包含 t_id 信息已没有太大区分意义。其次，Wmax 的最大长度可能大于最大无线帧序号，采用模 Wmax 的方式可能无法压缩无线帧序号空间，因此这个因子也可以不再包含。再次，由于 MAC 子头中的 RAPID 不再对应原来的 preamble，可将公式中的 f_id 因子放入 RAPID 字段，用于区分在不同频域位置发送的 preamble，这样可以进一步缩小 RA-RNTI 取值范围。考虑到 PRACH 时域资源有固定的周期，最小 4 个无线帧，那么至少每隔 4 个无线帧才会出现一个可用时域位置，因此 SFN_id 可以进一步除 4。基于上述考虑，在 NB-IoT 中采纳了如下优化的 RA-RNTI 计算公式：

$$\text{RA-RNTI}=1+ \text{floor}(SFN\_id/4)$$

对于 RA 响应窗的起始位置，R13 eMTC 基本保持了和 LTE 一样的方式，即在 preamble 传输结束位置加 3 个子帧开始，只不过这个传输结束位置为最后一个重复的结束位置。在 NB-IoT 中，进一步考虑了物理层引入的 UL Gap，对于重复次数大于 64 的情况，RA 响应窗在 preamble 最后一个重复传输结束位置加 41 个子帧开始，对于重复次数小于 64 的情况，RA 响应窗在 preamble 最后一个重复传输结束位置加 4 个子帧开始。

在 LTE 中，当 UE 发送了 preamble 之后，如果在 RA 响应窗内没有接收到随机接入响应，或者收到的所有随机接入响应的 RAPID 都与 UE 传输的“preamble index”不同，即 UE 发送 preamble 所使用的子载波序号无法匹配，则 MAC 实体会认为出现一次 preamble 发送失败，并对全局的 preamble 传输次数计数器加 1，即 PREAMBLE_

TRANSMISSION_COUNTER 加 1。

NB-IoT 需要针对多覆盖等级进行适配，它沿用了 R13 eMTC 中引入的新的用于统计 UE 在每个覆盖等级下传输 preamble 次数的计数器 REAMBLE_TRANSMISSION_COUNTER_CE 参数，即 UE 在当前覆盖等级下每出现一次 preamble 发送失败，首先对 REAMBLE_TRANSMISSION_COUNTER_CE 计数器加 1，当该计数器到达最大值，UE 会跳到下一覆盖等级继续发送 preamble，并对新的覆盖等级对应的 REAMBLE_TRANSMISSION_COUNTER_CE 参数进行累加。如果当前已经是最大覆盖等级，则停留在当前覆盖等级继续发送 preamble。原有的 PREAMBLE_TRANSMISSION_COUNTER 仍然作为一个总的计数器用于判定整个随机接入过程是否失败。

如果 PREAMBLE_TRANSMISSION_COUNTER 达到了最大值，在 LTE 中，只会通知高层随机接入出现问题，而在 NB-IoT 中，会认为随机接入未成功完成。

7.3.1.3 传输 MAC 子层或 RRC 子层消息

在 NB-IoT 中，为了支持 cIoT 优化方案以及一些新增指示，需要扩展 Msg3 的长度。结合物理层的定义，Msg3 的 TB Size 最终确定固定长度为 88bits，有足够空间容纳新增的指示以及 cIoT 优化方案的用户面方案所需的长度为 40bits 的 Resume ID。

在 NB-IoT 中，竞争解决之后 UE 发送的上行业务信令（Msg5）可以直接携带包含了用户数据的 NAS PDU，此时 UE 有必要通过 Msg3 向基站指示待传数据量大小，以便基站正确分配资源，LTE 的初始随机接入过程则无此需求。为此 NB-IoT 中引入了新的 MAC CE 待传数据量和功率余量联合报告 DPR，具体参见第 4.1.2.3 节。

7.3.1.4 竞争解决

基站收到 Msg3 后，需要进行竞争解决，并发送 Msg4 给 UE。UE 发送 Msg3 之后，需要设置竞争解决定时器等待 Msg4。与 RA 响应窗的扩展类似，在 NB-IoT 中，竞争解决定时器的长度单位也从子帧变为 PDCCH 周期（PP），取值不变。随 Msg4 一同发送的 MAC CE 中会包含 UE Contention Resolution Identity 用于 UE 判定是否竞争解决成功，在 LTE 中，这个值取自 Msg3 的上行链路 CCCH SDU，长度固定为 48bits，但是 NB-IoT 中，CCCH SDU 的长度可能大于 48bits，在这种情况下， UE Contention Resolution Identity 的长度没有改变，但是限制 UE Contention Resolution Identity 只能截取 CCCH SDU 的前

48bits。

如果竞争解决失败，也会对全局计数器 PREAMBLE_TRANSMISSION_COUNTER 加 1。如果 PREAMBLE_TRANSMISSION_COUNTER 达到了最大值，在 LTE 中，只会通知高层随机接入出现问题，而在 NB-IoT 中，会认为随机接入未成功完成。

7.3.1.5 带 C-RNTI 的随机接入过程

NB-IoT 上行没有类似于 LTE PUCCH 的控制信道，因此当 UE 在 RRC_CONNECTED 状态有上行业务发送需求，需申请上行资源时，只能使用 PRACH 发送调度请求（SR），这会触发一个带 C-RNTI 的随机接入流程。其 Msg1 到 Msg2 同初始随机接入，而 Msg3 中只携带 C-RNTI MAC CE 而没有 CCCH SDU。随后 UE 通过匹配用于加扰 PDCCH 的 C-RNTI 来判定竞争解决是否成功，如果竞争解决成功，则 UE 开始发送上行数据。

7.3.1.6 PDCCH order 触发的随机接入过程

在 NB-IoT 中，对于 PDCCH order 触发的随机接入，PDCCH order 中可以携带 NPRACH 初始重复次数和基站指定的子载波序号，此时，MAC 实体会忽略 RSRP 测量结果（以及据此判定的覆盖等级），直接根据该重复次数要求，并使用基站指定的子载波序号，来发送 preamble。

当终端在当前覆盖等级未能收到随机接入响应，进而跳到下一覆盖等级继续发送 preamble 时，通过下述公式来保证终端选择的子载波序号始终在该覆盖等级的基站指定子载波序号集合的有效值范围内：

$$\text{SubcarrierIndex}=O_{\text{Subcarrier}}+(\text{ra-PreambleIndex modulo } N_{\text{Subcarriers}}),$$

其中，SubcarrierIndex 为终端发送 preamble 所选择的子载波序号，ra-PreambleIndex 为基站在 PDCCH order 中为 NB-IoT 终端指定的子载波序号，$O_{\text{Subcarrier}}$ 为当前覆盖等级的基站指定子载波序号集合内子载波序号的起始值，$N_{\text{Subcarriers}}$ 为基站指定子载波序号集合内的子载波总数。

R13 NB-IoT 中不要求支持基于非竞争的随机接入过程，如果基站也没有为非竞争随机接入预留子载波序号资源，则可以认为基站将全部子载波序号资源用于竞争随机接入，此时当前覆盖等级的基站指定子载波序号集合即等同于可用于竞争随机接入的子载波序号子集或者子载波序号全集，则上述公式等同于：

SubcarrierIndex = nprach-SubcarrierOffset + (ra-PreambleIndex modulo nprach-Num Subcarriers)。

基于这种方式，PDCCH order 触发的随机接入过程可以看作是一种特殊的竞争随机接入过程，基站至少可以尽量避免 PDCCH order 触发的随机接入过程所使用的子载波序号资源出现冲突。

7.3.2 基于非竞争的随机接入过程

在 R13 NB-IoT 中，不要求支持基于非竞争的随机接入过程，但是为了给后续版本提供扩展的可能，在 v13.2.0 之后的协议版本中，引入了新的参数 nprach-NumCBRA-Start Subcarriers 来进一步划分用于竞争随机接入的子载波序号子集 ***S***1，假设当前覆盖等级可用的子载波序号全集为 ***S***，当基站配置了参数 nprach-NumCBRA-StartSubcarriers 且其取值小于集合 S 的子载波总数 nprach-NumSubcarriers 时，意味着基站隐含地为非竞争随机接入预留了子载波序号子集 ***S***2，***S***2=***S***–***S***1。

对于 PDCCH order 触发的随机接入过程，如果基站为非竞争随机接入预留了子载波序号子集 ***S***2，基站也可以使用该集合作为基站指定子载波序号集合，则第 7.3.1.6 节终端选择子载波序号的公式等同于：

SubcarrierIndex = nprach-SubcarrierOffset + nprach-NumCBRA-StartSubcarriers + (ra-PreambleIndex modulo (nprach-NumSubcarriers-nprach-NumCBRA-StartSubcarriers))。

7.4 寻呼过程

7.4.1 寻呼机制增强

在通信系统中，寻呼机制用来通知空闲态用户系统消息的变更以及通知用户有下行数据到达。其中，寻呼的基本流程如图 7.22 所示。

当核心网需要向用户发送数据时，将通过 MME 经 S1 接口向基站发送寻呼消息，并在该寻呼消息中包含用户 ID、TAI 列表等信息。传统地，基站接收到该寻呼消息，解读其中的内容得到用户的 TAI 列表信息，然后在 TAI 列表中的小区内进行寻呼。

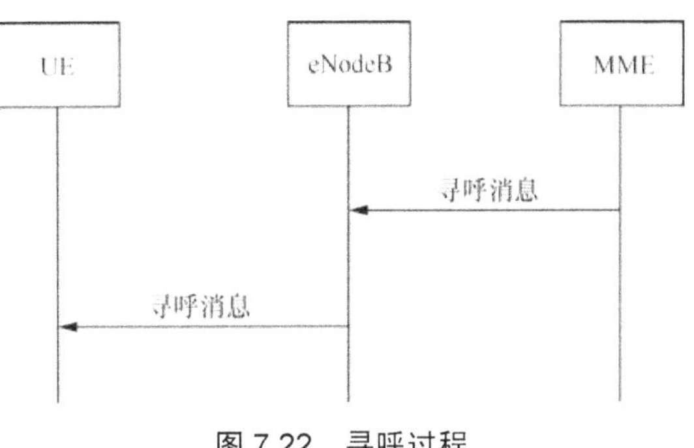

图 7.22　寻呼过程

随着标准技术的演进，在 2016 年 4 月发布的 TS36.300 和 TS36.413 协议版本中包含了普通用户寻呼优化和 eMTC 用户的寻呼优化机制。对于 NB-IoT 用户，上述寻呼优化机制也适用于 NB-IoT 用户。

普通用户寻呼优化机制，即 MME 根据基站上报的寻呼辅助信息（基站在 UE 文本释放的时候上报寻呼辅助信息给 MME，其中寻呼辅助信息包含终端历史驻留过以及相邻的小区列表和基站列表）中的基站列表信息及预设的优化策略，优化寻呼消息下发范围。在下发寻呼消息的时候，MME 可以选择一个或多个基站下发，而寻呼辅助信息中的小区列表信息则不会被 MME 处理，直接伴随寻呼消息下发给基站，由基站进行处理，可以用于判断空口寻呼消息下发范围。寻呼辅助信息中的小区列表信息包含小区全局标志符、驻留时间。寻呼辅助信息中的基站列表包含基站全局 ID，而对于家庭基站来说，可能会通过家庭基站网关连接到 MME，因此 MME 需要通过 TAI 信息来识别和路由寻呼消息给家庭基站网关。

同时，在 S1 接口的寻呼消息还包含寻呼尝试计数和计划的寻呼尝试次数信息，还可选包含下次寻呼范围指示信息。对于当前 UE 的寻呼，尝试次数在发生一次寻呼消息后会累计。而下次寻呼范围指示信息，代表 MME 计划在下次寻呼的时候改变当前寻呼范围。如果 UE 从 IDLE 态转变为连接态，则寻呼尝试次数会重置。

而对于 eMTC 用户，用户的最后的服务小区信息和小区覆盖增强等级（CEL）信息需要在用户文本释放消息中通知给 MME。MME 在寻呼消息中会将上述信息发送给基站用于寻呼优化。同时普通用户寻呼优化中的寻呼尝试信息也适用于 eMTC 用户。

对于 NB-IoT 用户来说，由于 S1 接口引入了用户文本挂起流程，因此基站在用户文本挂起消息中也会将 NB-IoT 用户的寻呼辅助信息和最后的服务小区信息和小区覆盖增强等级（CEL）信息上报给 MME，用于后续的寻呼优化处理。

另外，对于 NB-IoT 用户寻呼 DRX 信息也不同。默认 DRX IE 包含在 S1 建立请求 消息和 eNodeB 配置更新消息中，用于指示 NB-IoT 用户默认的寻呼 DRX 参数。取值为{128, 256, 512, 1024, ……}，单位：无线帧。

同时在 S1 寻呼消息中引入寻呼 eDRX 字段，用于指示 NB-IoT 系统中寻呼 eDRX 周期和寻呼传输窗（PTW）。其中，eDRX 周期取值为{hf2, hf4, hf6, hf8, hf10, hf12, hf14, hf16, hf32, hf64, hf128, hf256, hf512, hf1024, ……}，单位：超帧。PTW 的取值为{s1, s2, s3, s4, s5, s6, s7, s8, s9, s10, s11, s12, s13, s14, s15, s16, ……}，单位为 2.56s。

7.4.2 寻呼的相关计算

在 NB-IoT 系统中，由于业务不频繁的特性，为此在 NB-IoT 系统中引入了超帧（Hyper-frame）。UE 首先与 MME 协商获得 UE 特定的 eDRX，通过寻呼超帧（PH）的计算得到寻呼消息所在的超帧号（Hyper-SFN）；再通过寻呼传输窗（PTW）的计算得到该 UE 的寻呼消息所在的可能的 SFN 区域范围；最后通过计算 PF/PO 获得寻呼消息所在的 SFN 及子帧。

PH 为满足下面式子的 H-SFN：

H-SFN mod $T_{eDRX,H}$ = (UE_ID mod $T_{eDRX,H}$)

- UE_ID: IMSI mod 1024

（UE_ID 当前仍使用 IMSI mod 1024，但在 RAN2#94 及 RAN#72 会议上已经识别出一些问题，例如，若 PH、PTW、PF 和 PO 采用相同的 UE-ID，导致大量没有使用的 SFN，预期在 RAN2#95 会议上会继续讨论）。

- T_{eDRX}：eDRX 周期（T_{eDRX}=2, ……, 1024 Hyper-frames），并通过高层配置。

PTW 的计算，包括 PTW 起始和终止位置所在的 SFN。

PTW_start：

SFN = $256 \cdot i_{eDRX}$。

其中：

- i_{eDRX} = floor(UE_ID/ $T_{eDRX,H}$) mod 4。

PTW_end：

SFN = (PTW_start + L · 100 − 1) mod 1024。

其中：

- L 为寻呼窗长（单位“s”），并由高层配置。

PF/PO 的计算重用 LTE 公式的形式，但 UE-ID 有新的定义，UE-ID=IMSI mod 4096。

PF：

SFN mod T= (T div N) · (UE_ID mod N)。

指示 PO 的 i_s 索引：

i_s = floor (UE_ID/N) mod Ns。

7.5 接纳控制

在引入 NB-IoT 之前，LTE 系统的已有接入控制机制是 ACB（Access Control Barring，接入控制限制），当 MTC 业务兴起后，LTE 系统针对延迟不敏感的 MTC 业务引入了专用接入控制机制 EAB（Extended Access Barring，扩展接入限制），以上接入控制机制（ACB 和 EAB）均针对接入尝试的首发进行控制，与之相配合的还有针对接入尝试的重传的控制机制 Backoff（回退机制）。

在引入 NB-IoT 之后，由于 NB-IoT 业务属于 MTC 业务的子集，并且针对的也是延迟不敏感的业务，因此 NB-IoT 的接入控制机制充分借鉴了 LTE 系统的 EAB 机制，并且对 Backoff 机制进行了扩展。

在本章开始的子章节中，首先对现有的 LTE 系统的 ACB、EAB 以及 Backoff 机制做一个简介，以此作为对比，以便于读者清晰地了解 NB-IoT 的接入控制在现有机制的基础上做了哪些变化。

7.5.1 LTE 系统 ACB 接入控制机制

接入网网元通过广播消息发送ACB接入控制参数来控制终端的接入比例以及要求终端进行延迟接入，小区内所有终端在发起随机接入过程之前，需要提前从广播消息中获取 ACB 参数，根据 ACB 参数来确定自己是否可以发起随机接入过程。

ACB 的优点是控制机制简单，可以以低开销的模式控制小区内所有终端的接入比例；ACB 的缺点是 ACB 控制参数的更新速度受到系统广播消息更新速度的限制（每小时的更新次数受限），控制指令反应和更新速度缓慢，对特别短时间内发生的急性接入拥塞（例如，当有大量终端因同一个触发事件引发群体性数据上报，接入拥塞从低到高的变化可能在数秒内发生）反应迟缓，无法很快脱离接入拥塞状态。

ACB 接入控制参数包括：接入控制限制因子 AC barring factor（0～1 的小数）；接入控制限制时间 AC barring time（4～512s）。

接入控制机制规定了一共 16 个接入等级（AC，Access Class），其中，AC 0～9 对应于普通呼叫，AC 10 对应于紧急呼叫，AC 11～15 对应于其他特殊的呼叫。对于 AC 0～9，网络侧为每一个 AC 设定了相应的 AC barring factor，而对于 AC 10～15，网络侧为每一个 AC 设定了一个 1bit 的接入限制标识，上述接入控制参数通过系统消息广播给终端。当对应于某一 AC 的终端进行接入时，如果该终端的 AC 属于 0～9，则终端自己产生一个 0～1 之间的均匀分布随机数，若该随机数小于 AC 所对应的 AC barring factor，则该终端可以接入，否则，该终端在延迟一段时间（延迟时间根据 AC barring time 计算：延迟时间 = (0.7+ 0.6 · rand) · AC_barring_time，其中 rand 是大于等于 0 小于 1 的一个均匀分布随机数）后再尝试接入；如果该终端的 AC 属于 11～15，则若 AC 对应的标识为 0，则该终端可以接入，否则不能接入；如果该终端的 AC 为 10，则若 AC 对应的标识为 0，则该终端可以接入，否则不能接入。

UE 内部 NAS 与 AS 之间处理流程如图 7.23 所示。

终端可以针对一个业务呼叫，反复进行 ACB 判决。但 AS 仅在 NAS 发起业务请求后进行 ACB 判决，如果不允许则反馈给 NAS，NAS 可以在限制时间结束后再次发起业务请求。而不是 NAS 仅发一次业务建立请求，之后的过程由 AS 控制反复进行 ACB 判决。

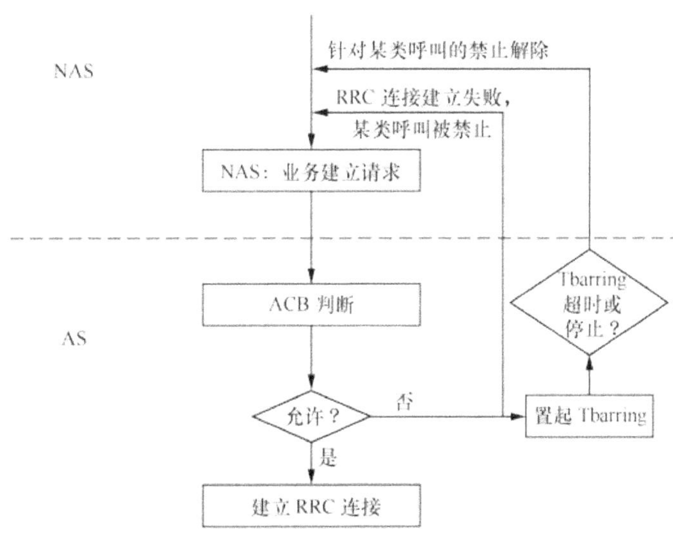

图 7.23　UE 内部 NAS 与 AS 之间处理流程

7.5.2　LTE 系统 EAB 机制

为了防止大量 MTC 设备同时接入引起的接入资源拥塞，ACB 机制是一种很好的基础解决方案，可以控制终端接入系统的时间和频度。

对于 MTC 新业务类型（或者终端类型）引入，为了能避免 MTC 设备对普通终端（如手机）的接入资源的过度争夺，因此需要对 MTC 业务/设备所能使用的接入资源进行细分控制，比较简单实用的改进方法就是基于现有 ACB 机制进行增强。主要增强方式有如下两种：

- 方式 1：扩充 AC 等级数目，新的 AC 等级用于定义新引入的 MTC 业务或者终端类型，并对该新定义的 AC 等级定义一套不同的控制参数，被配置为新 AC 的 UE，将忽略与 AC 0～9 和 11～15 相关的广播信息；
- 方式 2：不扩充 AC 等级数目，额外配置一套针对新类型终端（或业务）的控制参数，新引入的 MTC 业务或者终端类型根据所述新的一套控制参数执行接入控制，而忽略与 AC 0～9 和 11～15 相关的广播信息。

这2种扩充方式本质是相似的，只是在形式上有所差别，最终被纳入3GPP标准协议的是方式2，即被称为EAB（Extended Access Barring）的机制。

由于接入资源有限，更细粒度的接入控制有助于接入网更灵活的执行接入对象的选择，在有限资源的情况下尽可能满足高优先级的用户的接入体验。因此在EAB中，针对不同的漫游MTC终端场景也设置了专用的控制参数，将终端按照漫游场景的区别分成了3类：

① 配置为EAB的所有终端；

② 配置为EAB，且不在Home-PLMN，也不在等效Home-PLMN的所有终端；

③ 配置为EAB，且不在本区域优选PLMN列表，不在Home-PLMN，也不在等效Home-PLMN的所有终端。

为了针对属于不同PLMN的MTC终端进行不同的接入控制，EAB为各PLMN分别配置专用的接入控制参数。此外，EAB不考虑针对AC 0～9之外的高优先级业务的控制。

最终，3GPP R11定义的EAB的参数配置为下述内容。


```
SystemInformationBlockType14-r11 ::= SEQUENCE {
    eab-Param-r11                         CHOICE {
        eab-Common-r11                        EAB-Config-r11,
        eab-PerPLMN-List-r11                  SEQUENCE (SIZE (1..maxPLMN-
r11)) OF EAB-ConfigPLMN-r11
    }                                                      OPTIONAL, --
Need OR
    lateNonCriticalExtension              OCTET STRING        OPTIONAL,
    ...
}

EAB-ConfigPLMN-r11 ::=              SEQUENCE {
    eab-Config-r11                      EAB-Config-r11         OPTIONAL
-- Need OR
}

EAB-Config-r11 ::=                  SEQUENCE {
    eab-Category-r11                    ENUMERATED {a, b, c},
    eab-BarringBitmap-r11               BIT STRING (SIZE (10))
}
```

其中，eab-BarringBitmap-r11为AC 0～9这10个接入class分别定义了bar/not-bar两个接入状态，终端根据自己所属的AC class所对应的eab-BarringBitmap-r11确定当前能否发起随机接入。

eab-PerPLMN-List-r11为每个PLMN分别定义EAB参数，在每套PLMN对应的EAB参

数中进一步根据终端的漫游状态分为 a、b、c 3 个不同漫游范围。接入网根据自己接入资源的拥塞水平来确定要对 a、b、c 中哪个漫游范围进行接入限制，a 代表对所有 EAB 终端进行接入限制，其限制范围最大，相对应的，若接入网选择 c，则代表对漫游终端的限制范围最小。

与 ACB 不同的是，EAB 允许接入网在任意时间修改广播消息中的 EAB 参数，这样做的好处是加快了终端获取 EAB 参数的速度，配置为 EAB 终端可以在发起接入之前读取 EAB 参数所在的系统广播消息来获取最新的 EAB 参数，并根据最新 EAB 参数进行接入判断。

在 LTE 系统中，EAB 参数包含在系统消息块 14 中进行广播。

7.5.3 LTE 系统 Backoff 机制

Backoff 机制是用于，当接入拥塞突然发生，而 ACB 机制没有来得及反应（接入网还没有来得及调整 ACB 参数），此时接入网网元可以使用 Backoff 机制来限制终端的第二次随机接入（第一次随机接入因为接入拥塞的原因已经失败），Backoff 机制是针对每一个随机接入的时频资源（或者叫物理随机接入信道，简写为 PRACH）分别进行的，凡是在该 PRACH 资源发起随机接入的所有终端均可以接收到同一个 Backoff 值，终端根据该 Backoff 值来确定下一次随机接入应当延迟多少时间后再发起（例如，在 0~Backoff 值之间选取一个随机值作为延迟时间）。该 Backoff 值由接入网通过随机接入响应消息下发，在现有 LTE 协议中，backoff 时间参数的单位是 ms，可以从下面 12 个值中选择一个：0，20，30，40，60，80，120，160，240，320，480，960。

虽然 Backoff 机制可以应急地疏散接入拥塞，但只能适用于拥塞程度不严重的场合，在拥塞严重的情况下，因为 Backoff 的值域仅为 ms 级，远小于 ACB 的 barring 时间值域，无法将拥塞的大量终端疏散得足够离散化。

7.5.4 NB-IoT 接入控制机制

7.5.4.1 NB-IoT AB 机制

如前所述，NB-IoT 服务的终端类型和业务类型与 LTE EAB 机制针对的终端类型和业务类型比较相似，唯一的区别在于 NB-IoT 仅针对其中的低成本低带宽的终端，因此在 3GPP R13 的结论中 NB-IoT 沿用了 LTE eMTC 的 EAB（Extended Access Barring）技术，特点如下。

（1）NB-IoT 的 Access Barring 参数通过 SIB14-NB 广播。

（2）NB-IoT 的 Access Barring 参数（位于 SIB14-NB）可以任意时间修改，并且不影响 MIB 系统消息中的 SystemInfoValueTag 和 SIB1-NB 中的 SystemInfoValueTagSI。

（3）A NB-IoT UE 根据 MIB 中的 ab-Enabled indication 获知 access barring 是否使能。若使能，UE 不能发起 RRC connection establishment/resume 过程，直到 UE 获取有效的 SIB14-NB 参数。注：ab-Enabled indication 是新增参数，放在 MIB 的目的是指导 UE 是否需要去读 SIB14，同时如果 MIB 中的 SystemInfoValueTag 没变，那么 UE 也不需要读 SIB1。

7.5.4.2 NB-IoT AB 广播参数

IE SystemInformationBlockType14-NB 包含 NB-IoT 专用的 AB parameters。

其中包括以下几点。

（1）ab-Category-r13：ENUMERATED a、b、c 3 个值分别代表不同的 PLMN 漫游范围的所有 NB-IoT 终端：

① 配置为 NB-IoT-AB 的所有终端；

② 配置为 NB-IoT-AB，且不在 Home-PLMN，也不在等效 Home-PLMN 的所有终端；

③ 配置为 NB-IoT-AB，且不在本区域优选 PLMN 列表，不在 Home-PLMN，也不在等效 Home-PLMN 的所有终端。

（2）ab-BarringBitmap-r13：BIT STRING (SIZE(10)),10 个比特分别对应 10 个普通 AC class(0～9)是否被禁止接入（注：ab-BarringBitmap 对应 NB-IoT 的 RRC 建立原因值中的 MO data 和 MO signaling）。

（3）ab-BarringExceptionData-r13：ENUMERATED {true}，OPTIONAL,用于指示 ExceptionData 是否被禁止接入（注：ExceptionData 是 NB-IoT 新增的 RRC 建立原因值，对应高优先级的数据）。

（4）ab-BarringForSpecialAC-r13：BIT STRING (SIZE(5))，用于指示 5 个特殊 AC class

是否被禁止接入。

以上 AB 参数可以是 PLMN specific 的，即不同 PLMN 各有不同的 NB-IoT AB 参数，也可以是所有 PLMN 采用同一套 AB 参数。

如果 NB-IoT 小区在 SIB14-NB 中广播了针对所有 PLMN 均有效的公共 AB 参数（其字段名称为 ab-Common，其中同样包含上述 AB 参数），则终端依照公共 AB 参数来执行接入控制流程，如果 SIB14-NB 中没有广播公共 AB 参数，而是针对不同 PLMN 广播不同的 AB 参数，则终端根据自己所属 PLMN 所对应的 AB 参数来执行接入控制流程。

目前 NB-IoT 在数据类型上仅区分了 normal MO data 和 exceptional MO data 这两个粒度，未来不排除在后续的标准增强过程中提出更多的数据类型，以进一步细分接入控制的粒度。

7.5.4.3 NB-IoT AB 流程

根据 TS36.331 的 RRC 连接建立的 initial 过程，NB-IoT 终端要发起 RRC 连接或者 RRC 连接恢复时，应当遵循以下流程来执行接入控制检查。

（1）终端首先应当确定自己是基于什么建议原因来发起 RRC 连接或者 RRC 连接恢复的，目前原因包括 3 种：MO（Mobile Originating，即主叫）exception 数据、MO 数据和 MO（Mbile Originating，即主叫）信令。当终端因为以上 3 种原因要建立/恢复 RRC 连接，则应当执行 NB-IoT Access Barring 检查（详细流程见下面子章节）。

（2）如果 NB-IoT Access Barring 的结果是禁止接入，终端的 RRC 层应告知上层（即告知 NAS 层）RRC 连接或者恢复失败，所在小区的 Access Barring 已经使能，当前接入过程结束。

（3）如果 NB-IoT Access Barring 的结果是允许接入，则终端执行后续的物理层、MAC 和公共控制信道等配置行为，并启动 RRC 连接信令流程或者 RRC 连接恢复流程。

NB-IoT AB 检查流程

以下的 AB 检查流程和 LTE 的 EAB check 流程类似（详细的代码式流程可参考 3GPP 协议 TS36.331）。

（1）终端根据自己读取的系统消息 MasterInformationBlock-NB 中的字段 ab-Enabled

是否为 TRUE，并且承载 AB 参数的系统消息 SystemInformationBlockType14-NB 是否被广播，来判断当前小区是否使能了 NB-IoT 接入控制。

（2）如果系统消息 SystemInformationBlockType14-NB 中包含了 ab-Common 参数，则终端确定自己的漫游类型是否对应了 ab-Common 中的 ab-Category，如果没有对应，则说明终端不属于被限制接入的范围，如果对应，则终端需要执行 AB 过程。

（3）AB 过程具体为：

① 如果终端建立原因为 MO ExceptionData ，且 ab-Common 中的 ExceptionData 对应的 AB 值为 FALSE，则终端可以发起接入；

② 如果终端具有高接入级别（Access Class11……15 中的 1 个或多个接入级别），且 ab-Common 中的 ab-BarringForSpecialAC 设置为 0，则终端可以发起接入；

（注：ACs 12, 13, 14 仅用于归属地国家或区域，ACs 11, 15 仅用于归属地 PLMN 或者等效归属地 PLMN。）

③ 如果终端没有（a）或者（b）的条件，则终端根据自己的 USIM 中存储的普通接入级别（Access Class，其值域为 0～9）查询对应的 ab-Common 中的 ab-BarringBitmap 的对应比特位的值，如果为 1 则说明该终端拥有的普通接入级别不允许接入，如果为 0 则终端可以发起接入。

（4）如果系统消息 SIB14-NB 中没有包含 ab-Common 参数，而是包含 ab-PerPLMN-List（即按 PLMN 区分的 AB 参数），则终端根据自己上层选择的 PLMN 在 ab-PerPLMN-List 中选择对应的 ab-PerPLMN 参数，并执行 AB 过程（参考步骤 3）。

7.5.4.4 Backoff 扩展

NB-IoT 沿用现有的 Backoff 机制，仅对其值域进行了扩展，以支持更大时域范围的回退，即延迟第二次随机接入发起的时间，新的 NB-IoT Backoff 值域表如表 7-2 所示。

表 7-2 NB-IoT 的 Backoff 值映射表

Index	Backoff Parameter value (ms)
0	0
1	256

续表

Index	Backoff Parameter value (ms)
2	512
3	1024
4	2048
5	4096
6	8192
7	16384
8	32768
9	65536
10	131072
11	262144
12	524288
13	Reserved
14	Reserved
15	Reserved

上表中的保留值在当前版本中被默认假定为 524 288ms。

扩展 Backoff 的原因是为了支持覆盖增强的 UE，对于 CEL（覆盖增强）级别很高的 UE，其接入前缀序列重复次数达到上百次，即一次接入前缀序列发送需要用时上百毫秒，原先的 Backoff 的值域（0~960ms）已经不足以容纳足够多的接入前缀序列重传的分布。

7.6　多载波处理

7.6.1　引言

由于 NB-IoT 单频点小区只有 180 kHz 的带宽，这个带宽上除了 NPSS、NSSS、NPBCH

和 SIB 的开销外（公共信道开销大约占到单频点小区的 40%），剩余业务信道容量很小。为了支持海量终端，需要采用多个频点来提高网络容量。但如果每个频点独立为一个小区，则存在如下问题。

（1）每个频点都有 NPSS、NSSS、NPBCH、SIB 等公共信道，导致公共信道开销太大，浪费系统资源。

（2）太多的异频小区存在，会给空闲模式的移动性管理带来挑战（UE 最多只能测量 3 个异频频点）。

（3）每个频点独立为一个小区将增加终端初始小区选择的功率消耗。

此外，为了保证公共信道的覆盖性能，NPSS、NSSS 等信道的发送需要做 power boosting，在 In-band 操作模式下，如果每个 NB-IoT 频点都需要发送公共信道，将会对 LTE 系统产生很大的性能影响。

考虑到上述原因，在 2016 年 1 月 RAN1 NB-IoT Ad-Hoc #1 会议上，NB-IoT 系统 Multiple NB-IoT carriers operation 的概念获得了通过：小区内除了包含 NPSS、NSSS 和 NPBCH 的锚定载波（Anchor Carrier）之外，还可以包含若干个不包含 NPSS、NSSS 和 NPBCH 的非锚定载波（Non-Anchor Carrier）。

使用多频点小区策略（Multiple NB-IoT carriers operation）可以在提高网络容量的前提下，即能节省公共信道的开销，减少异频小区的数量，节省 UE 的功耗，又能降低 In-band 操作模式下 NB-IoT 频点对 LTE 系统性能的影响。

7.6.2 载波类型定义

NB-IoT 系统的多载波小区中各载波的下行信道配置如图 7.24 所示，一个小区包括一个 Anchor 载波和若干个 Non-Anchor 载波。每个载波的频谱带宽为 180kHz，小区内所有载波的最大频谱跨度不超过 20MHz。各载波的下行信道承载策略如下。

- Anchor 载波：多载波小区中有且只有一个下行载波支持同时承载 NPSS、NSSS、NPBCH 和 NPDCCH、NPDSCH 信道，该载波称为 Anchor 载波。UE 在 Anchor 载波需要监控 NPSS、NSSS、NPBCH、NPDCCH 和 NPDSCH 信息。

• Non-Anchor 载波：多载波小区中可以有若干个只承载 NPDCCH、NPDSCH，但不承载 NPSS、NSSS 和 NPBCH 信道的下行载波，称为 Non-Anchor 载波。UE 在 Non-Anchor 载波需要监控 NPDCCH、NPDSCH 信息。

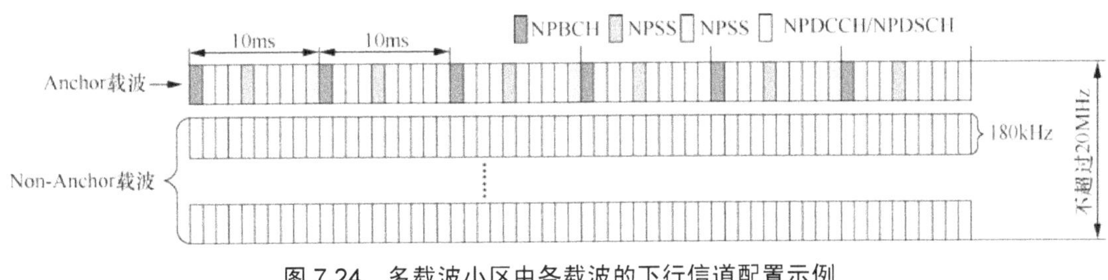

图 7.24 多载波小区中各载波的下行信道配置示例

在 RAN1 #84 会议上对 NB-IoT 多载波操作进行了进一步的讨论，讨论主要集中在以下几方面。

• 如何配置非锚定载波？主要分歧是通过 SIB 还是通过 UE-specific RRC 信令配置。基于标准进度等原因，会议确定了通过 UE-specific 的 RRC 信令配置非锚定载波。

• 除 unicast 传输之外，是否在非锚定载波发送系统消息等小区公有消息？由于在非锚定载波发送系统消息会引起接入流程的变化。考虑到对高层标准化进度的影响，确定在非锚定载波上只能进行 unicast 传输。

• RRC_IDLE 态 UE 驻留在哪个载波上？主要分歧是只驻留锚定载波还是可以驻留在锚定或非锚定载波上。为了尽快完成 NB-IoT 在 R13 阶段的标准化工作，Vodafone 强烈反对在 R13 引入过于复杂的多载波方案。会议最后明确 UE 在 RRC_IDLE 态只能驻留在锚定载波上。

7.6.3 Anchor 载波选择

在 NB-IoT 系统中，只有 Anchor 载波会承载 NPSS、NSSS、NPBCH 和 SIB 信息，且在 R13 的 NB-IoT 标准中，由于标准进度原因，多载波小区采用了简化的承载策略：寻呼和 NPRACH 只能承载于 Anchor 载波，SIB 信息中不涉及 Non-Anchor 载波信息，所以在小区选择和重选时，UE 只会选择 Anchor 载波进行驻留。

但 R13 的 NB-IoT 标准中的这种设计会导致寻呼和 NPRACH 容量受限的问题，目前标准已经在 R14 进行了立项以解决该问题。相关的立项内容为[5]：

- 支持 NPRACH 在 Non-Anchor 载波上传输；
- 支持寻呼在 Non-Anchor 载波上传输。

7.6.4 使用条件

为了权衡 NB-IoT 系统的性能及对 LTE 系统性能的影响，NB-IoT 系统中使用多载波小区条件如下：

（1）NB-IoT 系统支持 In-band + In-band、In-band + Guard band 以及 Guard band + Guard band 载波组成的多载波小区，但前提是：小区内的各载波必须位于同一个 LTE 小区内（载波间隔不超过 110 个 PRB）；

（2）NB-IoT 系统支持 Stand-alone + Stand-alone 载波组成的多载波小区，但前提是：频率最大间隔不超过 20MHz，且载波之间保持同步（同步的标准和 E-UTRAN 里同一频带内连续载波聚合功能的同步要求相同，具体参见 TS 36.104 协议）；

（3）NB-IoT 系统不支持 Stand-alone + In-band 或 Stand-alone + Guard-band 载波组成的多载波小区。

7.6.5 使用策略

NB-IoT 系统中多载波小区内各载波的使用策略如下。

- UE 在 RRC_IDLE 模式驻留于 Anchor 载波，UE 进入连接模式时或进入连接模式后可以被重配置到 Non-Anchor 载波；如果没有进行载波重配，则 UE 默认驻留于 Anchor 载波。载波重配置的信元包括在 radioResourceConfigDedicated IE 中[3]。
- 对于 CP 优化方案来说：只有 Msg4（RRCConnectionSetup）消息可以将 UE 重配置到 Non-Anchor 载波上。
- 对于 UP 优化方案来说：Msg4(RRCConnectionSetup 或 RRCConnectionResume)及

后续的 RRC 消息可以将 UE 重配置到 Non-Anchor 载波上；也可以将 Non-Anchor 载波上的 UE 重配置到小区内的其他 Non-Anchor 载波上，或重配置到本小区的 Anchor 载波上。这些消息包括：RRCConnectionSetup、RRCConnectionResume、RRCConnectionReconfiguration 和 RRCConnectionReestablishment。

- 收到载波重配置消息后，UE 开始在目标载波上监控 NPDCCH/NPDSCH 和/或发送 NPUSCH。如果在载波重配置的消息中携带了上行调度授权，则授权是针对载波重配置里的目标载波而言的。

注：此处所说的载波重配置是指多载波小区内的载波间重配置，目前不支持小区间的载波重配置（重配置信元里没有小区标识）。

- 寻呼消息只能在 Anchor 载波发送。

- NPRACH 过程只能在 Anchor 载波进行。连接模式承载于 Non-Anchor 载波的 UE，如果需要进行 NPRACH 过程，则返回到 Anchor 载波进行（也即发送 NPRACH 前导会触发 UE 从 Non-Anchor 载波切换到 Anchor 载波）。对于配置了 Non-Anchor 载波的 UE，连接模式的随机接入过程完成之后，基站通过 Msg4（携带 C-RNTI 及 UL Grant 的 PDCCH，或者携带 DL/UL Grant 的 PDCCH Order）给终端分配原 Non-Anchor 载波的资源，终端回到原来的 Aon-Anchor 进行后续操作。

- 处于连接模式的 UE，只有载波重配置或 NPRACH 过程会触发载波切换；除此之外，UE 就保持在原载波不变。

7.7 安全机制

NB-IoT 系统可以支持两层安全机制，第一层为接入网中的 RRC 安全（完整性保护和加密）和用户面（加密）安全，即接入层 AS 安全；第二层是 EPC（演进的包核心）网络中的非接入层 NAS 安全。对于仅支持控制面优化传输方案的终端，仅支持 NAS 安全；对于同时支持控制面优化传输方案和用户面优化传输方案的终端可以同时支持接入层安全和非接入层安全。

在NB-IoT系统中采用的NAS安全机制以及接入层的初始安全激活过程和LTE相同；对于接入层安全的重激活过程，除可以支持通过RRC连接重建立过程来重激活接入层安全之外，还可以通过RRC连接恢复过程来重激活接入层安全，并且RRC连接恢复过程生成的shortMAC-I不同于RRC连接重建立过程中生成的shortMAC-I。

7.7.1 NB-IoT密钥架构

为了支持两层的安全设计，NB-IoT采用了如图7.25所示的密钥体系。为了管理终端和接入网络各实体共享的密钥，安全架构中定义了接入安全管理实体（ASME），该实体是接入网从HSS接收最高级（top-level）密钥的实体。对于NB-IoT接入网络而言，MME执行ASME的功能。

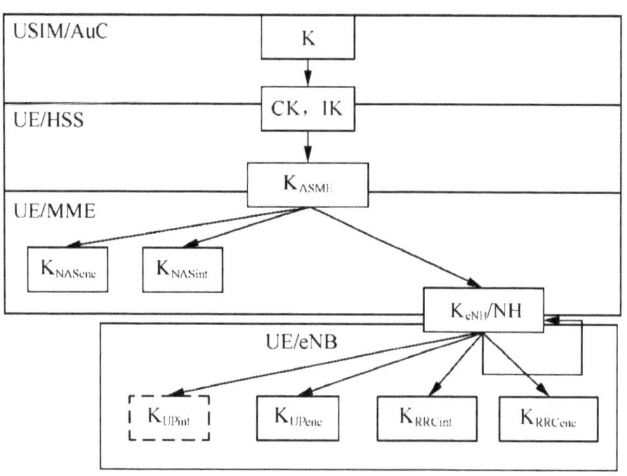

图7.25　NB-IoT中的密钥体系

NB-IoT网络的密钥层次架构中包含如下密钥。

（1）终端和HSS间共享的密钥

K：存储在USIM和认证中心AuC的永久密钥；

CK/IK：AuC和USIM在AKA认证过程中生成的密钥对。

（2）终端和ASME共享的中间密钥

K_{ASME}：终端和HSS根据CK/IK推演得到的密钥。密钥K_{ASME}从HSS传输到ASME。

（3）终端和 MME 间共享的密钥

K_{NASint}：根据 K_{ASME} 推导出的密钥，用于和特定的完整性算法一起保护 NAS 信息；

K_{NASenc}：根据 K_{ASME} 推导出的密钥，用于和特定的加密算法一起保护 NAS 信息。

（4）终端和基站间共享的密钥

K_{eNB}：根据 K_{ASME} 推导出并且在 RRC 连接重建立或 RRC 连接恢复时根据 nextHopChainingCount 更新的密钥，用于推导保护 RRC 信令的密钥（K_{RRCint} 和 K_{RRCenc}）和空口用户面数据的密钥（K_{UPenc}）；

K_{UPenc}：用于和特定的加密算法一起保护空口用户面数据；

K_{RRCint}：用于和特定的完整性算法一起保护 RRC 信令；

K_{RRCenc}：用于和特定的加密算法一起保护 RRC 信令。

7.7.2 安全激活

在 NB-IoT 中，非接入层和接入层分别进行加密和完整性保护，处理过程相互独立，非接入层和接入层安全性的激活都通过安全模式命令 SMC 来完成，且发生在鉴权之后。网络端对终端的非接入层和接入层的激活顺序是先激活非接入层的安全性，可选的，再激活接入层的安全性。

7.7.2.1 非接入层安全激活过程

非接入层 NAS 安全激活过程由 MME 发起，该过程对接入层透明，其正常流程如图 7.26 所示。

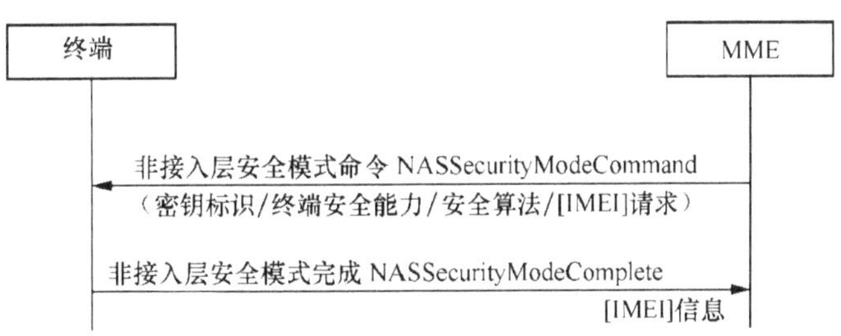

图 7.26 非接入层安全激活过程

MME 选择 NAS 层使用的完整性保护算法和加密算法（例如，MME 根据终端上报的安全能力以及自身支持的按照优先级排序的安全算法列表进行相应的算法选择），并利用选择的算法和 K_{ASME} 计算出 NAS 层完整性保护密钥 K_{NASint} 和加密密钥 K_{NASenc}；然后向终端发送 NAS 安全模式命令消息，MME 对这条消息进行完整性保护。这条消息中包含 MME 选择的 NAS 完整性保护算法和加密算法，当前使用的 K_{ASME} 密钥标识以及之前收到的终端安全能力。MME 还可以通过这条消息向终端请求 IMEI。更详细的描述可以参考参考文献[1-2]。

终端收到 NAS 安全模式命令消息后，验证 MME 返回终端安全能力是否和自己保存的信息一致，如果一致，则根据 MME 提供的完整性保护算法计算出 NAS 层完整性保护密钥，并对这条消息进行完整性验证；如果完整性校验成功，再利用 MME 提供的加密算法计算出加密密钥后启动对 NAS 消息的完整性保护和加密，并向 MME 返回 NAS 安全模式命令完成消息。如果终端收到的 NAS 安全模式命令消息中包含 IMEI 请求，则终端在返回的 NAS 安全模式命令完成消息包含自己的 IMEI 信息。更详细的描述可以参考参考文献[1-2]。

MME 收到 NAS 安全模式命令完成消息后对其进行解密和完整性保护验证，如果验证成功，则启动下行加密。

如果终端无法正确激活非接入层安全机制，则终端执行异常流程，终端向 MME 发送安全模式失败消息，该消息不进行完整性保护。非接入层安全激活的异常过程的流程如图 7.27 所示。

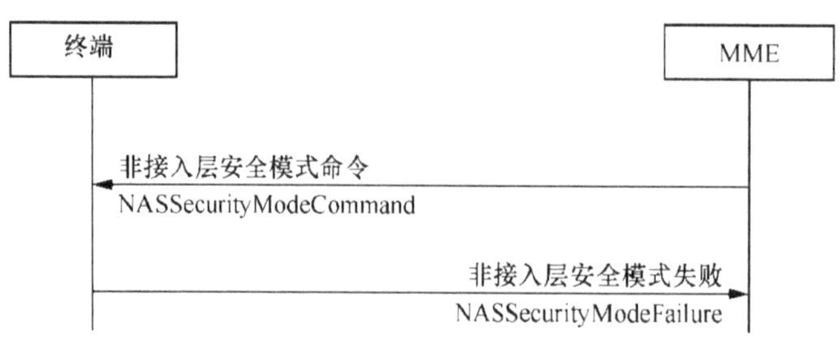

图 7.27　非接入层安全激活异常过程

7.7.2.2 接入层安全初始激活过程

在 NB-IoT 中，接入层安全激活过程不适用于仅支持控制面优化传输方案的终端。

初始接入层安全激活过程由 eNB 发起，其正常流程如图 7.28 所示。

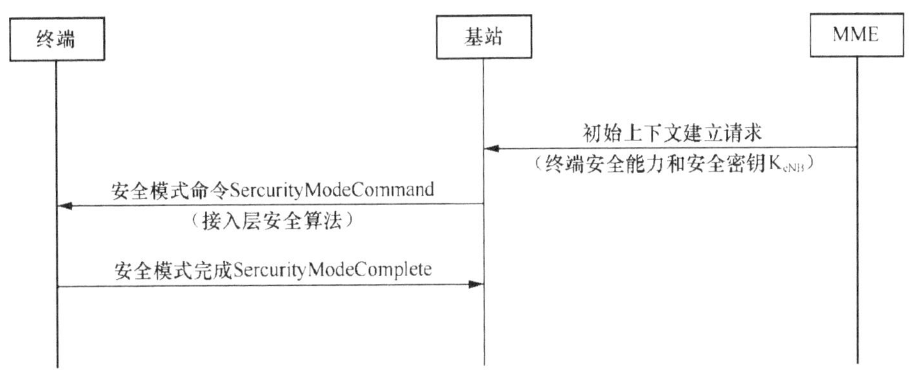

图 7.28 接入层安全激活过程

基站选择接入层使用的完整性保护算法和加密算法（根据从 S1 接口上收到的终端安全能力信息中指示的终端支持的安全算法和基站自身支持的安全算法等），并利用选择的算法和 K_{eNB}（基站从 S1 接口的初始终端上下文请求消息中获取）计算出接入层的 RRC 的完整性保护密钥 K_{RRCint}，RRC 消息的加密密钥 K_{RRCenc} 和空口用户面数据的加密密钥 K_{UPenc}；然后向终端发送安全模式命令消息，基站对这条消息进行完整性保护。这条消息中包含基站选择的接入层安全使用的完整性保护算法和加密算法。基站发送这条消息后，启动空口下行对 RRC 消息的完整性保护。更详细的描述可以参考参考文献[1, 3]。

终端收到接入层安全模式命令消息后，根据基站提供的完整性保护算法计算出接入层完整性保护密钥，并对这条消息进行完整性验证；如果完整性校验成功，再利用基站提供的加密算法计算出加密密钥，然后启动对后续 RRC 消息的完整性保护和加密（除安全模式命令完成消息）以及空口用户面数据的加密，并向基站发送安全模式命令完成消息（该消息只进行完整性保护不进行加密）。更详细的描述可以参考参考文献[1, 3]。

基站收到安全模式命令完成消息后对其进行完整性保护验证，如果验证成功，则启动 RRC 和空口用户面数据的下行加密。

如果终端无法正确激活接入层安全机制，则终端执行异常流程。接入层安全激活的异常过程的流程如图 7.29 所示。

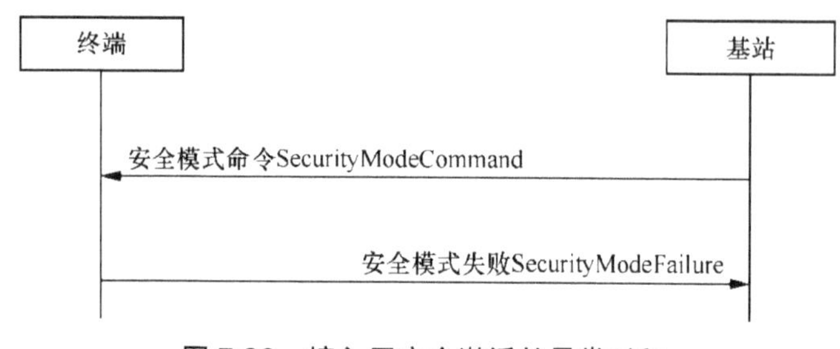

图 7.29 接入层安全激活的异常过程

7.7.2.3 接入层安全重激活过程

在 NB-IoT 系统中，可以通过 RRC 连接重建立过程或 RRC 连接恢复过程重新激活接入层安全。在 RRC 连接重建立过程或 RRC 连接恢复过程中不能更新接入层的完整性保护算法和加密算法。

终端使用从 RRC 连接重建立消息或 RRC 连接恢复消息中收到的下一条链路计数值 nextHopChainingCount 参数导出新的密钥 K_{eNB}，并基于新的密钥和原有的完整性保护算法产生更新的接入层的 RRC 完整性保护密钥 K_{RRCint}，RRC 消息加密密钥 K_{RRCenc} 和空口用户面数据加密密钥 K_{UPenc}。

对于 RRC 连接重建立过程，终端使用从 RRC 连接重建立消息中收到的下一条链路计数值 nextHopChainingCount 参数导出新的密钥 K_{eNB}，并基于新的密钥和原有的完整性保护算法以及原有的加密算法产生更新的接入层的 RRC 完整性保护密钥 K_{RRCint}，RRC 消息加密密钥 K_{RRCenc} 和空口用户面数据加密密钥 K_{UPenc}，终端在更新完上述安全密钥之后，立即激活 RRC 消息的完整性保护和加密以及空口用户面数据加密，RRC 重建立完成消息需要进行完整性保护和加密。

对于 RRC 连接恢复过程，终端使用从 RRC 连接恢复（RRCConnectionResume）消息中收到的下一条链路计数值 nextHopChainingCount 参数导出新的密钥 K_{eNB}，并基于新的密钥和原有的完整性保护算法产生更新的接入层的 RRC 完整性保护密钥 K_{RRCint}，并对 RRC 连接恢复（RRCConnectionResume）消息进行完整性保护验证（使用 COUNT0），如果完整性保护验证成功，则继续基于新的密钥和原有的加密算法生成加密密钥（RRC 消息加密密钥 K_{RRCenc} 和空口用户面数据加密密钥 K_{UPenc}）；并立即激活 RRC 消息的完整性保护和加密以及空口用户面数据加密功能。RRC 恢复完成消息需要进行完整性保护和加密。

7.7.2.4 完整性保护和加密过程

完整性保护过程如图 7.30 所示。发送端利用完整性保护密钥 KEY，以及其他参数—COUNT（计数值）、BEARER（承载识别）、DIRECTION（上下行方向指示）和 MESSAGE（消息本身）作为完整性保护算法的输入参数，生成一个完整性校验码 MAC-I，发送端将消息本身和 MAC-I 一起发送给接收端；接收端利用相同的参数和算法计算出一个完整性校验码 XMAC-I，与收到的 MAC-I 进行比较，如果一致，则认为完整性校验成功。

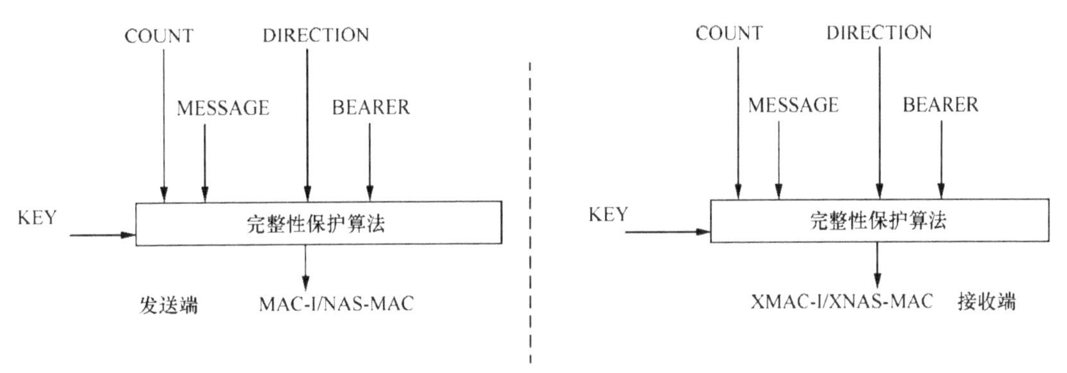

图 7.30 完整性保护过程

在 NB-IoT 系统中，由于 RRC 连接重建立请求和 RRC 连接恢复请求都可以携带 shortMAC-I（MAC-I 的低 16bits），在标准化讨论过程中曾经考虑过对于 RRC 连接恢复请求使用不同于 RRC 连接重建立请求的 shortMAC-I 输入参数，例如 RRC 连接恢复请求使用恢复识别 ResumeID 作为生成 shortMAC-I 的输入参数，以便避免 RRC 连接恢复请求中携带 shortMAC-I 和 RRC 连接重建立请求中携带的 shortMAC-I 相同引起的完整性验证问题。但标准化讨论中更多公司倾向于使用与 RRC 连接重建立请求相同的 shortMAC-I 的输入参数（例如，终端的 C-RNTI，源小区物理识别，目标小区全局识别）以便简化 NB-IoT

系统的安全操作。为了避免 RRC 连接恢复过程和 RRC 连接重建立由于使用相同的输入产生相同的 shortMAC-I，对于 RRC 连接恢复请求中 shortMAC-I 的输入参数中增加了 1bit 的额外信息输入，以便终端能够生成不同的 RRC 连接重建立请求的 shortMAC-I 和 RRC 恢复请求的 shortMAC-I。

加密过程如图 7.31 所示。发送端利用加密密钥 KEY，以及其他参数—COUNT（计数值）、BEARER（承载识别）、DIRECTION（上下行方向指示）和 LENGTH（密钥长度）作为加密算法输入参数，计算出密钥流（KEYS STREAM BLOCK），与明文进行异或操作，生成密码，发送给接收端。接收端利用对等的操作进行解密操作。

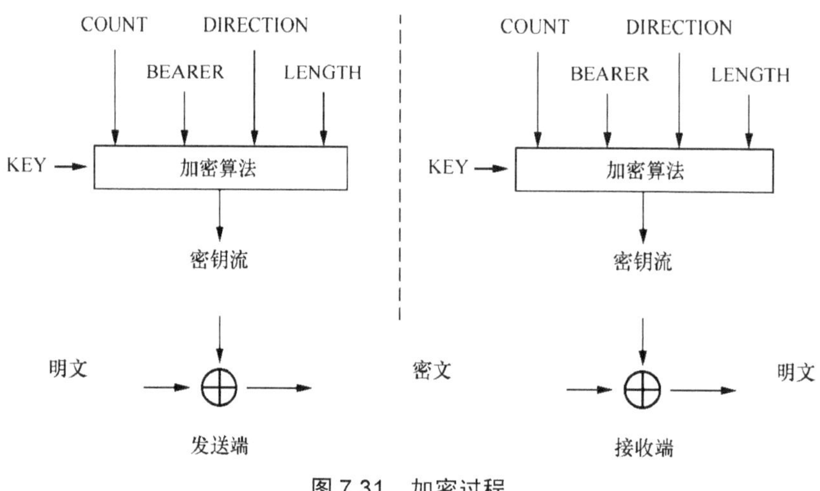

图 7.31　加密过程

7.8　终端能力信息传递

NB-IoT 中终端能力信息可以在空口和 S1 接口上传输。

对于连接态终端，可以根据基站的请求上报终端无线能力信息，包括终端无线接入能力和终端的无线寻呼能力。基站可以将收到的终端无线能力信息传递给 MME，如图 7.32 所示。

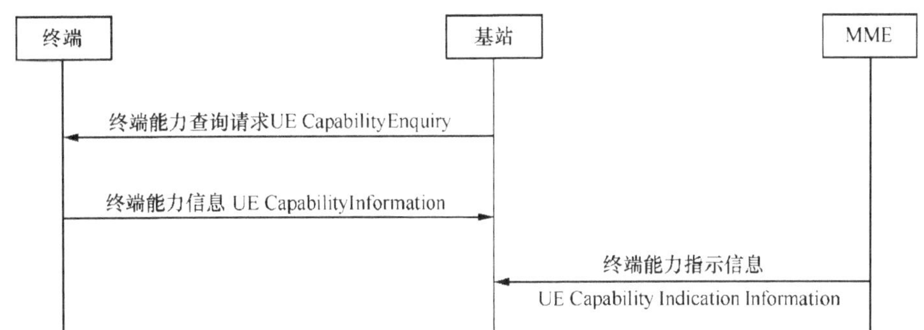

图 7.32　终端能力信息传递过程

在 NB-IoT 系统中，除上述终端能力信息的处理过程外，基站还可以通过以下方式获取能力信息（具体的终端能力信息可以参考参考文献[1]）：

- 基站可以通过 S1 接口的寻呼消息获得终端的无线寻呼能力；
- 对于用户面优化传输方案，在建立 S1 连接的过程中，基站可以通过 S1 接口的初始上下文建立请求（Initial Context Setup Request）消息中获得终端的安全能力和无线接入能力；
- 对于控制面优化传输方案，基站可以通过 S1 接口的连接建立指示（Connection Establishment Indication）消息和 S1 接口的下行 NAS 直传（Downlink NAS Transport）消息获得终端的无线接入能力。

在 NB-IoT 系统中，除上述终端能力信息的处理过程外，终端还可以通过以下方式进行能力信息的传递：

- RRC 连接建立请求（RRCConnectionRequest-NB）消息上报终端的部分无线能力，例如，终端的多 tone 支持能力以及终端的多载波支持能力，以便于基站根据终端能力进行合理的无线资源的配置；
- RRC 连接建立完成（RRCConnectionSetupComplete-NB）消息上报终端的部分非接入承载能力，例如，终端是否支持用户面优化传输方案的能力以及终端是否支持不建立 PDN 能力的附着操作的能力，以便于基站可以根据终端能力选择合适的 MME。

7.9 小区选择和重选

NB-IoT 的 RRC_IDLE 模式的小区选择与重选过程基于 E-UTRAN 的小区选择与重选过程简化而来。考虑到 NB-IoT 的低成本终端、低移动性及承载的小数据业务特性，NB-IoT 系统不支持如下小区选择与重选相关功能。

- NB-IoT 不支持紧急呼叫（Emergency call）：因为 NB-IoT 不支持语音业务，所以无需考虑紧急呼叫的支持。
- NB-IoT 不支持系统间测量与重选：考虑到 NB-IoT 的低成本终端特性，NB-IoT 终端只能承载于 NB-IoT 系统上，不支持与其他系统的互操作，所以不支持系统间的测量与重选。
- NB-IoT 不支持基于优先级的小区重选策略（Priority based reselection）：考虑到 NB-IoT 的低成本终端及低移动性特性，小区重选功能进行了简化，不再支持基于优先级的小区重选功能。
- NB-IoT 不支持基于小区偏置的小区重选策略（Qoffset）：考虑到 NB-IoT 的低成本终端及低移动性特性，对小区重选功能进行了简化，小区重选中的偏置只能针对频率来设置，不支持基于小区的重选偏置。
- NB-IoT 不支持 E-UTRAN 的频间重分布过程（E-UTRAN Inter-frequency Redistribution procedure）：考虑到 NB-IoT 的低成本终端及低移动性特性，小区重选功能进行了简化，只支持简单的基于 R 规则的小区重选策略，不支持 E-UTRAN 的频间重分布过程。
- NB-IoT 不支持基于封闭小区组（CSG）的小区选择与重选过程：因为 NB-IoT 没有 CSG 相关功能需求，所以也不再支持基于 CSG 的小区选择与重选过程。
- NB-IoT 不支持可接受小区（Acceptable cell）和驻留于任何小区（Camped on any cell state）的重选状态：由于 NB-IoT 不支持紧急呼叫，所以 NB-IoT 系统中处于空闲（RRC_IDLE）模式的 UE，要么处于正常驻留状态（Camped normally），要么就处于小区搜索状态（Any cell selection）以找到合适的驻留小区（Suitable cell），不存在其他小区选择的状态。

除此之外，NB-IoT 的 RRC_IDLE 模式小区选择与重选过程基本上继承了 E-UTRAN 的 RRC_IDLE 模式小区选择与重选功能或者在 E-UTRAN 的 RRC_IDLE 模式小区选择与重选功能的基础上做了简化。NB-IoT 系统中 RRC_IDLE 模式小区选择与重选的状态迁移如图 7.33 所示[3]。

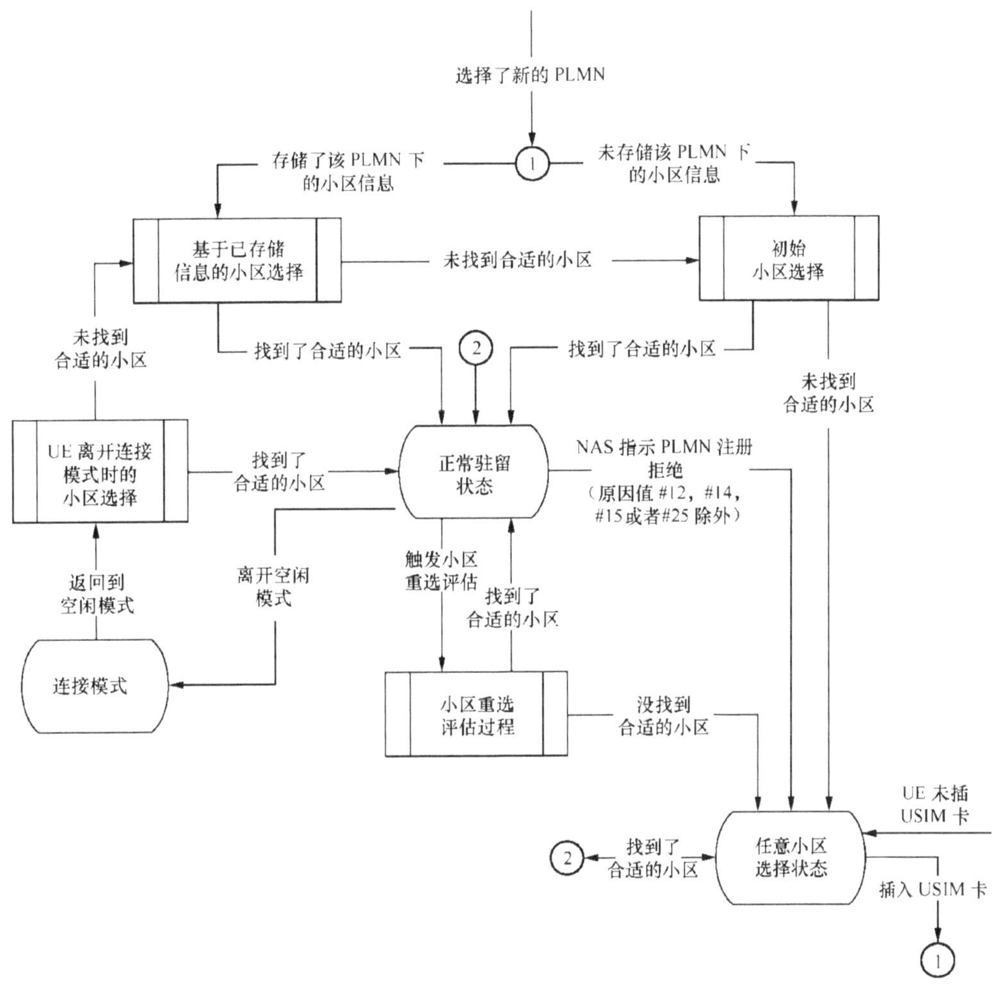

图 7.33　NB-IoT 系统中 RRC_IDLE 模式小区选择与重选的状态图

7.9.1　PLMN 选择策略

NB-IoT 支持多 PLMN 功能，NB-IoT 系统中的 PLMN 选择策略与 E-UTRAN 系统中

的 PLMN 选择策略完全一样，具体策略如下。

UE 首先基于存储的最后一次驻留时的相关信息进行 PLMN 选择（比如基于已存储的最后一次驻留时的载波信息、小区参数等进行 PLMN 选择）：优先尝试选择已存储的信息所归属的 PLMN。如果基于已存储的信息没有找到合适的 PLMN 或者 UE 没有相关的存储信息，则 UE 执行初始 PLMN 选择过程：UE 扫描支持的频带内的所有 NB-IoT 载波以找到可用的 PLMN。在每个载波上，UE 搜信号最强的小区，并读取系统消息，以便确定小区所归属的 PLMN。

- 如果信号最强的小区归属于一个或多个 PLMN，且小区的信号强度（RSRP）大于或等于–110dBm，则把相关的 PLMN 作为高质量 PLMN 上报给 NAS 层（无需携带 RSRP 值）。
- 如果找到的 PLMN 不满足高质量 PLMN 的条件，但 UE 能读到包含 PLMN 的系统消息，则将相关的 PLMN 以及测量到的小区 RSRP 值一起上报给 NAS 层。

NAS 层收到 PLMN 或 PLMN 列表后，根据 PLMN 列表中的 PLMN 优先级来手动或自动选择某个 PLMN。一旦 UE 选择到 PLMN（selected PLMN），就开始小区选择过程，以便在该 PLMN 上选择一个合适的小区进行驻留；如果 NAS 收到 PLMN 后进行注册时被拒绝[1][2]，则 UE 进入任意小区选择状态（Any Cell Selection state）。

7.9.2 选择了新的 PLMN 后的小区选择策略

NB-IoT 的小区选择策略与 E-UTRAN 系统中的小区选择策略类似，支持初始小区选择和基于已存储信息的小区选择。UE 选择了新的 PLMN 后，首先基于 UE 内部存储的最后一次驻留时的相关信息进行小区选择（Stored Information Cell Selection）。一旦 UE 找到一个合适的小区，则 UE 进入正常驻留状态（Comped Normally），该小区就作为驻留小区。如果基于 UE 内部存储的相关信息没有找到合适的小区或者 UE 内部没有存储相关的小区驻留信息，则 UE 执行初始小区选择策略（Initial Cell Selection）：UE 扫描支持的频带内的所有 NB-IoT 载波以找到合适的小区。在每个载波上，UE 只需搜索信号最强的小区。一旦 UE 找到一个合适的小区，则 UE 进入正常驻留状态，该小区就作为驻留小区；如果仍然找不到合适的小区，则 UE 进入任意小区选择状态。

评价是否为合适的小区选择 S 准则（满足 UE 驻留的基本条件）如下：

$$Srxlev > 0 \text{ 和 } Squal > 0$$

其中，

$$Srxlev = Q_{rxlevmeas} - Q_{rxlevmin} - P_{compensation} - Q_{offsettemp}$$

$$Squal = Q_{qualmeas} - Q_{qualmin} - Q_{offsettemp}$$

公式中涉及的各参数的含义如表 7-3 所示。

表 7-3 各参数的含义

参数	含义
Srxlev	计算出的小区接收电频相对值，用于衡量 UE 是否满足小区选择的条件
Squal	计算出的小区质量相对值，用于衡量 UE 是否满足小区选择的条件
$Q_{offsettemp}$	UE 接入小区失败后的惩罚性偏置（空口参数名 connEstFailOffset）。发生接入失败后，后续该小区的评估在 connEstFailOffsetValidity 时间内需要考虑 $Q_{offsettemp}$。如果 $Q_{offsettemp}$ 未配置，则取值无穷大（就是在定时器内不选该小区）。空口参数参见 36.331 协议
$Q_{rxlevmeas}$	UE 测量的小区接收电频值（RSRP 测量值）
$Q_{qualmeas}$	UE 测量的小区质量值（RSRQ 测量值）
$Q_{rxlevmin}$	满足小区选择条件的最小接收电频值（dBm），eNB 广播给 UE
$Q_{qualmin}$	满足小区选择条件的最小质量值（dB），eNB 广播给 UE
$P_{compensation}$	针对不同 UE 支持的最大发射功率的不同而进行的补偿。 如果在 SIB1、SIB3 和 SIB5 中存在 NS-PmaxList 信元，且 UE 支持信元中的 additionalPmax 配置的功率值，则： $P_{compensation} = \max(P_{emax1} - P_{PowerClass}, 0) - (\min(P_{emax2}, P_{PowerClass}) - \min(P_{emax1}, P_{PowerClass}))$ (dB); 否则： $P_{compensation} = \max(P_{emax1} - P_{PowerClass}, 0)$ (dB)
P_{emax1}, P_{emax2}	网络允许 UE 的最大发射功率值级别。 P_{emax1} 取值来源于 SIB1、SIB3 和 SIB5 中的 p-Max 参数[4]，针对小区而言； P_{emax2} 取值来源于 SIB1、SIB3 和 SIB5 中的 NS-PmaxList 信元里的 additionalPmax 参数[4]，针对频带而言
$P_{PowerClass}$	UE 的最大射频输出功率级别，UE 的固有特性

注：S 规则中 NB-IoT 和 E-UTRAN 的区别。

- NB-IoT 不支持 $Q_{qualminoffset}$ 和 $Q_{rxlevminoffset}$。

7.9.3 空闲模式的测量策略

对于处于 RRC_IDLE 状态的 UE，采用系统信息（SIB）中服务小区的参数 Srxlev、$S_{IntraSearchP}$ 和 $S_{nonIntraSearchP}$ 进行如下测量判决：

- 如果服务小区满足 Srxlev > $S_{IntraSearchP}$，则 UE 可以不进行频内（intra-frequency）测量；否则，UE 需要进行频内测量。
- 如果服务小区满足 Srxlev > $S_{nonIntraSearchP}$，则 UE 可以不进行频间（inter-frequency）测量；否则，UE 需要进行频间测量。

7.9.4 小区重选策略

小区重选的 R 准则如下：

$$R_s = Q_{meas,s} + Q_{Hyst} - Q_{offsettemp}$$

$$R_n = Q_{meas,n} - Q_{offset} - Q_{offsettemp}$$

其中，

Q_{meas}	UE 测量的小区 RSRP 值
Q_{Hyst}	小区重选的迟滞值，防止小区乒乓重选
Q_{offset}	小区重选的频率偏置（$Q_{offsetfrequency}$）
$Q_{offsettemp}$	UE 接入小区失败后的惩罚性偏置（空口参数名 connEstFailOffset）[4]

注：R 规则中 NB-IoT 和 E-UTRAN 有如下区别。

- NB-IoT 中 Qoffset 只针对异频重选的频点而言，同频重选不再有小区偏置。

UE 对满足 S 准则的所有测量到的小区按照如上 R 准则进行排序，如果排序为最好的小区不是当前的服务小区，且满足如下两个条件，则触发小区重选（重选到该排序最好的小区）。

（1）新小区比原服务小区的质量好的时长超过 Treselection。

（2）UE 在原服务小区的驻留时长超过 1s。

如果在重选过程中找不到合适的小区，则 UE 进入任何小区选择状态。

7.9.5 UE 进入连接模式时的小区选择

当处于正常驻留状态的 UE 需要发起业务建立时，在当前驻留小区发起业务接入过程。

7.9.6 UE 离开连接模式时的小区选择

当 UE 从连接模式转到空闲模式时，UE 首先尝试驻留到 RRCConnectionRelease-NB 消息里 redirectedCarrierInfo 信元指定的载波上的合适小区；如果在 redirectedCarrierInfo 信元指定的载波上找不到合适的小区，则 UE 在所有 NB-IoT 载波上来搜索合适的小区。如果 RRCConnectionRelease-NB 消息里没有携带 redirectedCarrierInfo 信元，则 UE 基于自己的实现策略在 NB-IoT 载波上选择合适的小区（具体的载波选择策略没有标准化）。如果找不到合适的小区，则 UE 进入任何小区选择状态。

说明：此处的 redirectedCarrierInfo 信元只能填写 Anchor 载波的频点信息[4]。

7.9.7 处于正常驻留状态的 UE 的行为

处于正常驻留状态的 UE，需要在驻留小区进行寻呼监控、系统信息的监控与接收、小区重选相关的测量及重选条件判决。

7.9.8 处于任何小区选择状态的 UE 的行为

处于任何小区选择状态的 UE 尝试在任何 PLMN 上搜索一个合适的驻留小区，优先搜索高质量 PLMN 上的小区。

如果 UE 仍然找不到合适的驻留小区，则 UE 处于该状态，直到搜到一个合适的驻留小区为止。

7.10 HARQ 过程

7.10.1 下行 HARQ 过程

NB-IoT 系统下行 HARQ 与 LTE 系统一样，仍然采用异步 HARQ 机制。不同之处有：下行授权调度的 NPDSCH 使用动态跨子帧调度，下行授权同时还指示了承载对所调度 NPDSCH 反馈 ACK/NACK 信息的 NPUSCH 格式 2 的时频域资源。

7.10.1.1 定时

7.10.1.1.1 NPDCCH 与 NPDSCH 定时

在 NB-IoT 系统中，由于 NPDCCH 与 NPDSCH 是时分复用，位于不同的子帧中，因此与 LTE 系统中 PDCCH 在同一子帧调度 PDSCH 不同，NPDCCH 需要跨子帧调度 NPDSCH。在标准制定过程中，首先是在固定调度定时[1]与动态调度定时[2]中确定为动态调度定时。这是因为 1 个子帧最多可以传输两个 NPDCCH，而 NPDSCH 最小占用 1 个子帧，采用固定定时会造成资源浪费或资源阻塞。其次在动态调度定时方案确定过程中，存在两种可能的方案，一种是指示调度定时间隔为从 NPDCCH 结束子帧至 NPDSCH 起始子帧[3]；另一种是指示调度定时间隔从 NPDCCH 所在搜索空间的起始子帧至 NPDSCH 起始子帧[4]。考虑到从搜索空间起始子帧开始指示调度定时间隔，会导致部分指示状态无效以及定时间隔取值不一定适用于 NPDSCH 重复传输，因此标准采用的调度定时间隔是从 NPDCCH 结束子帧至 NPDSCH 起始子帧的定义。最后，在确定动态调度定时指示时，存在 3 种可能的方案：方案一是独立指示定时间隔取值，以子帧为单位[3]；方案二是基于调度窗与资源分配联合编码指示[5]；方案三是基于 DCI 重复次数的指示其倍数作为定时间隔取值[4]。由于调度窗未被引入，最终标准中采用的方案为方案一与方案三的折中考虑，通过定义 Rmax 是否大于 128，给出两组调度定时间隔取值，即同时兼顾了小覆盖时可能的调度定时间隔取值与大覆盖时可能的调度定时取值。其中 Rmax 为 eNB 配置给终端 NPDCCH 的 Rmax 参数。

通过规定的门限值区分两组调度定时取值集合。调度定时比特域（I_{Delay}）使用 3bits 在 $R_{\max}<128$ 和 $R_{\max}\geqslant 128$ 时分别指示 8 种可能的 NPDSCH 定时起始位置 k_0 中的一种，如表 7-4 所示。另外，考虑到 NB-IoT 终端成本较低处理能力，一般因此放松解调时间要求，调度定时间隔的最小值为 4ms，即子帧 n 为 NPDCCH 传输的结束子帧，所调度的 NPDSCH 最快从 $n+5$ 子帧开始传输，在由 k_0 确定的起始子帧并且是 NB-IoT 有效子帧中传输。

表 7-4 调度定时间隔

I_{Delay}	k_0	
	$R_{\max}<128$	$R_{\max}\geqslant 128$
0	0	0
1	4	16
2	8	32
3	12	64
4	16	128
5	32	256
6	64	512
7	128	1024

7.10.1.1.2 NPDSCH 与 NPUSCH 格式 2 定时

NPDSCH 与 NPUSCH 格式 2 之间的定时由两个参数确定：时域偏移和时域偏移对应的起始位置。

时域偏移和子载波偏移都是通过 DCI 指示的，对于具体的信令开销，有公司认为应该针对两种不同的子载波间隔独立设计[1]，这是因为子载波间隔不同，HARQ-ACK 传输对应的资源单元大小不同，最后标准采纳了这样的意见，即当子载波间隔为 3.75kHz 时，时域偏移用 1bit 指示，而子载波偏移用 3bits 指示，当子载波间隔为 15kHz 时，时域偏移和子载波偏移都用 2bits 指示，经过讨论，具体的取值如下：3.75kHz 子载波间隔时，子载波偏移的候选值为{0, −1, −2, −3, −4, −5, −6, −7}，时域偏移为{0, 8}ms；15kHz 子载波间隔时，子载波偏移的候选值为{0, 1, 2, 3}，而时域偏移为{0, 2, 4, 6}ms。

时域偏移对应的起始位置主要的方案为以下两种[2-8]。

方案一：时域偏移相对于时域参考点，时域参考点的周期固定，UE 根据 NPDSCH 传输的结束位置+12ms 确定第一个时域参考点，一个具体的例子如图 7.34 所示，假设时域参考点的周期为 8ms，时域偏移的值为 0，当 NPDSCH1 的结束子帧为无线帧 0 子帧 9，那么对应的 HARQ-ACK 在无线帧 2 子帧 4 传输。

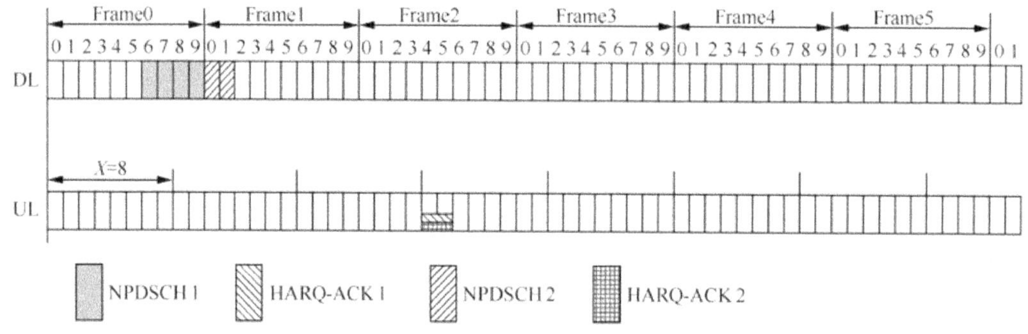

图 7.34　方案一示意图

方案二：时域偏移相对于 NPDSCH 传输的结束位置+12ms，如图 7.35 所示，假设时域偏移的值为 0，当 NPDSCH1 的结束子帧为无线帧 0 子帧 9，那么对应的 HARQ-ACK 在无线帧 2 子帧 2 传输。

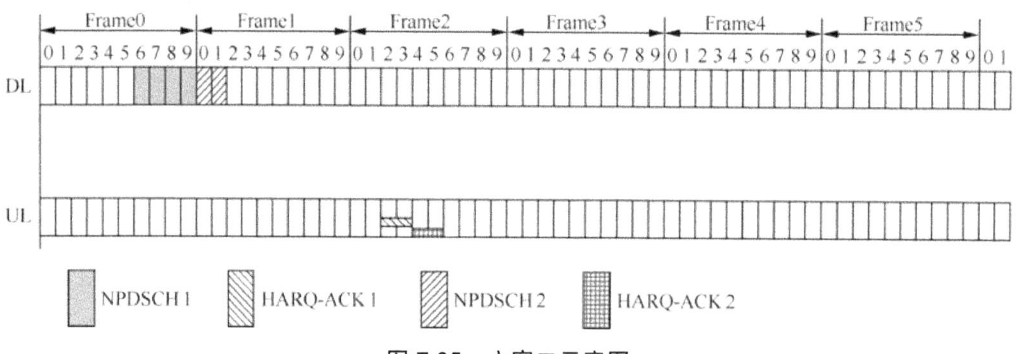

图 7.35　方案二示意图

因为方案一中多个 HARQ-ACK 传输的起始位置相同，使得资源碎片较少，但是方案一的反馈时延比方案二大，方案二虽然反馈时延小，但是会导致大量子载波个数为 12 的 NPUSCH 无法调度，尤其是在子载波间隔为 15kHz 的场景下，支持方案二的公司认为可以通过修改时域偏移的值对齐多个 HARQ-ACK 资源，可以达到和方案一同样的效果。经过多次讨论，标准最后采纳了方案二，其中将子载波间隔为 15kHz 对应的时域偏移的值修改为{0, 2, 4, 5}ms。

7.10.1.2　资源分配

7.10.1.2.1　NPDSCH 资源分配

对于 NB-IoT 系统中 NPDSCH 资源分配，由于 NPDSCH 最小占用资源为 1 个 PRB，因此无需频域资源分配，在时域上需要支持多个子帧的分配以支持不同大小的传输块，并且在时域上需要指示重复传输次数以通过能量累积支持覆盖增强。由子帧数量（N_{SF}）和重复次数（N_{Rep}）共同构成，即 NPDSCH 从下行调度定时起点开始，以 N_{SF} 为单位重复传输 N_{Rep} 次。

其中，下行资源分配比特域（I_{SF}）使用 3bits 指示共计 8 种可能的资源大小，以子帧为单位，如表 7-5 所示。

表 7-5　NPDSCH 的子帧数量（N_{SF}）

I_{SF}	N_{SF}
0	1
1	2
2	3
3	4
4	5
5	6
6	8
7	10

其中，下行重复次数比特域（I_{Rep}）使用 4bits 指示共计 16 种可能的 NPDSCH 重复次数（N_{Rep}），如表 7-6 所示。

表 7-6 NPDSCH 的重复次数（N_{Rep}）

I_{Rep}	N_{Rep}
0	1
1	2
2	4
3	8
4	16
5	32
6	64
7	128
8	192
9	256
10	384
11	512
12	768
13	1024
14	1536
15	2048

7.10.1.2.2 NPUSCH 格式 2 资源分配

对于 NPUSCH 格式 2 的资源分配，由于对应的 RU 大小和个数固定，所以资源分配时只需要指示时频位置即可，时域位置在 7.10.1.1 中讨论，这里主要讨论频域资源分配。当然，NPUSCH 格式 2 也要通过重复传输而达到通过能量累积支持覆盖增强，所以还需要配置重复次数。

频域资源分配包含两方面的分配，一个是基线子载波的选择，另一个是频域偏移，其中频域偏移参见 7.10.1.1。

对于基线子载波的分配，有以下几种候选方案[1-3]：

方案一：隐含获得，和 LTE 资源分配的思路类似，一个例子是通过 NPDCCH 在索引空间的位置隐含得到对应的频域位置，方案一获得的基线子载波不是固定的，增加对NPUSCH 的调度约束，而且导致资源分块问题严重；

方案二：信令指示，基线子载波通过 DCI 中的信令指示，需要额外的信令开销；

方案三：固定，一个例子为固定子载波 0 为基线子载波，标准最终采纳该方案，当子载波间隔为 15kHz 时，子载波索引 0 的子载波为基线子载波，而当子载波间隔为 3.75kHz 时，子载波索引为 45 的子载波为基线子载波。主要是避免 3.75kHz PUSCH format 2 和 15kHz 的 PUSCH format 2 之间的相互阻塞。

为了支持覆盖增强，需要指示重复传输次数，重复次数通过高层参数配置。当 HARQ-ACK 是针对 Msg4 PDSCH 传输的反馈时，通过高层参数 ack-NACK-NumRepetitions-Msg4 配置具体的值，其他情况下，通过高层参数 ack-NACK-NumRepetitions 配置具体的值。

7.10.1.3 MCS 和 TB size、RV

LTE NB-IoT 对峰值速率要求不高，为了节约终端成本，有必要重新设计 MCS（调制编码方案，Modulation and Coding Scheme）和 TBS（传输块大小，Transport block size）表。

7.10.1.3.1 协议采用的方案

NB-IoT 协议中采用了表 7-7 的 MCS 表。表中使用了 R8 版本 MCS 表的前 10 个等级，即 QPSK 等级作为前 10 个等级。由于 NB-IoT 对峰值速率要求不高，同时，考虑成本因素，所以没有必要采纳 16 QAM。另外，R8 版本的另 3 个等级（MCS 索引 10～12）被修改为 QPSK 等级。In-band 模式只支持前 10 个等级，而 Stand-alone 和 Guard-band 模式则可支持所有 13 个等级。这主要是因为不同模式下每个 RB 的可用 RE 数目是不同的。对于 NB-IoT 下行，最低和最高传输速率分别为 16kbit/s 和 226.67kbit/s

表 7-7 NB-IoT 下行 MCS 表

NB-IoT MCS index (LTE R8 MCS index) I_{MCS}	Modulation order Q_m	NB-IoT TBS index (LTE R8 TBS index) I_{TBS}
0(0)	2	0(0)
1(1)	2	1(1)
2(2)	2	2(2)
3(3)	2	3(3)

续表

NB-IoT MCS index (LTE R8 MCS index) I_{MCS}	Modulation order Q_m	NB-IoT TBS index (LTE R8 TBS index) I_{TBS}
4(4)	2	4(4)
5(5)	2	5(5)
6(6)	2	6(6)
7(7)	2	7(7)
8(8)	2	8(8)
9(9)	2	9(9)
10	2	10(10)
11	2	11(11)
12	2	12(12)

与 MCS 表对应，NB-IoT 协议中采用了表 7-8 的 TBS 表。该表是基于 R8 版本的 TBS 表格设计的。截取了原 TBS 表中 I_{TBS} 0～12 以及 N_{PRB} 1～6，8，10 的行列，采用 3bits 资源分配域 I_{SF} 和 4 个比特的 I_{TBS} 来指示 TBS。特别要说明的是，协议中并没有采用 R8 版本协议中 TBS 表 N_{PRB} 这一记号，而是采用资源分配域 I_{SF}，I_{SF} 与调度子帧数目 N_{SF} 有一一对应的关系。这里为了描述方便，直接采用了 N_{SF} 作为 TBS 表的列变量。之所以 N_{SF} 支持 1～6 后又选用 8/10，是为了能在低码率支持稍大的 TBS。这样，一个稍大的 TBS 不需要在高层被分割为更小的码块也能采用低码率进行一次性传输，对降低开销和时延，以及提高性能都是有好处的。

表 7-8　NB-IoT 下行 TBS 表格

I_{TBS}	N_{SF}							
	1	2	3	4	5	6	8	10
0	16	32	56	88	120	152	208	256
1	24	56	88	144	176	208	256	344
2	32	72	144	176	208	256	328	424
3	40	104	176	208	256	328	440	568

续表

I_{TBS}	N_{SF}							
	1	2	3	4	5	6	8	10
4	56	120	208	256	328	408	552	680
5	72	144	224	328	424	504	680	-
6	88	176	256	392	504	600	-	-
7	104	224	328	472	584	680	-	-
8	120	256	392	536	680	-	-	-
9	136	296	456	616	-	-	-	-
10	144	328	504	680	-	-	-	-
11	176	376	584	-	-	-	-	-
12	208	440	680	-	-	-	-	-

另外，NB-IoT 下行最大 TBS 被定为 680，所以大于 680 的 TBS 被修改或者删除。NB-IoT 场景每个 RB 的可用 RE 不同于 LTE TBS 表设计的 RE 数目假设，因此 TBS 表每一行的实际频谱效率与 LTE 不同。

7.10.1.3.2 备选方案

提案中[1]提到 MCS 索引同时指示调制方式和冗余版本 RV。表 7-9 给出了一个例子。如表所示，抽取 R8 版本 MCS 表中 MCS 索引为 0，2，4，6，8 的等级作为前 5 个等级，冗余版本为 0。后 3 个等级与前 5 个等级中高码率的 3 个等级具有相同的频谱效率，但冗余版本为 2。提案中[1]的仿真结果表明，高码率支持多个 RV 可以提高重传性能。图 7.36 为 TU 1Hz 场景，两发一收天线配置，不同码率下的仿真结果，具体仿真假设参见提案[1]。从图中可见，在衰落信道下，支持 1 个以上 RV 可以有效提升 SNR-BLER 曲线性能，且总体上 2 个 RV 跟 4 个 RV 的性能非常接近。不过，由于有些公司认为 NB-IoT 中下行并非主要业务方向，指示重传版本的 RV 方案没有被协议采纳。

与表 7-9MCS 表相对应的 TBS 表如表 7-10 所示，5 个等级为 R8 版本 TBS 表的前 5 个等级。

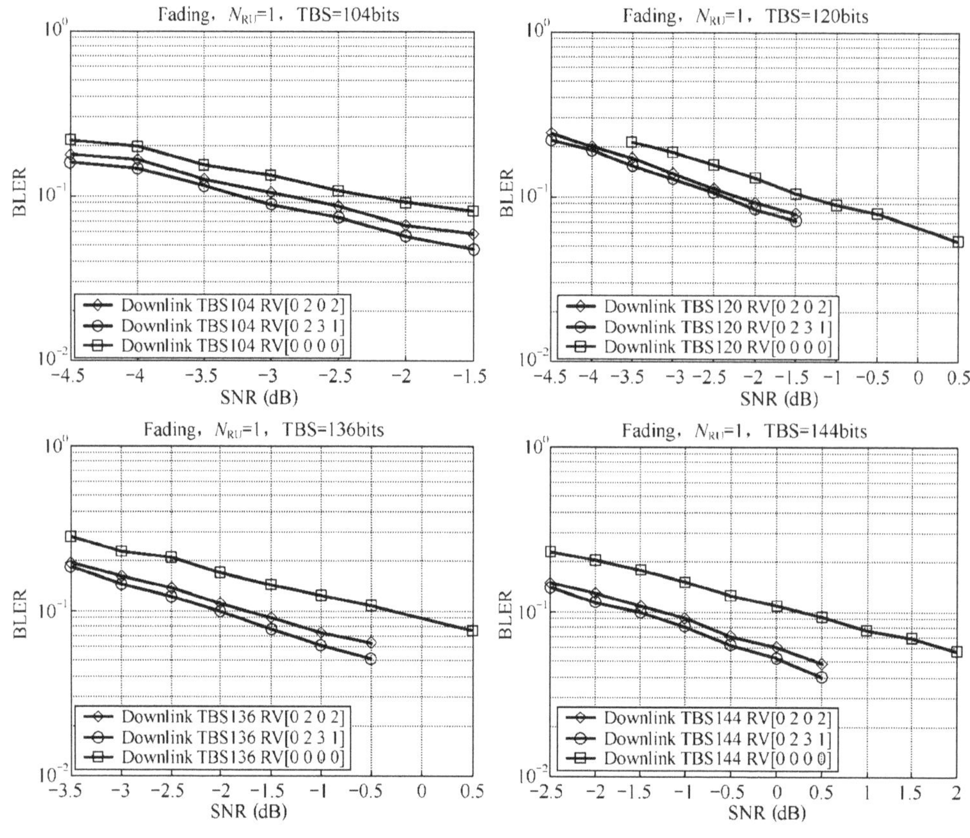

图 7.36　BLER 性能，RV 数目为 1,2,4

表 7-9　指示冗余版本的 **NB-IoT 3bits MCS** 表例子

MCS index I_{MCS}	Modulation order Q_m	TBS index I_{TBS}	Redundancy Version rv_{idx}
0(0)	2	0(0)	0
1(2)	2	1(2)	0
2(4)	2	2(4)	0
3(6)	2	3(6)	0
4(8)	2	4(8)	0
5(4)	2	2(4)	2
6(6)	2	3(6)	2
7(8)	2	4(8)	2

表 7-10　NB-IoT TBS 表例子

I_{TBS}	N_{RU}					
	1	2	3	4	5	6
0(0)	16	32	56	88	120	152
1(2)	32	56	120	176	208	256
2(4)	56	120	208	256	328	392
3(6)	88	176	256	392	504	600
4(8)	120	256	392	504	680	808

如表 7-11 所示，提案中[2]提出了另一种 NB-IoT MCS 表设计方案。抽取 R8 版本 MCS 表中 MCS 索引为 0，2，4，6，8 的等级作为前 5 个等级，不支持冗余版本指示。而与表 7-11 对应的 TBS 表，即表 7-12 把整体 TBS 的对应码率降低了一半，此时最高 MCS 的码率略低于 1/3。从场景需求上，很多公司认为下行不需要支持高码率，所以采用低码率作为工作区间是合理的。而且，不支持 RV 也不会降低重传的性能。提案中[2]还提出了表 7-11 对应 TBS 表的另一个设计方案。

表 7-11　指示冗余版本的 NB-IoT 3bits MCS 表例子

NB-IoT MCS index (LTE R8 MCS index) I_{MCS}	Modulation order Q_m	NB-IoT TBS index (LTE R8 MCS index) I_{TBS}
0(0)	2	0(0)
1(2)	2	1(2)
2(4)	2	2(4)
3(6)	2	3(6)
4(8)	2	4(8)

表 7-12　NB-IoT TBS 表例子

I_{TBS}	N_{RU}					
	2	4	6	8	10	12
0(0)	16	32	56	88	120	152
1(2)	32	56	120	176	208	256

续表

I_{TBS}	N_{RU}					
	2	4	6	8	10	12
2(4)	56	120	208	256	328	392
3(6)	88	176	256	392	504	600
4(8)	120	256	392	504	680	-

提案[3]提出抽取 R8 版本 MCS 表中 MCS 索引为 0，2，4，6，8 的等级作为前 5 个等级，在对应的 TBS 表设计中，低码率可以支持比较大的 TBS。这个特点有利于降低开销和时延。

7.10.1.4 下行功率分配

eNodeB 通过下行功率分配确定每个 RE 上的下行发射能量（Energy Per Resource Element，EPRE）。

NB-IoT 下行链路支持单天线端口传输和两天线端口发射分集传输，并且 NPDSCH 仅采用 QPSK 调制，因此，NB-IoT 协议采用了比较简单的同时有利于保证传输性能的下行功率分配策略[1-2]。

具体地，在一个 NB-IoT 小区内，UE 可以认为下行 NRS 的 EPRE 在 NB-IoT 下行系统带宽以及所有包含 NRS 的子帧范围内是恒定的，直到 UE 接收到不同的 NRS 功率信息。其中，下行 NRS 的 EPRE 可以根据高层参数 nrs-Power 指示的 NRS 发射功率得到，这里 NRS 发射功率定义为 NB-IoT 系统带宽内所有携带 NRS 的 RE 上的功率贡献（单位为 W）的线性平均。

进一步，由于下行信道每个 RE 上的发射能量相同，有利于下行解调接收，所以，当 NRS 天线端口为 1 时，UE 可以认为 NPBCH、NPDCCH、NPDSCH 的 EPRE 与 NRS EPRE 之比均为 0dB；当 NRS 天线端口为 2 时，UE 可以认为 NPBCH、NPDCCH 和 NPDSCH 的 EPRE 与 NRS EPRE 之比均为–3dB。

另外，当 NB-IoT 小区使用 In-band 操作模式，并且 LTE CRS 天线端口数与 NRS 天线端口数相同时，LTE CRS 可以用于 NB-IoT 下行解调和/或测量。需要考虑的问题是，是否需要将 LTE CRS 相对于 NRS 的功率差异通知给 NB-IoT UE。如果 LTE CRS 用于 RSRP 和 RSRQ 测量，则有必要获取该功率差异信息；如果 LTE CRS 用于数据解调，获取该功率差异信息有利于提升解调性能。因此，NB-IoT 协议支持 NB-IoT UE 使用 LTE CRS 和 NRS 进行下行解调和/或测量，支持在 SIB1 中指示 NRS 与 LTE CRS 之间的功率差异，如果 SIB1 没有指示该功率差异，UE 可以认为 NRS 和 LTE CRS 的 EPRE 相同。

具体地，当通过高层参数 operationModeInfo 指示“00”来配置 NB-IoT 小区使用 In-band 操作模式时，可以通过高层参数 nrs-CRS-PowerOffset 指示 NRS EPRE 与 CRS EPRE 之比，如果没有通过该高层参数指示，UE 可以认为 NRS EPRE 与 CRS EPRE 之比为 0dB。

由于 LTE 系统 PDSCH EPRE 与 CRS EPRE 之比 P_A 的取值[3-4]包括：{–6, –4.77, –3, –1.77, 0, 1, 2, 3} dB，也就是说，LTE CRS 与 PDSCH 之间的功率差异的取值包括：{6, 4.77, 3, 1.77, 0, –1, –2, –3} dB。考虑 NB-IoT 相对于 LTE 的功率提升（power boosting）有 0dB、3dB 和 6dB 3 种情形，那么，如表 7-13 所示[5]，NRS 与 LTE CRS 之间的功率差异的取值包括：{–6, –4.77, –3, –1.77, 0, 1, 1.23, 2, 3, 4, 4.23, 5, 6, 7, 8, 9} dB。

表 7-13 NRS 与 LTE CRS 之间的功率差异的取值

LTE CRS 与 PDSCH 之间的功率差异（dB）	NB-IoT 相对于 LTE 的 power boosting（dB）		
	0	3	6
–3	3	0	9
–2	2	5	8
–1	1	4	7
0	0	3	6
1.77	–1.77	1.23	4.23
3	–3	0	3
4.77	–4.77	–1.77	1.23
6	–6	–3	0

7.10.2 上行 HARQ 过程

由于 NB-IoT 系统上行数据传输的特点，所以上行支持异步 HARQ。由于不支持 PHICH 的发送，所以上行定时主要考虑 NPDCCH 和 NPUSCH 之间的定时。

7.10.2.1 定时

在标准的讨论过程中，可供选择的方案和下行调度定时相同，详见第 7.10.1.1 节，最终采用的方案和下行相同，不同的是只定义了一组调度定时的值。具体为，如果终端在下行子帧 n 上检测到对应的 DCI 格式 N0，那么在下行子帧 $n+k_0$ 对应的上行子帧开始 NPUSCH 传输，其中 k_0 的取值如表 7-14 所示。

表 7-14 k_0 的取值

I_{Delay}	k_0
0	8
1	16
2	32
3	64

7.10.2.2 资源分配

对于 NPUSCH 格式 1，由于支持多种子载波个数，所以需要考虑频域资源分配，为了支持不同大小的传输块，还需要配置对应的资源单元个数，需要指示重复传输次数以通过能量累积支持覆盖增强。

关于频域资源分配，在标准讨论过程中主要有以下几个方案。

方案一：预先定义资源格式[1-2]，方案一中预先定义几个资源格式，图 7.37 给出 3 种资源格式的例子。通过高层信令配置使用哪个资源格式，DCI 中只需指示子块索引即可，采用该方案可以有效地降低资源分配的开销，但是由于资源格式固定，调度灵活性受限。

方案二：动态指示[3-6]，当子载波间隔为 3.75kHz 时，NPUSCH 格式 1 只支持单子载波传输，所以只需要指示子载波位置即可。需要指示的子载波位置为 48，所以资源指示域为 6bits；当子载波间隔为 15kHz 时，NPUSCH 格式 1 支持单载波和多载波传输，所以需要指示子载波个数和起始位置。一种直接的方案就是单独指示，因为子载波个数有 4 种，而子载波位置有 12 种，所以需要 2bits 指示子载波个数，4bits 指示子载波位置，即频域资源分配需要 6bits，另一种就是联合指示，一个例子如表 7-15 所示[4]。从表中可以看出，只需要 5bits 就可以指示子载波个数和起始位置。由此可见，使用联合指示频域位置的开销小于独立指示。标准最后也采纳这种方案。

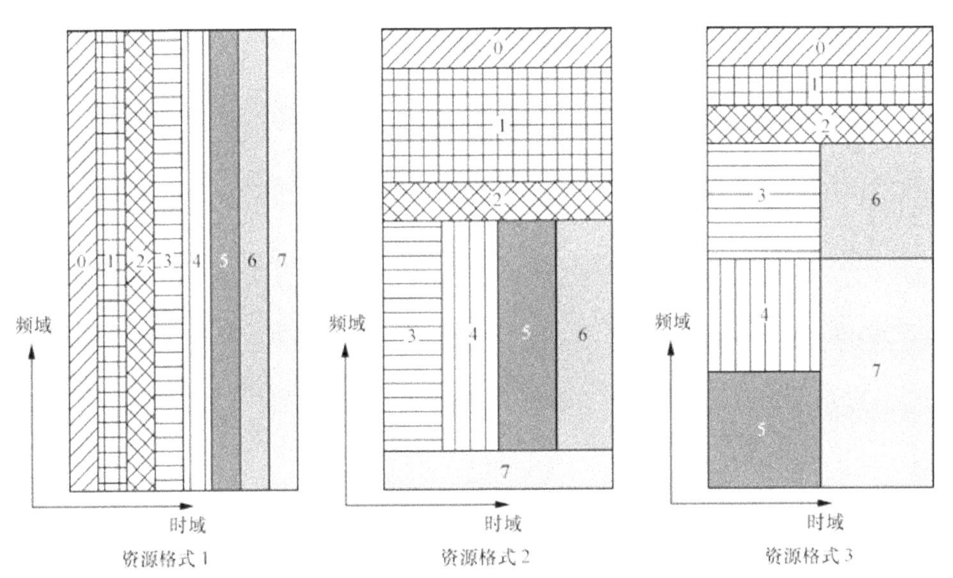

图 7.37 方案 1 示意图

表 7-15 资源分配示意图

5bits	x：子载波个数，m：可用子载波起始位置索引
00000~01011	x=1，m=1~12
01110~10001	x=3，m=1~4
10010~10011	x=6，m=1~2
10100	x=12，m=1

关于资源单元个数，通过 DCI 中的资源单元个数域分配，具体如表 7-16 所示。

表 7-16　资源单元的个数

I_{RU}	N_{RU}
0	1
1	2
2	3
3	4
4	5
5	6
6	8
7	10

关于重复次数，通过上行重复次数比特域（I_{Rep}）分配，具体如表 7-17 所示。

表 7-17　重复次数的取值

I_{Rep}	N_{Rep}
0	1
1	2
2	4
3	8
4	16
5	32
6	64
7	128

7.10.2.3　MCS 和 TB size、RV

上行是 NB-IoT 的主要业务方向。为了降低终端的成本，上行采用了 π/4-QPSK 和 π/2-BPSK 两种调制方式来降低 PAPR。NB-IoT 上行还引入了资源单元 RU（Resource Unit）的概念。RU 占用的子载波数有多种可能，即 1，3，6，12。一个 RU 子载波数 N_{sc}^{RU} 等于 1 和 RE 数目小于 N_{sc}^{RU} 大于 1 情形下的 RE 数目。这些原因导致上行 MCS/TBS 表的设计与下行有所不同。

7.10.2.3.1 协议采用的方案

上行 MCS 表的最大特点是针对不同的 N_{sc}^{RU} 独立设计。对于 N_{sc}^{RU} 大于 1 的情形，上行 MCS 表与下行 MCS，即表 7-7 相同。调制方式为 π/4-QPSK。对于 N_{sc}^{RU} 等于 1 的情形，协议采用了表 7-18 的 MCS 表格。其中 I_{MCS} 0～1 为 π/2-BPSK 调制方式，其余等级为 π/4-QPSK 调制方式。

表 7-18 N_{sc}^{RU} 等于 1 的情形，NB-IoT 上行 MCS 表

MCS Index I_{MCS}	Modulation Order Q_m	TBS Index I_{TBS}
0	1	0
1	1	2
2	2	1
3	2	3
4	2	4
5	2	5
6	2	6
7	2	7
8	2	8
9	2	9
10	2	10

表 7-19 是 NB-IoT 上行 TBS 表格，不区分 N_{sc}^{RU} 不同取值。采用 3bit 资源分配域 I_{RU} 和 4bits 的 I_{TBS} 来指示 TBS。I_{RU} 与调度的 RU 数目 N_{RU} 有一一对应的关系。这里为了描述方便，直接采用了 N_{RU} 作为 TBS 表的列变量。上行最大 TBS 是 1000，这点与上行是不同的。对于 NB-IoT 上行 15kHz 子载波间隔情形的单个子载波配置，最低和最高传输速率分别为 1.33kbit/s 和 20.83kbit/s；对于 12 个子载波的多个子载波配置，最低和最高传输速

率分别为 16kbit/s 和 250kbit/s。对于 3.75kHz 子载波间隔情形的单载波配置，一个子帧的时长为 15kHz 的 4 倍，最低和最高传输速率为 0.33kbit/s 和 5.21kbit/s。

表 7-19 NB-IoT 上行 TBS 表格

I_{TBS}	N_{RU}							
	1	2	3	4	5	6	8	10
0	16	32	56	88	120	152	208	256
1	24	56	88	144	176	208	256	344
2	32	72	144	176	208	256	328	424
3	40	104	176	208	256	328	440	568
4	56	120	208	256	328	408	552	680
5	72	144	224	328	424	504	680	872
6	88	176	256	392	504	600	808	1000
7	104	224	328	472	584	712	1000	
8	120	256	392	536	680	808		
9	136	296	456	616	776	936		
10	144	328	504	680	872	1000		
11	176	376	584	776	1000			
12	208	440	680	1000				

NB-IoT 上行传输支持两个 RV，即 RV0 和 RV2。初始 RV 通过 DCI 信令中的冗余版本域指示。上行还支持 RV 循环（RV cycling）[1]。以 B 个连续的 NB-IoT 上行时隙为一个循环单元，连续的两个循环单元采用不同的 RV。这里 $B = LN_{RU}N_{slots}^{UL}$，且 $L = \min\left(4, \left\lceil N_{Rep}/2 \right\rceil\right)$。$N_{Rep}$ 为重复次数，且通过 DCI 信令中的重复次数域指示。支持两个 RV 可以提升链路性能。提案中[2]给出了 TU 1Hz 场景，单发两收天线配置，不同 RV 数目下的 BLER 性能，具体的仿真假设参见提案。图 7.38 为 3/4 码率下的仿真结果，可见在衰落信道下，支持 1 个以上 RV 可以有效提升 SNR-BLER 曲线性能，且 2 个 RV 跟 4 个 RV 的性能非常接近。

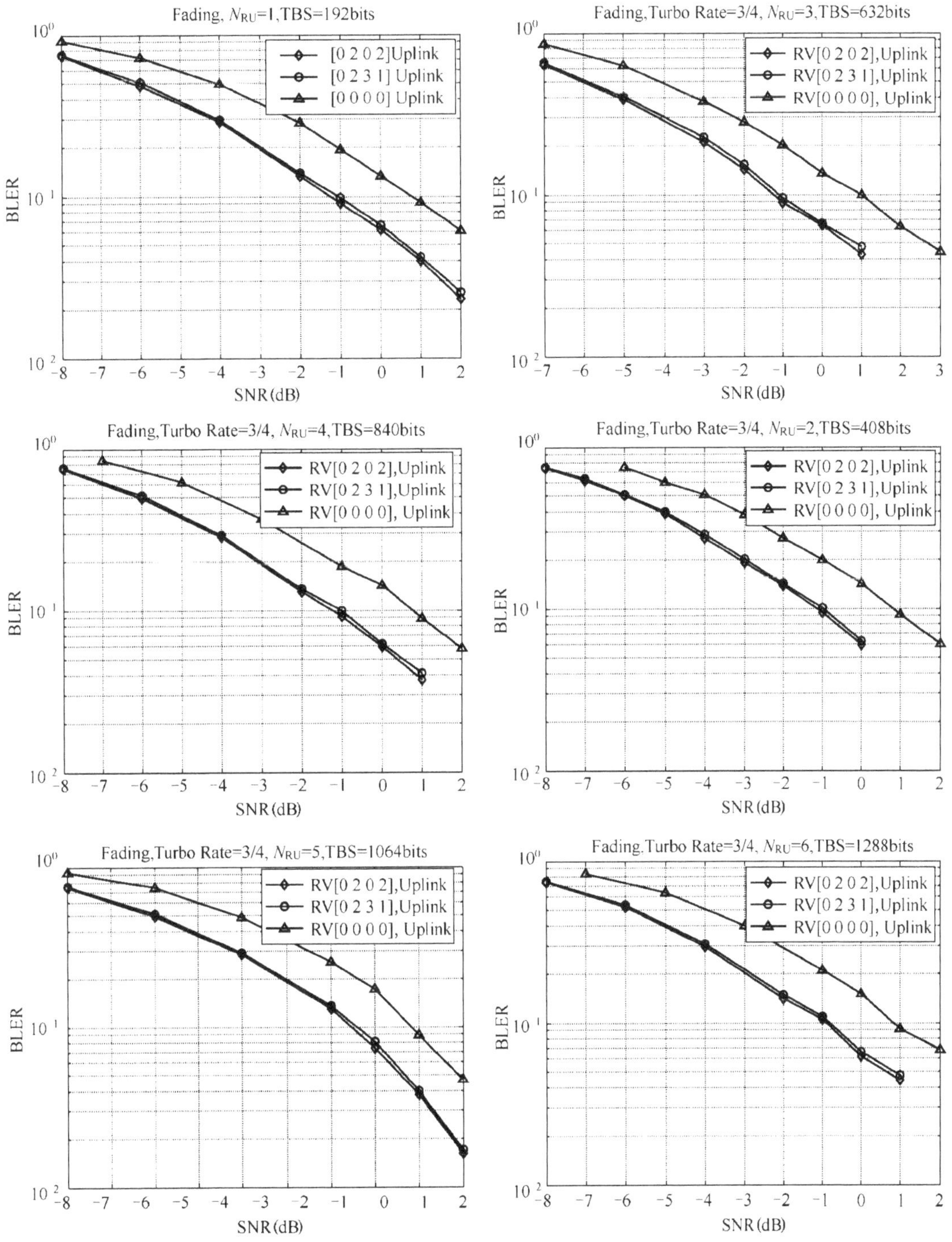

Fading, N_{RU}=1,TBS=192bits

Fading,Turbo Rate=3/4, N_{RU}=3,TBS=632bits

Fading,Turbo Rate=3/4, N_{RU}=4,TBS=840bits

Fading,Turbo Rate=3/4, N_{RU}=2,TBS=408bits

Fading,Turbo Rate=3/4, N_{RU}=5,TBS=1064bits

Fading,Turbo Rate=3/4, N_{RU}=6,TBS=1288bits

图 7.38 BLER 性能，码率 3/4，RV 数目为 1，2，4

7.10.2.3.2　备选方案

如表 7-20 所示，提案中[2]提到 MCS 索引同时指示调制方式和冗余版本 RV。该表只在高码率下支持两个 RV。

表 7-20　指示冗余版本的 NB-IoT 3bits MCS 表例子

MCS index I_{MCS}	Modulation order Q_m	TBS index I_{TBS}	Redundancy Version rv_{idx}
0(0)	1	0(0)	0
1(2)	2	1(2)	0
2(4)	2	2(4)	0
3(6)	2	3(6)	0
4(8)	2	4(8)	0
5(4)	2	2(4)	2
6(6)	2	3(6)	2
7(8)	2	4(8)	2

提案[3]建议基于不同的覆盖等级设计不同的 MCS。MCS 索引指示重复次数和子载波数目。提案[4]则根据 MCL 分别设计 MCS/TBS。与 R8 版本的相关表格设计相比，这两种方案对协议改动都比较大。

7.10.2.4　上行功率控制

7.10.2.4.1　NPUSCH

关于 NB-IoT NPUSCH 上行功率控制，在 NB-IoT 协议讨论过程中，各个观点同意仍然采用类似于 LTE PUSCH 的部分路损补偿功率控制机制，不过，在一些具体细节上仍然存在明显差异，需要考虑和解决，主要体现在以下几个方面。

- 子载波级别功率控制

LTE PUSCH 基于物理资源块（Physical Resource Block，PRB）进行上行功率控制，而 NB-IoT 采用 180kHz 窄带，上行支持 Single-tone 传输和 Multi-tone 传输。参考文献[1]最早提出了 NB-IoT 以子载波为粒度进行上行功率控制的观点，已被标准采纳。

- 不同子载波间隔的功率差异

NB-IoT 上行 Single-tone 传输支持两种子载波间隔，分别是 3.75kHz 和 15kHz，对于相同的目标 SINR 需求，二者需要的目标接收功率不同。针对这一问题，在标准讨论过程中主要有 3 个方案：第一个方案[1]是基于 15kHz 子载波间隔进行功率控制并在功率控制公式中增加一个功率偏移参数 *Delta* 用于体现 3.75kHz 和 15kHz 子载波间隔的功率差异，即当采用 15kHz 子载波间隔时，*Delta* 设置为 0dB，当采用 3.75kHz 子载波间隔时，*Delta* 设置为–10lg4dB；第二个方案[2]是在上行传输资源带宽参数 *M* 中反映 3.75kHz 和 15kHz 子载波间隔的功率差异，以 15kHz 子载波间隔为基准，当采用 3.75kHz 子载波间隔时，*M* 设置为 1/4；第三个方案[3]是将 3.75kHz 和 15kHz 子载波间隔的功率差异包括在目标接收功率配置参数 P_0 中，具体地包括在终端特定的功率配置参数 P_{0_UE} 中，不过该方案会影响 P_{0_UE} 的取值范围[4]，并且当发送随机接入过程为 Msg3 消息时，P_{0_UE} 的取值为 0dB，该方案无法使用[5-6]。前两个方案实际上是等效的，经过标准讨论最终采纳了第二个方案。

- 闭环功率控制

对于 NB-IoT 上行功率控制是否仍然支持闭环功率控制，在标准讨论过程中主要有两类观点：一类观点[2, 7]是，考虑 NB-IoT 的业务应用场景，通常情况下终端接入后完成一个数据包的发送会重新进入休眠状态，业务非常稀疏，持续时间也比较短，闭环功率控制必要性不大，另外闭环功率控制需要在下行控制信息 DCI 中携带传输功率控制（Transmit Power Control，TPC）命令，占用一定开销；另一类观点[4-5, 8-9]是，NB-IoT 上行没有信道质量测量过程，链路适应能力较差，MCS 选择可能不合适，另外下行路径损耗测量误差也会影响上行功率控制，采用闭环功率控制有利于调整上行传输性能，也有利于干扰管理。经过讨论，标准最终决定不支持闭环功率控制。

- 上行控制信息的功率控制

NB-IoT 上行没有类似于 LTE PUCCH 的控制信道，上行控制信息 ACK/NACK 也通过 NPUSCH 信道发送，并且，仅采用 Single-tone 传输、BPSK 调制和重复编码。对于 NB-IoT 上行控制信息的功率控制，在标准讨论过程中主要有两种观点：一种观点[1, 4]是，上行控制信息采用的传输方案与通过 NPUSCH 发送数据时采用的传输方案不同，所以二者的目标 SINR 需求不同，因此，上行控制信息有必要采用独立的功率控制，具体包括目标接收

功率配置参数 P_0 独立配置，并采用全路损补偿；另一种观点[6, 9]是，上行控制信息与 NPUSCH 发送数据可以采用同样的功率控制，二者之间的功率控制差异可以通过调整上行控制信息的传输方案例如重复次数等来解决。经过标准讨论融合，确定上行控制信息与 NPUSCH 发送数据共用同一套功率控制过程，并且路损补偿因子取值为 1，即上行控制信息采用全路损补偿。

综上所述，将 NB-IoT PUSCH 上行功率控制机制总结如下。

对于 UE 在上行时隙 i 向服务小区 c 进行 NPUSCH 传输的发射功率 $P_{\mathrm{NPUSCH,c}}(i)$，如果 NPUSCH 资源单元的重复次数大于 2，则：

$$P_{\mathrm{NPUSCH,c}}(i) = P_{\mathrm{CMAX,c}}(i) \quad [\mathrm{dBm}]$$

也就是说，对于需要通过多次（大于 2 次）重复来增强覆盖的 UE，采用最大发射功率；否则，

$$P_{\mathrm{NPUSCH,c}}(i) = \min\left\{\begin{array}{l} P_{\mathrm{CMAX,c}}(i), \\ 10\lg\left(M_{\mathrm{NPUSCH,c}}(i)\right) + P_{\mathrm{O\_NPUSCH,c}}(j) + \alpha_{\mathrm{c}}(j)\cdot PL_{\mathrm{c}} \end{array}\right\} \quad [\mathrm{dBm}]$$

其中：

- $P_{\mathrm{CMAX,c}}(i)$ 是系统针对服务小区 c 在上行时隙 i 配置的 UE 最大发射功率[10]；
- 当采用子载波间隔为 3.75kHz 的 Single-tone 传输时，$M_{\mathrm{NPUSCH,c}}(i)$ 取值为 1/4；当子载波间隔为 15kHz 时，$M_{\mathrm{NPUSCH,c}}(i)$ 的取值包括{1, 3, 6, 12}；
- $P_{\mathrm{O\_NPUSCH,c}}(j)$ 为 $P_{\mathrm{O\_NOMINAL\_NPUSCH,c}}(j)$ 和 $P_{\mathrm{O\_UE\_NPUSCH,c}}(j)$ 之和，其中，$j\in\{1,2\}$；j=1 对应于基于动态调度授权的 NPUSCH 传输或重传，此时，$P_{\mathrm{O\_NOMINAL\_NPUSCH,c}}(j)$ 和 $P_{\mathrm{O\_UE\_NPUSCH,c}}(j)$ 均由高层信令配置；j=2 对应于随机接入响应授权的 NPUSCH（即 Msg3 消息）传输或重传，此时，$P_{\mathrm{O\_NORMINAL\_NPUSCH,c}}(2) = P_{\mathrm{O\_PRE}} + \Delta_{\mathrm{PREAMBLE\_Msg3}}$，其中，$P_{\mathrm{O\_PRE}}$ 即高层信令指示的随机接入过程功率控制参数 preambleInitialReceivedTargetPower[11]，$\Delta_{\mathrm{PREAMBLE\_Msg3}}$ 由高层信令配置，$P_{\mathrm{O\_UE\_NPUSCH,c}}(2) = 0$；
- 当 j=1 时，对于 NPUSCH 格式 1 即通过 NPUSCH 发送数据，$\alpha_{\mathrm{c}}(j)$ 由高层信令配置，对于 NPUSCH 格式 2 即通过 NPUSCH 发送上行控制信息，$\alpha_{\mathrm{c}}(j)=1$；当 j=2 时，$\alpha_{\mathrm{c}}(j)=1$。
- PL_{c} 是 UE 估计的下行路径损耗，根据 NRS 发射功率 nrs-Power 与 UE 高层滤波处理后的 NRSRP 测量结果计算得到，即 PL_{c} = nrs-Power–UE 高层滤波处理后的 NRSRP 测

量值，单位为 dB，其中，NRS 发射功率 nrs-Power 由高层信令指示，NRSRP 的定义请参考参考文献[12]，UE 高层滤波处理配置与过程请参考参考文献[13]。

7.10.2.4.2 功率余量

功率余量（Power Headroom）可以为 eNodeB 上行业务调度提供参考，例如可以用于供 eNodeB 确定在不超过最大发射功率的前提下 UE 能够使用的上行带宽，避免为 UE 分配过多的资源。

考虑 NB-IoT 的业务应用场景，通常情况下终端接入后完成一个数据包的发送会重新进入休眠状态，业务非常稀疏，数据包比较小，传输时间也比较短，因此，如果按照 LTE 系统的功率余量报告（Power Headroom Report，PHR）机制，终端进行上行数据传输时报告功率余量，则对于本次数据传输，所报告的功率余量并无法使用，而上一次数据传输时报告的功率余量，可能由于间隔时间较长，对本次数据传输也失去使用价值[2]。

因此，经过标准讨论，决定在随机接入过程消息 Msg3 中支持 NPRACH 重复等级配置最低的 UE 进行功率余量报告，使用 2bits，支持 4 个功率余量取值用于报告。其中，使用 2bits 主要是为了控制开销，降低对 Msg3 的影响。

关于功率余量的计算与报告，在标准讨论过程中主要有两种方案，第一种方案不直接报告功率余量，而是 UE 估计其可以使用的子载波数量并报告[2]，第二种方案是按照 NPUSCH 采用 Single-tone 以及 15kHz 子载波间隔发送数据时的发射功率进行功率余量计算，并按照功率余量取值映射表进行报告[4]。经过标准讨论，采纳了第二种方案，即不管实际采用的子载波间隔是多少，均按照 NPUSCH 采用 Single-tone 以及 15kHz 子载波间隔发送数据时的发射功率进行功率余量计算。

具体地，当 UE 在上行时隙 i 向服务小区 c 发送 NPUSCH 时，功率余量按照下述公式计算：

$$PH_{\mathrm{c}}(i)=P_{\mathrm{CMAX,c}}(i)-\left\{P_{\mathrm{O\_NPUSCH,c}}(1)+\alpha_{\mathrm{c}}(1)\cdot PL_{\mathrm{c}}\right\}\quad(\mathrm{dB})$$

其中，$P_{\mathrm{CMAX,c}}(i)$、$P_{\mathrm{O\_NPUSCH,c}}(1)$、$\alpha_{\mathrm{c}}(1)$ 以及 PL_{c} 如上节所述。进一步，计算得到的功率余量需要按照参考文献[14]中定义的功率余量取值映射表进行向下近似，得到最接近的功率余量报告值，并由物理层传递给高层用于报告。

7.11 NAS 信息的传输

对于控制面数据传输方案，不支持数据在用户面承载（包括空口的数据无线承载和 S1 接口的用户面承载）上传输，数据只能通过 NAS 封装通过空口和 S1 接口的信令进行传输。

NB-IoT 中支持 NAS 信息（包括 NAS 信令和 NAS 数据）在空口和 S1 接口上传输。NAS 信息的传输过程涉及在空口和 S1 接口传递 UE 与 MME 之间的信息。基站不解析 NAS 信息。

对于连接态终端，可以通过空口的上下行信息传递（UL Information Transfer-NB 和 DL Information Transfer-NB）消息和 S1 接口的上下行 NAS 传输（Uplink NAS Transport 和 Downlink NAS Transport）消息传递 NAS 信息，如图 7.39 所示。

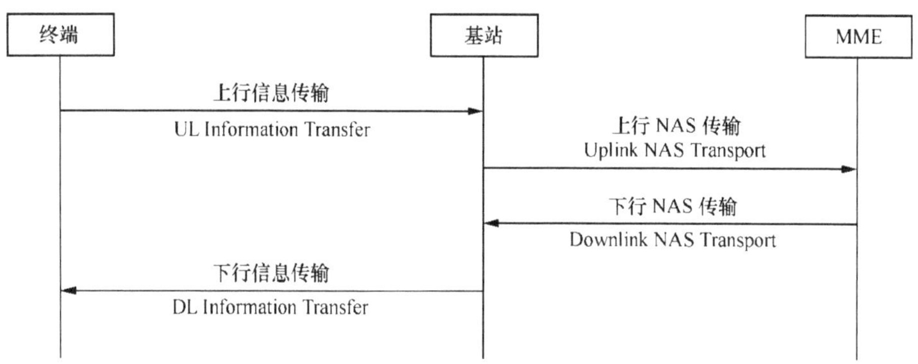

图 7.39 上下行 NAS 传输过程

在 NB-IoT 系统中，除上述 NAS 信息的传输过程外，还可以通过以下方式进行 NAS 信息的传递：

- 终端通过 RRC 连接建立完成（RRCConnectionSetupComplete-NB）消息携带 NAS 信息（NAS 信令或 NAS 数据）；基站将要传输的 NAS 信息通过 S1 接口的初始终端消息（INITIAL UE MESSAGE）传递给 MME；
- 基站通过 RRC 重配（RRCConnectionReconfiguration-NB）消息将 NAS 信息传递给终端。

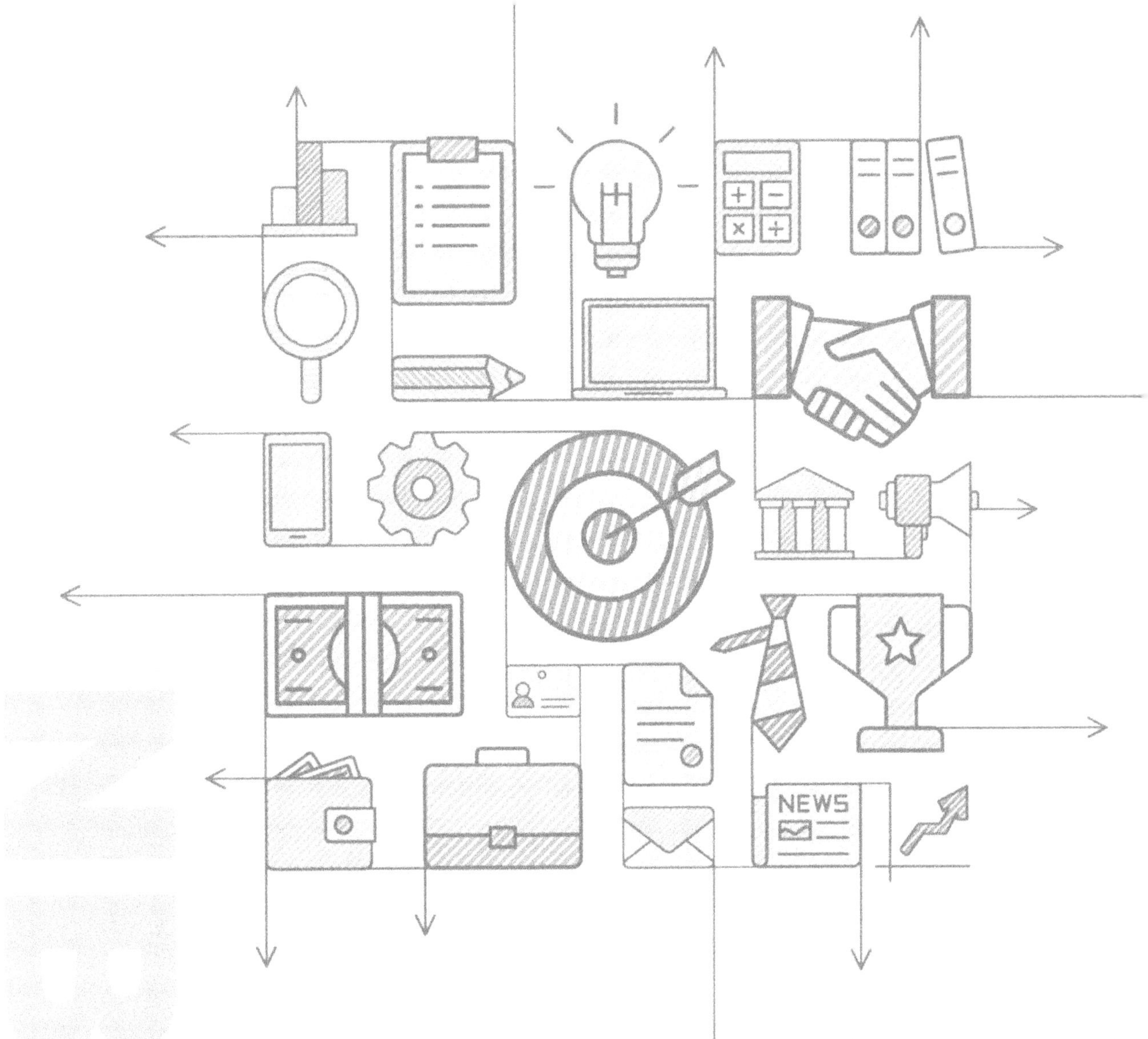

Chapter 8

第 8 章

NB-IoT 射频指标分析

由于目前全球是一个多制式多系统共存的网络环境，未来运营商部署 NB-IoT 系统时，势必面临着 NB-IoT 与现有多种系统邻频共存的场景。由于射频器件的非线性等因素，这些不同系统间将可能产生一定的相互干扰，造成系统性能损失。 因此 3GPP RAN4 工作组在制定NB-IoT射频指标规范时需要充分考虑NB-IoT与现有系统间相互干扰的影响，保证未来 NB-IoT 系统商用部署时系统间互干扰所引起的性能损失合理。

8.1 共存分析

在 NB-IoT WI 阶段，3GPP RAN4 工作组只研究了 NB-IoT 与 LTE/UMTS/GSM 之间的共存分析，其中包括了 Stand-alone NB-IoT 与 LTE/UMTS/GSM 共存分析、In-band NB-IoT 与 LTE 共存分析以及 Guard-band NB-IoT 与 LTE 共存分析。在 2016 年 4 月墨西哥 RAN4#78bis 会议，首次提出需要研究 Stand-alone NB-IoT 与 CDMA 的共存场景[1]，其主要触发原因为实际网络部署需求，并且于 2016 年 6 月韩国釜山 3GPP RAN#72 次会议立项通过了 Stand-alone NB-IoT 与 CDMA 共存 WI [2]，可见 3GPP RAN4 共存分析对于运营商部署实际系统时重要意义以及在射频指标规范中的指导价值。

8.1.1 NB-IoT 共存仿真场景

本书主要依据 NB-IoT WI 阶段的共存研究结果，对 NB-IoT 与现有系统的共存结果展开分析，主要涉及场景如前所述 Stand-alone NB-IoT 与 LTE/UMTS/GSM，In-band NB-IoT 与 LTE 以及 Guard-band NB-IoT 与 LTE。NB-IoT 共存研究仿真场景详见表 8-1。下面对于 In-band NB-IoT 与 LTE 共存以及 Guard-band NB-IoT 与 LTE 共存稍做分析，主要介绍为什么 In-band NB-IoT、Guard-band NB-IoT 不需要与 LTE 在下行链路进行共存仿真分析以及为什么 In-band NB-IoT、Guard-band NB-IoT 需要与 LTE 在上行链路进行共存仿真分析。

In-band NB-IoT，顾名思义，即 NB-IoT 占用 LTE 系统带宽内的一个或者多个正常 PRB。由于 NB-IoT 系统的下行链路子载波间隔为 15kHz,即沿用 LTE 子载波间隔，因此 In-band NB-IoT 与 LTE 之间的子载波正交结构依旧保持，In-band NB-IoT 载波将和正常的 LTE PRB 一样工作。换言之，对于 In-band NB-IoT，在下行链路不需要进行任何共存仿真分析。

Guard-band NB-IoT，顾名思义，即 NB-IoT 占用 LTE 保护带宽内的一个或者多个正常 PRB。在 Guard-band NB-IoT 系统的下行链路，类似于 In-band NB-IoT 场景，Guard-band NB-IoT 与 LTE 之间的正交性依旧保持，因此对于 Guard-band NB-IoT 系统，在下行链路也不需要继续进行任何共存仿真分析。

NB-IoT 系统的上行链路存在多种传输模式，主要包括 Multi-tone 传输和 Single-tone 传输，其中 Multi-tone 传输模式的子载波间隔为 15kHz, Single-tone 传输模式又分为子载波间隔为 15kHz 和 3.75kHz。不难看出，对于子载波间隔为 15kHz 时，In-band NB-IoT 子载波依旧可以与 LTE 子载波保持正交，而子载波间隔为 3.75kHz 的 Single-tone 传输模式则不能与 LTE 保持正交，因此需要通过共存仿真分析系统间互干扰所引起的性能损失。因此无论是 In-band NB-IoT 还是 Guard-band NB-IoT，需要评估子载波间隔为 3.75kHz 的 Single-tone 传输模式的 NB-IoT 与 LTE 之间的共存干扰。In-band NB-IoT 和 Guard-band NB-IoT 上行链路与 LTE 共存时的功率谱密度如图 8.1 所示[3-4]。

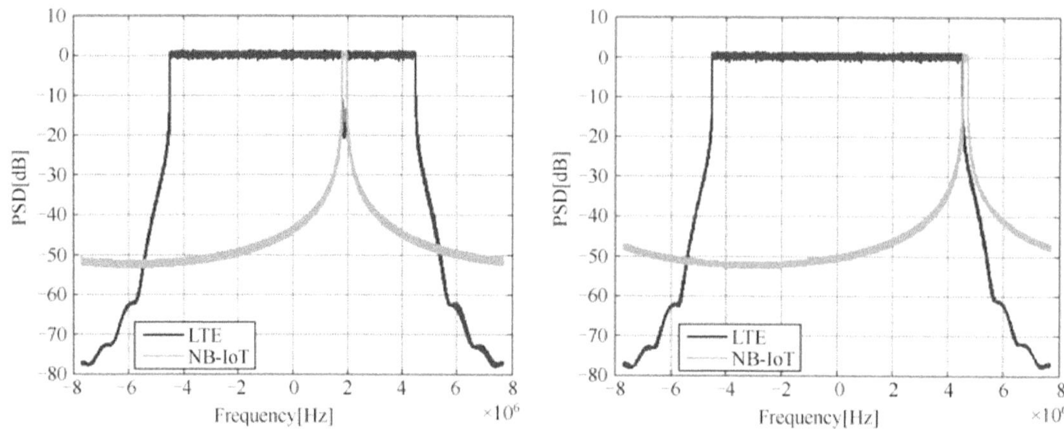

图 8.1 In-band 和 Guard-band NB-IOT 和 LTE 的上行链路功率谱密度

表 8-1 NB-IoT 共存研究仿真场景[2]

场景	工作模式	干扰系统	受扰系统	链路方向
1	Stand-alone	NB-IoT	LTE	DL
2	Stand-alone	LTE	NB-IoT	DL
3	Stand-alone	NB-IoT	UMTS	DL
4	Stand-alone	UMTS	NB-IoT	DL
5	Stand-alone	NB-IoT	GSM	DL
6	Stand-alone	GSM	NB-IoT	DL
7	Stand-alone	NB-IoT	LTE	UL
8	Stand-alone	LTE	NB-IoT	UL
9	Stand-alone	NB-IoT	UMTS	UL
10	Stand-alone	UMTS	NB-IoT	UL
11	Stand-alone	NB-IoT	GSM	UL
12	Stand-alone	GSM	NB-IoT	UL
13	Guard-band	NB-IoT	LTE	UL
14	Guard-band	LTE	NB-IoT	UL
15	In-band	NB-IoT	LTE	UL
16	In-band	LTE	NB-IoT	UL

表 8-2 列举了 NB-IoT 与 LTE/UMTS/GSM 共存仿真的详细仿真参数，3GPP RAN4 工作组基于该假设进行共存仿真分析。

表 8-2 NB-IoT 共存研究仿真参数[2]

	NB-IoT Stand-alone	NB-IoT In-band/Guard-band	LTE	UMTS	GSM
载波频率（GHz）	0.9 和 2	0.9 和 2	0.9 和 2	0.9 或 2	0.9
信道带宽（MHz）	0.2	0.18	10	5	0.2
传输带宽（MHz）	0.18	0.18	9	3.84	0.2
部署环境	都市宏场景	都市宏场景	都市宏场景	都市宏场景	都市宏场景
网络拓扑	19 个站址	19 个站址	19 个站址	19 个站址	19 个站址
站址间距离（m）	受扰系统和干扰系统相同	受扰系统和干扰系统相同	0.9GHz: 750 2GHz: 500	0.9GHz: 750 2GHz: 500	1732
系统负载	Full buffer 100%	Full buffer 100%	Full buffer 100%	Full buffer 100% 8kbit/s speech	Full buffer 100%
网络结构	非共站址	与 LTE 共站址	（参考 IoT）	与 NB-IoT 非共站址	与 NB-IoT 非共站址
下行载波间隔	15kHz	15kHz	15kHz		
上行	参考 RP-152284	参考 RP-152284	SC-FDMA		
下行功率控制	No	No	No	TR25.942	No
上行功率控制	全功率补偿，基站目标 SNR 位 15dB，根据调度带宽就行参数调整	全功率补偿，基站目标 SNR 位 15dB，根据调度带宽就行参数调整	36.942 章节 5.1.1.6	TR25.942	CS 25.816
频率复用因子	1	1	1	1	4/12
下行每小区调度用户数	1	1	1	95%用户达到目标 (E_b/N_o-0.5)dB；非正交 0.4；目标 E_b/N_o=7.9dB	

续表

	NB-IoT Stand-alone	NB-IoT In-band/Guard-band	LTE	UMTS	GSM
上行每小区调度用户数	3 for Multi-tone (60kHz per UE), 12 for 15kHz Single-tone, 48for 3.75kHz Single- tone	3 for Multi-tone (60kHz per UE), 12 for 15kHz Single-tone, 48 for 3.75kHz Single-tone	3	根据 6dB 底噪抬升目标 E_b/N_o= 6.1dB	
基站天线高度（m）	30	30	30	30	30
基站最大发射功率 43（dBm）	43dBm/200kHz	46 dBm	46	43	43
包含天馈损耗后的基站天线增益（dBi）	15	15	15	15	15
基站天线方向图	水平面方向图（36.942）	水平面方向图（36.942）	水平面方向图（36.942）	水平面方向图（36.942）	水平面方向图（36.942）
基站天线前后向抑制比（dBi）	20	20	20	20	20
终端天线高度（m）	1.5	1.5	1.5	1.5	1.5
终端发送功率（dBm）	–40～23	–40～23	–40～23	–50～24	5～33
终端天线增益（dBi）	0	0	0	0	0
建筑物穿透损耗	45.820 附录 D.1	45.820 附录 D.1	n/a	n/a	n/a
小区选择余量	3	3	3	3	3
基站与终端间耦合损耗（dB）	70	70	70	70	70
基站 ACLR（dB）	40～60	n/a	45	TR45.820	TS45.005
基站 ACS（dB）	40～50	n/a	45	TR45.820	TS45.005
终端 ACLR in dB	20～50	n/a	30 (ACLR1) 43 (ACLR2)	TR45.820	TS45.005
终端 ACS in dB	20～40	n/a	33	TR45.820	TS45.005

续表

	NB-IoT Stand-alone	NB-IoT In-band/Guard-band	LTE	UMTS	GSM
基站噪声系数[dB]	5	5	5	5	5
终端噪声系数[dB]	9	9	9	9	9
基站与终端之间的路损模型	TR36.942 都市宏场景	TR36.942 都市宏场景	TR36.942 都市宏场景	TR36.942 都市宏场景	TR36.942 都市宏场景
阴影衰落方差[dB]	10	10	10	10	8
阴影衰落相关系数	站址间：0.5 站址内：1	站址间：0.5 站址内：1	站址间：0.5 站址内：1	站址间：0.5 站址内：1	站址间：0.5 站址内：1
链路级性能模型			参考 36.942 附录 A.1		
评估方式	SINR vs ACS（受扰系统）	SINR	SINR 和吞吐量损失 vs Stand-alone NB-IoT ACLR; SINR 和吞吐量损失 vs In-band/ Guard-band IoT	容量损失 vs NB-IoT ACLR（受扰系统）	SINR 和中断概率 vs NB-IoT ACLR（受扰系统）
载波间隔	与 GSM 之间：0.3MHz 与 UMTS 之间：2.6MHz 与 LTE 之间：5.1MHz		参考 Stand-alone NB-IoT	参考 Stand-alone NB-IoT	参考 Stand-alone NB-IoT
NB-IoT 载波频率位置	—	对于 In-band 场景，NB-IoT 载波部署在 PRB#21； 对于 Guard-band 场景，NB-IoT 载波部署在紧邻 PRB#49	—	—	—

8.1.2 NB-IoT 共存仿真结果

根据表格 8-2 中的 NB-IoT 共存研究仿真假设，通过蒙特卡洛静态系统仿真可以得到如下仿真结果，以下结果包含了第 8.1.1 节共存仿真场景中所涉及的绝大部分结果，如读者需全面深入分析所有共存结果，请查看 NB-IoT BS 和 UE 发射、接收技术报告[7]。

根据图 8.2 共存仿真结果可以发现，当 Stand-alone NB-IoT 下行干扰 LTE 下行时，NB-IoT BS ACLR 达到 50dBc 即可以保证 NB-IoT 系统对 LTE 系统产生的邻道干扰满足 RAN4 共存要求，即 LTE 系统小区平均吞吐量损失和小区边缘吞吐量损失小于 5%；当 LTE 下行干扰 Stand-alone NB-IoT 下行时，当 NB-IoT UE ACS 指标达到 35dB 即可以保证 NB-IoT 系统受到 LTE 系统的邻道干扰满足 RAN4 共存要求，即 NB-IoT 系统的 SNR 损失小于 1dB。

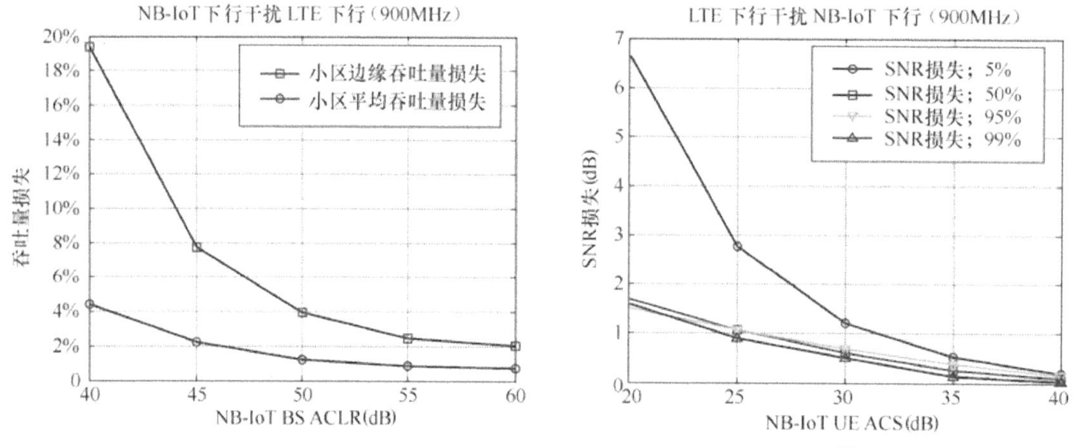

图 8.2 Stand-alone NB-IoT 下行与 LTE 下行共存仿真结果[5]

根据图 8.3 共存仿真结果可以发现，当 Stand-alone NB-IoT 下行干扰 UMTS 下行时，NB-IoT BS 的 ACLR 达到 45dBc 即可以保证 NB-IoT 系统对 UMTS 系统产生的邻道干扰满足 RAN4 共存要求，即 UMTS 系统容量损失小于 5%；当 UMTS 下行干扰 Stand-alone NB-IoT 下行时，当 NB-IoT UE ACS 指标达到 40dB 即可以保证 NB-IoT 系统受到 UMTS 系统的邻道干扰满足 RAN4 共存要求，即 NB-IoT 系统的 SNR 损失小于 1dB。

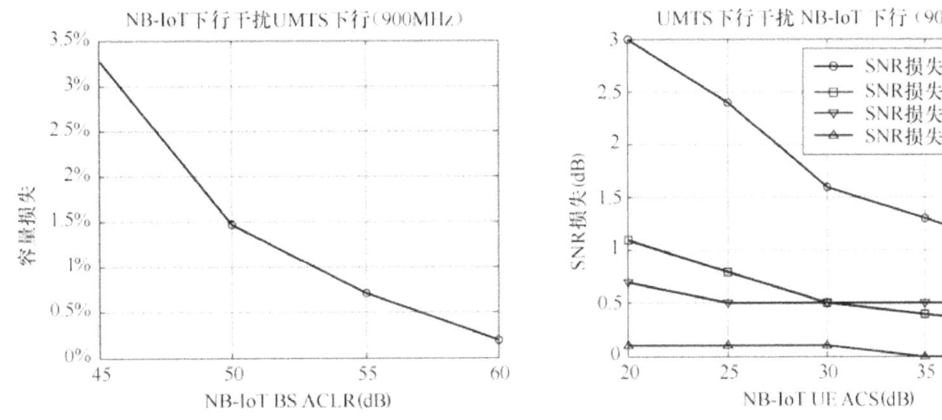

图 8.3 Stand-alone NB-IoT 下行与 UMTS 下行共存仿真结果[5]

根据图 8.4 共存仿真结果可以发现，当 Stand-alone NB-IoT 下行干扰 GSM 下行时，NB-IoT BS 的 ACLR 达到 40dBc 即可以保证 NB-IoT 系统对 GSM 系统产生的邻道干扰满足 RAN4 共存要求，即 GSM 系统中断损失小于 5%；当 GSM 下行干扰 Stand-alone NB-IoT 下行时，当 NB-IoT UE ACS 指标达到 40dB 即可以保证 NB-IoT 系统受到 GSM 系统的邻道干扰满足 RAN4 共存要求，即 NB-IoT 系统的 SNR 损失小于 1dB。

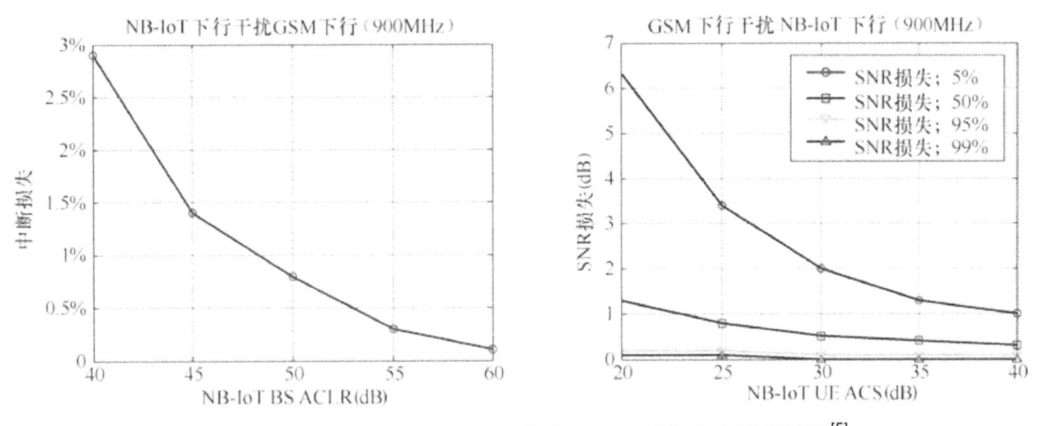

图 8.4 Stand-alone NB-IoT 下行与 GSM 下行共存仿真结果[5]

根据图 8.5 共存仿真结果可以发现，当 Stand-alone NB-IoT 上行干扰 LTE 上行时，NB-IoT UE ACLR 达到 35dBc 即可以保证 NB-IoT 系统对 LTE 系统产生的邻道干扰满足 RAN4 共存要求，即 LTE 系统小区平均吞吐量损失和小区边缘吞吐量损失小于 5%；当 LTE 上行干扰 Stand-alone NB-IoT 上行时，当 NB-IoT BS ACS 指标达到 40dB 即可以保证 NB-IoT 系统受到

LTE 系统的邻道干扰满足 RAN4 共存要求，即 NB-IoT 系统的 SNR 损失小于 1dB。

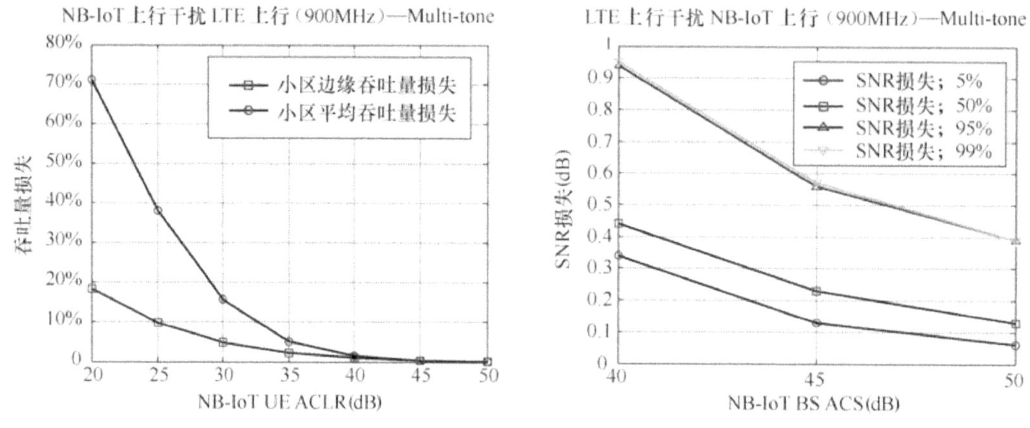

图 8.5 Stand-alone NB-IoT 上行与 LTE 上行共存仿真结果[5]

根据图 8.6 共存仿真结果可以发现，当 Stand-alone NB-IoT 上行干扰 UMTS 上行时，NB-IoT UE ACLR 达到 55dBc 即可以保证 NB-IoT 系统对 LTE 系统产生的邻道干扰满足 RAN4 共存要求，即 UMTS 系统容量小于 5%；当 UMTS 上行干扰 Stand-alone NB-IoT 上行时，当 NB-IoT BS ACS 指标达到 40dB 即可以保证 NB-IoT 系统受到 UMTS 系统的邻道干扰满足 RAN4 共存要求，即 NB-IoT 系统的 SNR 损失小于 1dB。

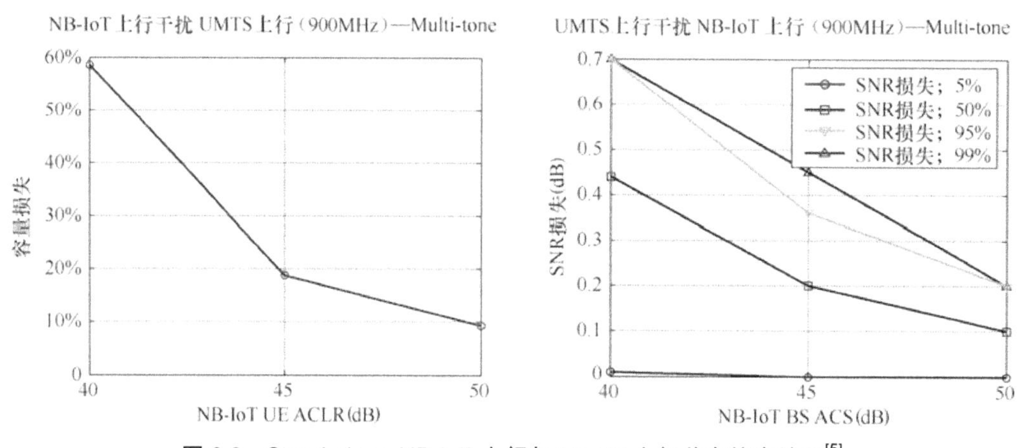

图 8.6 Stand-alone NB-IoT 上行与 UMTS 上行共存仿真结果[5]

根据图 8.7 共存仿真结果可以发现，当 Stand-alone NB-IoT 上行干扰 GSM 上行时，NB-IoT UE 的 ACLR 达到 20dBc 即可以保证 NB-IoT 系统对 GSM 系统产生的邻道干扰满足 RAN4 共存要求，即 GSM 系统中断损失小于 5%；当 GSM 上行干扰 Stand-alone NB-IoT 上行时，当 NB-IoT BS ACS 指标达到 45dB 就可以保证 NB-IoT 系统受到 GSM 系统的邻道干扰满足 RAN4 共存要求，即 NB-IoT 系统的 SNR 损失小于 1dB。

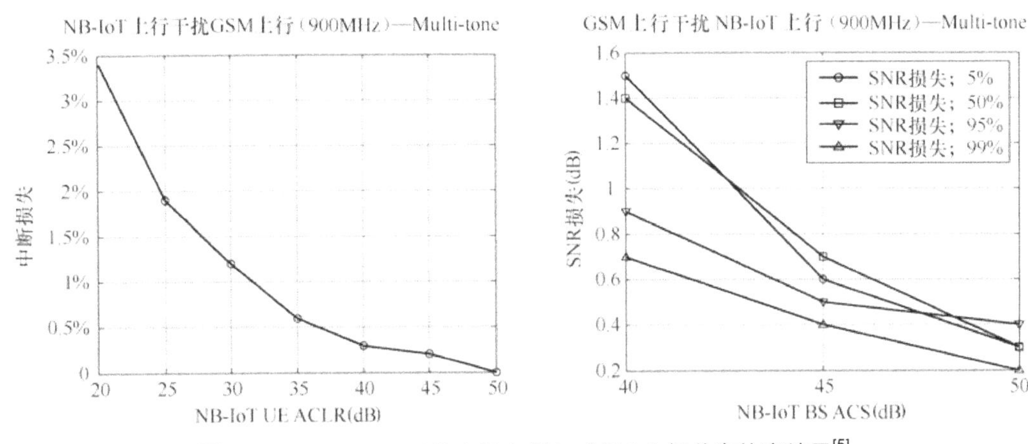

图 8.7　Stand-alone NB-IoT 上行与 GSM 上行共存仿真结果[5]

根据表 8-3 共存仿真结果可以发现，当 In-band/Guard-band NB-IoT 系统上行干扰 LTE 系统上行时，NB-IoT 系统对紧邻的第一个 LTE PRB 会产生一定的性能损失，但性能损失有限，对紧邻的第二，第三以及其他位置 LTE PRB 几乎没有影响。

表 8-3　In-band NB-IoT/Guard band 上行干扰 LTE 上行仿真结果[8-9, 11]

共存仿真评估量	1st PRB	2nd PRB	3rd PRB	其他
小区边缘吞吐量损失	5.79%	0.20%	0.08%	0.05%
平均吞吐量损失	10.45%	0.77%	0.32%	0.18%

根据表 8-4 共存仿真结果，不难发现 LTE 系统对于 In-band NB-IoT 系统产生的邻道干扰基本满足 RAN4 共存指标要求，即 NB-IoT 系统的 SNR 损失小于 1dB，除了 NB-IoT 在高 SNR 区域性能损失稍大。

表 8-4　LTE 上行干扰 In band NB-IoT 上行仿真结果[8-9, 11]

共存仿真评估量	5%	50%	95%	99%
SNR 损失（dB）	0.33	0.50	1.09	1.30

根据表 8-5 共存仿真结果，不难发现 LTE 系统对于 Guard-band NB-IoT 系统产生的邻道干扰满足 RAN4 共存指标要求，即 NB-IoT 系统的 SNR 损失小于 1dB。

表 8-5 LTE 上行干扰 Guard-band NB-IoT 上行仿真结果[8-9, 12]

共存仿真评估量	5%	50%	95%	99%
SNR 损失（dB）	0.18	0.25	0.50	0.59

8.2 NB-IoT BS 射频指标

8.2.1 NB-IoT BS 发射机射频指标

8.2.1.1 基站输出功率

基站输出功率 P_{out} 是指基站发射机在额定负载上的单载波平均功率。

基站额定功率 P_{rated} 是基站处于单载波或者多载波或者载波聚合模式下，设备商所声明的发射机处于 ON 状态时天线接口处的平均功率。

基站最大输出功率 $P_{max,c}$ 是在某个特定条件下，发射机处于 ON 状态时天线接口处的单载波最大平均功率。

基站额定功率 $P_{rated,c}$ 是基站处于单载波或者多载波或者载波聚合模式下，设备商所申明的发射机处于 ON 状态时天线接口处的单载波平均功率。

基站最大发送功率的最低要求,沿用 LTE 指标规范，具体如下[1]：

（1）在正常条件下，基站的最大发送功率 $P_{max,c}$ 应保持在额定输出功率的–2～2dB 之内；

（2）在极端条件下，基站的最大发送功率 $P_{max,c}$ 应保持在额定输出功率的–2.5～2.5dB 之内；

（3）在某些区域，正常条件下的最低要求可以适用于非正常条件的场景。

对于 In-band NB-IoT 和 Guard-band NB-IoT，LTE 载波和 NB-IoT 载波应被视作一个占用 LTE 信道带宽的载波，NB-IoT 与 LTE 之间共享该载波的功率。

8.2.1.2 输出功率动态范围

对于 In-band NB-IoT 以及 Guard-band NB-IoT，由于考虑到 NB-IoT 载波需要支持极端覆盖场景，比如支持最小耦合损耗达到 164dB，因此 NB-IoT WI 阶段提出要对 NB-IoT PRB 进行功率提升以保证良好的覆盖性能。当然 NB-IoT 功率提升也会受到一定的限制，比如带外泄露 ACLR、带内有用信号的 EVM[2]，过高的 NB-IoT 功率提升将影响现在 LTE 系统的性能，因此最终 3GPP RAN4 通过的 NB-IoT 功率提升范围为大于等于 6dB。NB-IoT RB 的功率提升范围指的是 NB-IoT RB 的功率与包含 NB-IoT 和 LTE 的载波每个 RB 平均功率的比值。

NB-IoT 功率提升最低要求如下[1]：

（1）In-band NB-IoT 和 Guard-band NB-IoT 功率提升能力应大于等于 6dB；

（2）对于 In-band NB-IoT 和 Guard-band NB-IoT 场景，只允许一个 PRB 的功率提升大于等于 6dB；对于 Guard-band NB-IoT，该指标要求只适用于 LTE 系统带宽大于 5MHz 场景；

（3）对于 Guard-band NB-IoT，当 LTE 系统带宽等于 5MHz 时，NB-IoT 功率提升的范围由设备厂商申明。

8.2.1.3 发射信号质量

基站侧发送信号质量主要包含 3 个部分：（1）频率误差；（2）EVM；（3）时间校准误差 TAE。下面对涉及规范逐一说明。

（1）频率误差

频率误差指的是基站分配的频率与实际发送的频率之间的误差，3GPP RAN4 对该频率误差做了明确的规范。

（2）频率误差的最低要求如下[1]

频率误差在–0.05～+0.05ppm 范围，与 LTE 宏覆盖基站指标相同。

（3）EVM 误差

EVM 指的是理想符号和经过信道均衡后的测量符号之间的误差，EVM 结果定义的是平均矢量误差功率与平均参考功率比值的均方根，以百分比的形式表现。

（4）EVM 的最低要求如表 8-6 所示

表 8-6　NB-IoT EVM 指标规范[1]

NPDSCH 调制方式	要求的 EVM
QPSK	17.5%

（5）时间校准误差

由于 NB-IoT 基站需要支持 SFBC 功能，因此 3GPP RAN4 对该传输分集制定了相应的时间校准误差规范[1]：

当 NB-IoT 传输分集时，在每个频点，时间校准误差应不超过 65ns。

8.2.1.4　下行参考信号功率

对于 NB-IoT，下行参考信号功率指的是下行参考信号 NRS 在每个 RE 上的功率值；下行参考信号 NRS 的功率绝对值通过 DL-SCH 指示 UE。下行参考信号 NRS 的功率精度指的是 DL-SCH 指示的功率值与基站天线端口处测量的下行参考信号功率之间的最大偏差。

下行参考信号功率精度的最低要求如下[1]：

下行参考信号功率的精度保持在–2.1～2.1dB 以内。

8.2.1.5　无用辐射

基站无用辐射指标要求主要包含 3 个部分：（1）占用带宽；（2）工作频段无用辐射；（3）邻信道泄露比。下面对涉及规范逐一说明。

（1）占用带宽

占用带宽指的是以指定信道的中心频率为中心，包含发射功率 99%能量所对应的频带宽度，或泄露到该频带宽度之外的每边功率值为 0.5%，具体详见 ITU SM.328。

占用带宽的最低要求如下：

对于 In-band NB-IoT 以及 Guard-band NB-IoT 而言，其占用带宽应不超过 LTE 的信道带宽；

对于 Stand-alone NB-IoT 而言，其占用带宽应不超过其信道带宽，即 200kHz,该占用带宽与 GSM 系统的 3dB 带宽一致，因此其指标要求相对而言比 GSM 系统严格。

（2）工作频带无用辐射（UEM）

对于 In-band NB-IoT 而言，沿用现有 LTE UEM 指标，具体 UEM 指标请参见 3GPP

TS36.104 协议，此处不再赘述；

对于 Guard-band NB-IoT 而言，当 LTE 的系统带宽大于等于 5MHz 时，沿用现有 LTE UEM，参见 3GPP TS36.104 协议，此处不再赘述；

对于 LTE 信道带宽小于 5MHz 时，目前不考虑 Guard-band NB-IoT 配置，主要考虑因素为 1.4MHz 以及 3MHz 保护带宽过小，不足以配置 NB-IoT 载波；

对于 Stand-alone NB-IoT 而言，沿用 TS 37.104 协议中 BC2 模式下 GSM 的 UEM 指标，其中 Stand-alone NB-IoT 中心频点与 BS 射频带宽边沿有 200kHz 的 f_{offset}，具体 UEM 指标如表 8-7 所示。

表 8-7 Stand-alone NB-IoT 基站的工作频带无用辐射要求[1]

测量滤波器−3dB	测量滤波器中点频点与频率间隔	最低指标要求	测量带宽
$0\text{MHz} \leqslant \Delta f < 0.05\text{MHz}$	$0.015\text{MHz} \leqslant f_{\text{offset}} < 0.065\text{MHz}$	$\text{Max}\left(5\text{dBm} - 60 \cdot \left(\frac{f_{\text{offset}}}{\text{MHz}} - 0.015\right)\text{dB} + X\text{dB}, -14\text{dBm}\right)$	30kHz
$0.05\text{MHz} \leqslant \Delta f < 0.15\text{MHz}$	$0.065\text{MHz} \leqslant f_{\text{offset}} < 0.165\text{MHz}$	$\text{Max}\left(2\text{dBm} - 160 \cdot \left(\frac{f_{\text{offset}}}{\text{MHz}} - 0.065\right)\text{dB} + X\text{dB}, -14\text{dBm}\right)$	30kHz
$0.15\text{MHz} \leqslant \Delta f < 0.2\text{MHz}$ (Note 1)	$0.165\text{MHz} \leqslant f_{\text{offset}} < 0.215\text{MHz}$	−14dBm	30kHz
$0.2\text{MHz} \leqslant \Delta f < 1\text{MHz}$	$0.215\text{MHz} \leqslant f_{\text{offset}} < 1.015\text{MHz}$	$-14\text{dBm} - 15 \cdot \left(\frac{f_{\text{offset}}}{\text{MHz}} - 0.215\right)\text{dB}$	30kHz
(Note 6)	$1.015\text{MHz} \leqslant f_{\text{offset}} < 1.5\text{MHz}$	−26dBm	30kHz
$1\text{MHz} \leqslant \Delta f \leqslant \min(\Delta f_{\max}, 10\text{ MHz})$	$1.5\text{MHz} \leqslant f_{\text{offset}} < \min(f_{\text{offsetmax}}, 10.5\text{ MHz})$	−13dBm	1MHz
$10\text{MHz} \leqslant \Delta f \leqslant \Delta f_{\max}$	$10.5\text{MHz} \leqslant f_{\text{offset}} < f_{\text{offsetmax}}$	−15dBm (Note 7)	1MHz

（3）邻信道泄漏比（ACLR）

邻信道泄漏比指的是该信道的发射功率与泄漏到相邻信道辐射功率的比值。测量滤波器为矩形滤波器。

对于 In-band NB-IoT 以及 Guard-band NB-IoT， ACLR 指标要求沿用现有 LTE 指标要求，参见 TS 36.104 协议，此处不再赘述。

对于 Stand-alone NB-IoT 而言，ACLR 指标要求如表 8-8 所示。

表 8-8 Stand-alone NB-IoT 基站的 ACLR 指标要求[1]

NB-IoT 信道带 $BW_{Channel}$ (kHz)	基站邻信道中点频点之间的频率间隔	邻信道载波	最低指标要求	ACLR 要求
200	300kHz	Stand-alone NB-IoT	Square (180kHz)	40dB
	500kHz	Stand-alone NB-IoT	Square (180kHz)	50dB

8.2.1.6 发射机杂散

发射机杂散辐射指的是发射机所产生的无用信号辐射，如谐波辐射、寄生辐射、交调分量以及其他频率分量，但是不包括带外辐射。发射机杂散辐射主要适用于除去工作频带上下 10MHz 的频率范围，具体频率范围从 9kHz 到 12.75GHz。由于发射机杂散辐射指标来源于 ITU-R，因此 In-band、Guard-band NB-IoT 以及 Stand-alone NB-IoT 都沿用现有 3GPP TS 36.104 发射机杂散辐射指标要求，此处不再赘述。

8.2.1.7 发射机互调

发射机互调特性是指有用信号和通过天线进入发射机的干扰信号共同存在时，发射机对所产生的互调信号的抑制能力。

NB-IoT 发射机互调的最低要求如表 8-9 和表 8-10 所示。

表 8-9 In-band 和 Guard-band NB-IoT 发射机互调指标[1]

参数	数值
有用信号	单载波或者多载波或者带内连续载波聚合或者非连续载波聚合 E-UTRA 信号，并且支持 In-band NB-IoT 或者 Guard-band NB-IoT 模式
干扰信号类型	5MHz E-UTRA 信号
干扰信号功率	带内信号额定输出功率–30dB

续表

参数	数值
干扰信号的中心频点与上/下有用信号射频边沿的频率间隔	± 2.5 MHz ± 7.5 MHz ± 12.5 MHz

表 8-10 Stand-alone band NB-IoT 发射机互调指标[1]

参数	数值
有用信号	Stand-alone NB-IoT 载波
干扰信号类型	5MHz E-UTRA 信号
干扰信号功率	带内信号额定输出功率–30dB
干扰信号的中心频点与上/下有用信号射频边沿的频率间隔	± 2.5 MHz ± 7.5 MHz ± 12.5 MHz

8.2.2 NB-IoT BS 接收机射频指标

8.2.2.1 参考灵敏度

接收机参考灵敏度指的是在特定参考信道下天线接口处测量的最小平均功率，并且该功率需要保证大于等于 95%最大吞吐量。具体参考灵敏度的计算公式如下：

$$P_{REFSENS} = -174+10\lg(BW) + NF + IM + SNR$$

这里，

- BW 指的是传输带宽，单位为 Hz；
- NF 指的是接收机的噪声系数，单位为 dB，对于宏覆盖基站，NF = 5；
- IM 指的是产品实现余量，单位为 dB，对于低 MCS IM = 2；
- SNR 指的是在特定信道条件下满足 95%最大吞吐量的 SNR 值，单位为 dB。

根据表 8-11 中的接收机灵敏度参考信道，各家公司在 3GPP RAN4#79 会议提交相应的仿真结果，会议最终通过该参考信道下满足 95%最大吞吐量的 SNR 水平如表 8-12 所示。

根据上述参考灵敏度计算公式以及 NF、IM、SNR 数值，推导获得表 8-13 中的 NB-IoT BS 的参考灵敏度[3]。

表 8-11 接收机灵敏度参考信道[3]

参考信道	NB-IoT
子载波间隔（kHz）	3.75 或 15
子载波数量	1
调制	π/2 BPSK
IMCS/ITBS	0/0
负载大小（bit）	32
分配的资源块数量	2
传输块 CRC（bit）	24
目标码率	1/3
实际码率	0.29
CRC 后的码块大小	56
码块数量	1
每个资源块的符号数	96
每个资源块的信息比特数	96
传输时间–15kHz（ms）	16
传输时间–3.75kHz（ms）	64

表 8-12 接收机参考灵敏度 SNR[3]

子载波间隔	工作模式	SNR
15kHz	所有	–2.1dB
3.75kHz	所有	–2.0dB

表 8-13 接收机参考灵敏度[3]

子载波间隔	工作模式	参考灵敏度
15kHz	所有	–127.3dBm
3.75kHz	所有	–133.3dBm

8.2.2.2 接收机动态范围

接收机动态范围指的是在信道带宽内出现干扰信号的情况下，接收机解调有用信号的能力。这里干扰信号的功率水平 Iot 沿用 LTE 规范中的 20dB 底噪提升。具体接收机动态范围计算公式如下：

$$P_{Intf} = -174+10\lg(BW_{channel}) + NF + 20$$

$$P_{wanted=} = -174+10\lg(BW_{wanted}) + NF + 20+SNR+IM$$

这里，

- $BW_{channel}$ 指的是 NB-IoT 信道带宽，单位为 Hz；
- BW_{wanted} 指的是 NB-IoT 传输带宽，单位为 Hz；
- NF 指的是接收机的噪声系数，单位为 dB，对于宏覆盖基站，NF = 5dB；
- IM 指的是产品实现余量，单位为 dB，对于高 MCS 等级，IM = 2.5dB；
- SNR 指的是在特定信道条件下满足 95%最大吞吐量的 SNR 值，单位为 dB。

根据表 8-14 中的接收机动态范围参考信道，各家公司在 3GPP RAN4#79 会议提交相应的仿真结果，会议最终通过该参考信道下满足 95%最大吞吐量的 SNR 水平如表 8-15 所示。根据上述接收机动态范围计算公式以及 NF、IM、SNR 数值，推导获得表 8-16 中的 NB-IoT BS 的接收机动态范围中有用信号功率。干扰信号的类型为 AWGN 信号，干扰信号的功率根据不同的工作模式，如 Stand-alone NB-IoT、In-band NB-IoT 以及 Guard-band NB-IoT 都有所不同，具体请详见参考文献[4]，此处不再赘述。

表 8-14 接收机动态范围参考信道[4]

参考信道	NB-IoT
子载波间隔（kHz）	3.75 或 15
子载波数量	1
调制	π/4 QPSK
IMCS/ITBS	7 / 7
负载大小（bit）	104
分配的资源块数量	1
传输块 CRC（bit）	24

续表

参考信道	NB-IoT
目标码率	2/3
实际码率	0.67
CRC 后的码块大小	0
码块数量	1
每个资源块的符号数	96
每个资源块的信息比特数	192
传输时间–15kHz（ms）	8
传输时间–3.75 kHz（ms）	32

表 8-15　接收机动态范围 SNR[4]

子载波间隔	工作模式	SNR
15kHz	所有	5.0dB
3.75kHz	所有	5.1dB

表 8-16　接收机动态范围有用信号功率[4]

子载波间隔	工作模式	有用信号功率
15kHz	所有	–99.7dBm
3.75kHz	所有	–105.6dBm

8.2.2.3　信道内选择特性

信道内选择特性指的是在信道内出现高功率谱的干扰信号时，接收机在指定信道上接收有用信号的能力。对于 NB-IoT 而言，Stand-alone NB-IoT 以及 Guard-band NB-IoT 在中心频点对称位置上不存在高功率谱的信号，因此不需要定义信道内选择特性指标 ICS，而对于 In-band NB-IoT，LTE PRB 中可配置高功率谱的信号，因此需要定义该 ICS 指标，具体指标定义如表 8-17、8-18 所示。

表 8-17　宏基站的 **In-band NB-IoT** 信道选择特性—子载波带宽为 **15kHz** [4]

E-UTRA 信道带宽	有用信号功率（dBm）	干扰信号功率（dBm）	干扰信号类型
1.4MHz	−124.3	−87	1.4MHz E-UTRA 信号，3 RBs
3MHz	−124.3	−84	3MHz E-UTRA 信号，6 RBs
5MHz	−124.3	−81	5MHz E-UTRA 信号，10 RBs
10MHz	−124.3	−77	10MHz E-UTRA 信号，25 RBs
15MHz	−124.3	−77	15MHz E-UTRA 信号，25 RBs*
20MHz	−124.3	−77	20MHz E-UTRA 信号，25 RBs*

注：干扰信号和 NB-IoT PRB 被放置在中心频点 Fc 两侧，其中有用 NB-IoT tone 被放置在 NB-IoT PRB 的中间位置。

表 8-18　宏基站的 **In-band NB-IoT** 信道选择特性——子载波带宽为 **3.75kHz** [4]

E-UTRA 信道带宽	有用信号功率（dBm）	干扰信号功率（dBm）	干扰信号类型
1.4MHz	−130.2	−87	1.4MHz E-UTRA 信号，3 RBs
3MHz	−130.2	−84	3MHz E-UTRA 信号，6 RBs
5MHz	−130.2	−81	5MHz E-UTRA 信号，10 RBs
10MHz	−130.2	−77	10MHz E-UTRA 信号，25 RBs
15MHz	−130.2	−77	15MHz E-UTRA 信号，25 RBs*
20MHz	−130.2	−77	20MHz E-UTRA 信号，25 RBs*

注：干扰信号和 NB-IoT PRB 被放置在中心频点 Fc 两侧，其中有用 NB-IoT tone 被放置在 NB-IoT PRB 的中间位置。

8.2.2.4　相邻信道选择性、窄带阻塞特性

相邻信道选择性（ACS）指的是在相邻信道存在信号的情况下，基站接收机接收有用信号的能力。相邻信道选择性定义为信道的接收滤波器在该信道上的衰减和对相邻信道信号的衰减的比值。窄带阻塞特性指的是在相邻信道存在高功率窄带信号的情况下，基站接收机接收有用信号的能力。Stand-alone NB-IoT、In-band NB-IoT 和 Guard-band NB-IoT 基站 ACS 指标要求，详见表 8-19、8-20 和 8-21，窄带阻塞要求详见表 8-22、8-23 和 8-24。

表 8-19 Stand-alone NB-IoT ACS 指标要求[1]

NB-IoT 信道带宽（kHz）	有用信号功率（dBm）	干扰信号功率（dBm）	干扰信号的中点频点与基站射频带宽边沿的距离（kHz）	干扰信号类型
200	$P_{REFSENS}$+19.5	–52	±100	180kHz NB-IoT

注：$P_{REFSENS}$ 详见参考灵敏度章节。

表 8-20 In-band NB-IoT ACS 指标要求[1]

NB-IoT 信道带宽	有用信号功率（dBm）	干扰信号功率（dBm）	干扰信号的中点频点与基站射频带宽边沿的距离（kHz）	干扰信号类型
1.4MHz	$P_{REFSENS}$ +11	–52	±0.7025	1.4MHz E-UTRA
3MHz	$P_{REFSENS}$ +8	–52	±1.5075	3MHz E-UTRA
5MHz	$P_{REFSENS}$ +6	–52	±2.5025	5MHz E-UTRA
10MHz	$P_{REFSENS}$ +6	–52	±2.5075	5MHz E-UTRA
15MHz	$P_{REFSENS}$ +6	–52	±2.5125	5MHz E-UTRA
20MHz	$P_{REFSENS}$ +6	–52	±2.5025	5MHz E-UTRA

注：$P_{REFSENS}$ 详见参考灵敏度章节。

表 8-21 Guard-band NB-IoT ACS 指标要求[1]

I-IoT 信道带宽	有用信号功率（dBm）	干扰信号功率（dBm）	干扰信号的中点频点与基站射频带宽边沿的距离（kHz）	干扰信号类型
5MHz	$P_{REFSENS}$+10	–52	±2.5025	5MHz E-UTRA
10MHz	$P_{REFSENS}$+8	–52	±2.5075	5MHz E-UTRA
15MHz	$P_{REFSENS}$+6	–52	±2.5125	5MHz E-UTRA
20MHz	$P_{REFSENS}$+6	–52	±2.5025	5MHz E-UTRA

注：$P_{REFSENS}$ 详见参考灵敏度章节。

表 8-22　Stand-alone NB-IoT 窄带阻塞指标要求[1]

基站类型	NB-IoT 信道带宽	有用信号功率（dBm）	干扰信号功率（dBm）	干扰信号类型
宏覆盖基站	200kHz	$P_{REFSENS}$ +12	−49	参见表 8-22a

注：$P_{REFSENS}$ 详见参考灵敏度章节。

表 8-22a　Stand-alone NB-IoT 窄带阻塞干扰信号[1]

基站类型	NB-IoT 信道带宽	干扰信号的中点频点与基站射频带宽边沿的距离（kHz）	干扰信号类型
宏覆盖基站	200kHz	$\pm(240 + m \cdot 180)$, m=0, 1, 2, 3, 4, 9, 14	3MHz E-UTRA, 1 RB

表 8-23　In-band NB-IoT 窄带阻塞指标要求[1]

NB-IoT 信道带宽	有用信号功率（dBm）	干扰信号功率（dBm）	干扰信号类型
1.4MHz	$P_{REFSENS}$ +11	−49	参见表 8-23a
3MHz	$P_{REFSENS}$ +11	−49	参见表 8-23a
5MHz	$P_{REFSENS}$ +8	−49	参见表 8-23a
10MHz	$P_{REFSENS}$ +6	−49	参见表 8-23a
15MHz	$P_{REFSENS}$ +6	−49	参见表 8-23a
20MHz	$P_{REFSENS}$ +6	−49	参见表 8-23a

注：$P_{REFSENS}$ 详见参考灵敏度章节。

表 8-23a　In-band &Guard band NB-IoT 窄带阻塞干扰信号[1]

基站类型	NB-IoT 信道带宽	干扰信号的中点频点与基站射频带宽边沿的距离（kHz）	干扰信号类型
宏覆盖基站	1.4MHz	$\pm(252.5+m \cdot 180)$, m=0, 1, 2, 3, 4, 5	1.4MHz E-UTRA, 1 RB*
	3MHz	$\pm(247.5+m \cdot 180)$, m=0, 1, 2, 3, 4, 7, 10, 13	3MHz E-UTRA, 1 RB*
	5MHz	$\pm(342.5+m \cdot 180)$, m=0, 1, 2, 3, 4, 9, 14, 19, 24	5MHz E-UTRA, 1 RB*
	10MHz	$\pm(347.5+m \cdot 180)$, m=0, 1, 2, 3, 4, 9, 14, 19, 24	5MHz E-UTRA, 1 RB*
	15MHz	$\pm(352.5+m \cdot 180)$, m=0, 1, 2, 3, 4, 9, 14, 19, 24	5MHz E-UTRA, 1 RB*
	20MHz	$\pm(342.5+m \cdot 180)$, m=0, 1, 2, 3, 4, 9, 14, 19, 24	5MHz E-UTRA, 1 RB*

表 8-24 Guard-band NB-IoT 窄带阻塞指标要求[1]

NB-IoT 信道带宽	有用信号功率（dBm）	干扰信号功率（dBm）	干扰信号类型
5MHz	$P_{REFSENS}$+11	−49	参见表 8-23a
10MHz	$P_{REFSENS}$+6	−49	参见表 8-23a
15MHz	$P_{REFSENS}$+6	−49	参见表 8-23a
20MHz	$P_{REFSENS}$+6	−49	参见表 8-23a

注：$P_{REFSENS}$ 详见参考灵敏度章节。

8.2.2.5 阻塞

阻塞特性指的是当出现无用的干扰信号时接收机在其分配信道上接受有用信号的能力，比如出现 1.4MHz、3MHz、5MHz E-UTRA 的带内阻塞信号或者出现一个连续载波作的带外阻塞信号。Stand-alone NB-IoT 阻塞指标要求，详见表 8-25。In-band NB-IoT 与 Guard-band NB-IoT 阻塞指标沿用 LTE 指标要求，详见 TS 36.104 协议，此处不再赘述。

表 8-25 Stand-alone NB-IoT 基站阻塞指标[1]

工作频段	有用信号功率（dBm）	干扰信号功率（dBm）	有用信号功率（dBm）	干扰信号的中点频点与基站射频带宽边沿的距离（kHz）	干扰信号类型
1, 3, 5, 13, 18, 19, 26, 66	$(F_{UL_low}-20)$到$(F_{UL_high}+20)$	−43	$P_{REFSENS}$+6	参见表 8-25a	参见表 8-25a
	1−$(F_{UL_low}-20)$到$(F_{UL_high}-20)-12\,750$	−15	$P_{REFSENS}$+6	——	连续单音载波
8, 26, 28	$(F_{UL_low}-20)$到$(F_{UL_high}+20)$	−43	$P_{REFSENS}$+6	参见表 8-25a	参见表 8-25a
	1−$(F_{UL_low}-20)$到$(F_{UL_high}-20)-12\,750$	−15	$P_{REFSENS}$+6	——	连续单音载波
12	$(F_{UL_low}-20)$到$(F_{UL_high}+20)$	−43	$P_{REFSENS}$+6	参见表 8-25a	参见表 8-25a
	1−$(F_{UL_low}-20)$到$(F_{UL_high}-20)-12\,750$	−15	$P_{REFSENS}$+6	——	连续单音载波
17	$(F_{UL_low}-20)$到$(F_{UL_high}+20)$	−43	$P_{REFSENS}$+6	参见表 8-25a	参见表 8-25a
	1−$(F_{UL_low}-20)$到$(F_{UL_high}-20)-12\,750$	−15	$P_{REFSENS}$+6	——	连续单音载波

续表

工作频段	有用信号功率（dBm）	干扰信号功率（dBm）	有用信号功率（dBm）	干扰信号的中点频点与基站射频带宽边沿的距离（kHz）	干扰信号类型
20	$(F_{UL_low}-20)$到$(F_{UL_high}+20)$	–43	$P_{REFSENS}+6$	参见表 8-25a	参见表 8-25a
	$1-(F_{UL_low}-20)$到$(F_{UL_high}-20)-12\ 750$	–15	$P_{REFSENS}+6$	——	连续单音载波

注：$P_{REFSENS}$ 详见参考灵敏度章节。

表 8-25a　Stand-alone BS 基站阻塞指标的干扰信号

NB-IoT 信道带宽（kHz）	干扰信号的中点频点与基站射频带宽边沿的距离（kHz）	干扰信号类型
200	±7.5	5MHz E-UTRA

8.2.2.6　接收机杂散辐射

杂散辐射功率是指天线连接处测得由接收机产生的辐射功率。沿用现在 TS36.104 协议的接收机杂散辐射要求，此处不再赘述。

8.2.2.7　接收机互调特性

对于两个干扰信号的三阶或者更高阶互调信号将落在有用信号的带内，造成有用信号的性能损失。互调信号抑制能力指的是接收机在指定信道上接收有用信号并且存在 2 个干扰信号，该干扰信号的频率位置的三阶互调结果将落在有用信号带内。

接收机互调主要包括：（1）一般互调；（2）窄带互调。

一般互调：

对于 In-band 和 Guard-band NB-IoT 而言，沿用现有 LTE 宏覆盖基站的接收机互调指标要求，除参考 NB-IoT 基站接收机参考灵敏度，具体接收机互调指标请参见 3GPP TS36.104 协议，此处不再赘述。

对于 Stand-alone NB-IoT BS 而言，基站接收机互调指标如表 8-26 所示。

窄带互调：

对于 In-band 和 Guard band NB-IoT 而言，沿用现有 LTE 宏覆盖基站的接收机窄带互调指标要求，除参考 NB-IoT 基站参考灵敏度，具体接收机互调指标请参见 3GPP TS36.104 协议，此处不再赘述。

表 8-26　Stand-alone NB-IoT 基站互调指标要求[1]

基站类型	NB-IoT 信道带宽（kHz）	有用信号功率（dBm）	干扰信号功率（dBm）	干扰信号类型
宏覆盖基站	200	$P_{REFSENS}$+6	–52	参见表 8-26a

注：$P_{REFSENS}$ 详见参考灵敏度章节。

表 8-26a　Stand-alone BS 基站互调指标的干扰信号[1]

NB-IoT 信道带宽（kHz）	干扰信号的中点频点与基站射频带宽边沿的距离（kHz）	干扰信号类型
200	±7.575	连续单音信号
	±17.5	5MHz E-UTRA

对于 Stand-alone NB-IoT 而言，基站接收机窄带互调指标如表 8-27 所示。

表 8-27　Stand-alone NB-IoT 基站窄带互调指标要求[1]

NB-IoT 信道带宽（kHz）	有用信号功率（dBm）	干扰信号功率（dBm）	干扰信号的中点频点与基站射频带宽边沿的距离（kHz）	干扰信号类型
200	$P_{REFSENS}$+6	–52	±340	连续单音载波
		–52	±880	5MHz E-UTRA，1RB

注：$P_{REFSENS}$ 详见参考灵敏度章节。

8.3　NB-IoT UE 射频指标

8.3.1　NB-IoT UE 发射机射频指标

8.3.1.1　发射机发射功率

NB-IoT 终端侧发射机发射功率主要包括如下指标规范：（1）UE 最大发射功率；（2）最

大功率回退；（3）可配置的发射功率范围。下面对涉及规范逐一说明。

（1）UE 最大发射功率

NB-IoT UE 的发送功率等级，如表 8-28 所示，该功率等级适用于任何 NB-IoT UE 的传输带宽。其中对于子载波间隔为 3.75kHz 而言，最大输出功率定义为每个时隙（2ms）排除 2304Ts 的 UE 传输间隔的平均功率；其中对于子载波间隔为 15 而言，最大输出功率定义为每个子帧（1ms）的平均功率。

表 8-28 NB-IoT UE 的功率等级[1]

E-UTRA 频带	功率等级 3（dBm）	容差（dB）	功率等级 5（dBm）	容差（dB）
1	23	±2	20	±2
2	23	±2	20	±2
3	23	±2	20	±2
5	23	±2	20	±2
8	23	±2	20	±2
12	23	±2	20	±2
13	23	±2	20	±2
17	23	±2	20	±2
18	23	±2	20	±2
19	23	±2	20	±2
20	23	±2	20	±2
26	23	±2	20	±2
28	23	±2	20	±2
66	23	±2	20	±2

（2）NB-IoT UE 所允许的最大功率回退指标

对于 NB-IoT UE 的功率等级 3 和功率等级 5，对于不同功率等级所允许的最大功率回退指标要求请看表 8-29。

（3）NB-IoT 配置的发射功率范围

对于每个时隙，NB-IoT UE 允许被设置的最大输出功率为 $P_{CMAX,c}$。所配置的最大输

出功率 $P_{CMAX,c}$ 具体受到如下限制：

表 8-29　NB-IoT UE 功率等级 3 和功率等级 5 对应的最大功率回退[1]

调制方式	QPSK		
3 个 tone 的频域位置	0～2	3～5 和 6～8	9～11
最大功率回退	≤ 0.5 dB	0 dB	≤ 0.5 dB
3 个 tone 的频域位置	0～2	3～5 和 6～8	9～11
6 个 tone 的频域位置	0～5 和 6～11		
最大功率回退	≤1dB		
12 个 tone 的频域位置	0～11		

$$P_{CMAX\_L,c} \leqslant P_{CMAX,c} \leqslant P_{CMAX\_H,c}$$

这里，

- $P_{CMAX\_L,c} = \text{MIN}\{P_{EMAX,c}, P_{PowerClass} - MPR_c - \text{A-MPR}_c\}$；
- $P_{CMAX\_H,c} = \text{MIN}\{P_{EMAX,c}, P_{PowerClass}\}$；
- $P_{EMAX,c}$ 由高层信息 IE P-Max 指定，具体请参见 36.331 协议；
- $P_{PowerClass}$ 是在没有考虑容差的情况下，NB-IoT UE 所允许的最大发送功率；
- MPR_c 由表 8-27 规范，A-MPRc 目前标准规定为 0。

对于 $P_{UMAX,c}$ 而言，当子载波间隔为 15kHz 时，测量时间至少为 1 个子帧；当子载波间隔为 3.75kHz 时，测量时间为至少 2ms，其中排除掉 2304Ts 的 UE 传输间隔。测量所得最大功率 $P_{UMAX,c}$ 具体规范如下：

$$P_{CMAX\_L,c} - T(P_{CMAX\_L,c}) \leqslant P_{UMAX,c} \leqslant P_{CMAX\_H,c} + T(P_{CMAX\_H,c})$$

这里 $T(P_{CMAX})$指的是容差表 8-30，可分别应用于 $P_{CMAX\_L,c}$ 和 $P_{CMAX\_H,c}$。

表 8-30　P_{CMAX} 功率容差[1]

P_{CMAX} (dBm)	容差（dB）
$21 \leqslant P_{CMAX} \leqslant 23$	2.0
$20 \leqslant P_{CMAX} < 21$	2.5
$19 \leqslant P_{CMAX} < 20$	3.5

续表

P_{CMAX} (dBm)	容差（dB）
18≤P_{CMAX}＜19	4.0
13≤P_{CMAX}＜18	5.0
8≤P_{CMAX}＜13	6.0
–40≤P_{CMAX}＜8	7.0

8.3.1.2 输出功率动态范围

NB-IoT 终端侧输出功率动态范围主要包括如下指标规范：（1）最小输出功率；（2）OFF 状态输出功率；（3）ON/OFF 时间模板；（4）功率控制指标要求。下面对涉及规范逐一说明。

（1）NB-IoT UE 最小输出功率

对于 NB-IoT UE 而言，无论是 Single-tone 还是 Multi-tone 工作模式，传输带宽内最小输出功率均为–40dBm。其中对于子载波间隔为 3.75kHz 而言，最小输出功率定义为每个时隙（2ms）排除 2304Ts 的 UE 传输间隔的平均功率；其中对于子载波间隔为 15 而言，最小输出功率定义为每个子帧（1ms）的平均功率。

（2）NB-IoT UE OFF 状态输出功率

对于 NB-IoT UE 而言，无论是 Single-tone 还是 Multi-tone 工作模式，传输带宽内 NB-IoT UE OFF 状态下的输出功率均为–50dBm。其中对于子载波间隔为 3.75kHz 而言，最小输出功率定义为每个时隙（2ms）排除 2304Ts 的 UE 传输间隔的平均功率；其中对于子载波间隔为 15 而言，最小输出功率定义为每个子帧（1ms）的平均功率。

（3）NB-IoT UE ON/OFF 时间模板

① 一般 ON/OFF 时间模板

NB-IoT UE 的一般 ON/OFF 时间模板沿用 E-UTRA 的一般 ON/OFF 时间模板。

② NPRACH 时间模板

NPRACH 的 ON 状态功率指的是除去过渡时间后的 NPRACH 测量时间内的平均功率。不同 NPRACH 格式所对应的测量时间不同，具体指标规范如表 8-31 所示。

表 8-31　NPRACH ON 状态功率测量时间[1]

NPRACH 前导码格式	测量时间（ms）
0	5.6
1	6.4

（4）功率控制的指标要求

① 绝对功率容差

绝对功率容差指的是 UE 发射机在第一个子帧设置初始发送功率为指定发送功率的能力，该第一个子帧可以包括连续传输或者非连续传输并且传输间隔大于 20ms 时的第一个子帧。该容差包括了信道估计的误差。NB-IoT UE 上行功率控制的绝对功率容差沿用现有 LTE 的指标要求，具体请看协议 TS36.101 第 6.3.5.1 节，此处不再赘述。

② 相对功率容差

NB-IoT UE 的相对功率控制要求指的是 NPRACH 的功率步长：0dB、2dB、4dB 和 6dB。对于 NPRACH 传输而言，相对功率容差指的是 UE 发射机在设置当前时刻发射功率相对于最近发送的 NPRACH 功率的能力。NPRACH 传输的相对功率容差指标要求如表 8-32 所示。

表 8-32　NPRACH 传输相对功率容差（正常情况）[1]

功率步长 ΔP（dB）	NPRACH（dB）
$\Delta P=0$	±1.5
$\Delta P=2$	±2.0
$\Delta P=4$	±3.5
$\Delta P=6$	±4.0

注：对于极端情况场景下，该指标可以允许±2.0 dB 额外放松。

功率步长（ΔP）指的是 UE 在目标子帧与参考子帧之间设置的功率差。误差指的是在保持小区参考信号不变的情况下，天线端口处测量的功率改变与功率步长之间的差值。

8.3.1.3　发射信号质量

终端侧发送信号质量主要包含 4 个部分：（1）频率误差；（2）EVM；（3）载波泄漏；

（4）带内辐射。下面对涉及规范逐一说明。

① 频率误差

频率误差指的是 UE 的调制载波频率与接收到的基站频率之间的误差，如表 8-33 所示，3GPP RAN4 对该频率误差做了明确的规范。

表 8-33　NB-IoT UE 频率误差指标要求[1]

载波频率（GHz）	频率误差（ppm）
≤1	±0.2
>1	±0.1

② EVM

对于 NB-IoT UE 而言，EVM 指标沿用 TS 36.101 协议中的现有 EVM 指标要求。EVM 测量时间应为 240/N_{tone} 时隙，并且除去任何 ON/OFF 过渡时间，这里 N_{tone} 可以为{1, 3, 6, 12}。对于 NPRACH 的两种前导码格式，由于都是使用 QPSK 调制方式，因此沿用相同的 EVM 指标要求。

③ 载波泄漏

载波泄漏指的是与调制载波具有相同频率的额外的正弦波。测量间隔是 1 个时隙。相对载波泄漏功率指的是额外的正弦波与调制载波之间的功率比值，具体的指标要求请参见表 8-34。

表 8-34　NB-IoT UE 载波泄漏指标要求[1]

参数	相对要求（dBc）
0dBm≤输出功率	–25
–30dBm≤输出功率≤0dBm	–20
–40dBm≤输出功率<–30dBm	–10

④ 带内辐射

带内辐射指的是 UE 在所分配 tone 上面输出功率值与非分配 tone 上的功率值之间的比值。带内辐射的测量时间间隔为一个时隙。具体的带内辐射指标如表 8-35 所示。

表 8-35　NB-IoT UE 带内辐射指标要求[1]

参数表述	单位	指标要求		适用频率范围
一般	dB	$\max\{-15-10\lg(N_{\text{tone}}/L_{\text{Ctone}}),$ $-18-5\cdot(\lvert\Delta_{\text{tone}}\rvert-1)/L_{\text{Ctone}},$ $-57\,\text{dBm}/(3.75\text{kHz或}15\text{kHz})-P_{\text{tone}}\}$		任何分配的 tone
IQ 镜像	dB	–25		镜像频率（注 2，3）
载波泄漏	dBc	–25	0dBm ≤ 输出功率	载波频率（注 4，5）
		–20	–30dBm ≤ 输出功率 ≤ 0dBm	
		–10	–40dBm ≤ 输出功率 < –30dBm	

注 1：对于带内辐射指标要求主要用于规范每个非分配的 tone 上的功率值。对于非分配的 tone 上面的功率泄漏应小于 P_{tone}–30dB；

注 2：测量带宽为 1 个 tone；指标要求指的是在一个非分配 tone 上测得功率与所有已分配 tone 上测得平均功率之间的比值；

注 3：指标要求适用频率范围：基于已分配 tone 在载波中心频率对称位置上，并且除去任何已分配 tone；

注 4：测量带宽为 1 个 tone；指标要求指的是在一个非分配 tone 上测得功率与所有已分配 tone 上测得功率总和之间的比值；

注 5：指标要求适用频率范围：如果 N_{tone} 是奇数，则包含直流载波的 tone 或者如果 N_{tone} 是偶数，则包含 2 个紧邻直流载波的 tone，并且除去任何已分配 tone；

注 6：L_{Ctone} 指的是传输信道带宽；

注 7：N_{tone} 指的是传输信道带宽配置（tone）；

注 8：Δ_{tone} 指的是已分配 tone 与未分配 tone 之间的起始频率间隔，比如 $\Delta_{\text{tone}}=1$ 或者 $\Delta_{\text{tone}}=-1$ 指代已分配 tone 第一邻近的 tone；

注 9：P_{tone} 指的是 NB-IoT UE 在每个 tone 上的发送功率，单位为 dBm。

8.3.1.4　射频泄漏模板

终端侧射频泄漏模板主要包含 3 个部分：（1）占用带宽；（2）射频辐射模板 SEM；（3）邻道泄漏 ACLR。下面对涉及规范逐一说明。

（1）占用带宽

占用带宽指的是以指定信道的中心频率为中心，包含发射功率 99%能量所对应的频带宽度，或则泄露到该频带宽度之外的每边功率值为 0.5%。

（2）射频辐射模板（SEM）

辐射辐射模板指的是从 NB-IoT UE 信道带宽边沿处到距离 NB-IoT UE 信道边沿（Δf_{OOB}），这段频率区间内的辐射需要服从的指标规范。当频率范围超出 Δf_{OOB}，该部分辐射规范由杂散指标进行规范。

表 8-36 NB-IoT UE 辐射模板指标要求[1]

Δf_{OOB} (kHz)	辐射要求（dBm）	测量带宽
± 0	26	30kHz
± 100	–5	30kHz
± 150	–8	30kHz
± 300	–29	30kHz
± 500～1700	–35	30kHz

除了表 8-36 中的 NB-IoT UE 辐射模板指标要求，NB-IoT UE 也需要满足 E-UTRA 的辐射模板要求，请详见 TS 36.101 协议第 6.6.2 节。E-UTRA 的辐射模板适用于距离 NB-IoT UE 信道带宽 f_{offset} 之外的频率范围。这里 f_{offset} 主要是用于保护 Guard-band NB-IoT 模式，具体 f_{offset} 值参见表 8-37。

表 8-37 NB-IoT UE 辐射模板的 f_{offset}[1]

信道带宽（MHz）	f_{offset} (kHz)
1.4	165
3	190
5	200
10	225
15	240
20	245

（3）邻信道泄漏比（ACLR）

邻信道泄漏比指的是该信道的发射功率与泄漏到相邻信道辐射功率的比值。测量滤波器为矩形滤波器。如果测得邻信道上的功率大于–50dBm，则 NB-IoT UE 的 ACLR 值应高于表 8-38 中的规范值。GSM_{ACLR} 指标主要是为了保护 NB-IoT 与 GSM 之间的系统共存；$UTRA_{ACLR}$ 指标主要是为了保护 NB-IoT 与 UTRA 以及 E-UTRA 之间的系统共存。

表 8-38　NB-IoT UE 发射机 ACLR 指标要求[1]

	GSM_{ACLR}	$UTRA_{ACLR}$
邻信道泄漏比 ACLR	20dB	37dB
干扰信号中心频点与 NB-IoT UE 信道边沿的间隔	±200kHz	±2.5MHz
邻信道测量带宽	180kHz	3.84MHz
测量滤波器	Rectangular	RRC-filter α=0.22
NB-IoT UE 测量带宽	180kHz	180kHz
测量滤波器	矩形	矩形

8.3.1.5　发射机杂散

发射机杂散指的是 无用信号产生的辐射，如谐波辐射、寄生辐射、交调分量以及其他频率变换分量，但是不包括带外射频辐射模板。发射机杂散指标请参见 TS 36.101 协议第 6.6.3 节，但是针对 NB-IoT UE 而言，f_{OOB} 等于 1.7MHz。

8.3.1.6　发射机互调

发射机互调特性是指有用信号和通过天线进入发射机的干扰信号共同存在时，发射机对所产生的互调信号的抑制能力。NB-IoT UE 发射机互调衰减指的是有用信号的矩形滤波器测量的平均功率和互调干扰信号的矩形滤波器测量的平均功率的比值。NB-IoT UE 发射机互调的指标要求如表 8-39 所示。

表 8-39　NB-IoT UE 发射机互调指标要求[1]

NB-IoT UE 发射机互调参数		
BW 信道（上行）	15kHz(1 tone)	
干扰信号的频率间隔	180kHz	360kHz
互调产物水平	–29dBc	
互调产物水平	–29dBc	–39dBc
测量带宽	180kHz	180kHz

8.3.2 NB-IoT UE 接收机射频指标

8.3.2.1 参考灵敏度

接收机参考灵敏度指的是在特定参考信道下天线接口处测量的最小平均功率，并且该功率需要保证大于等于 95%的最大吞吐量。具体参考灵敏度的计算公式如下：

$$P_{REFSENS} = -174+10\lg(BW) + NF + IM + 1/f_{Noise} + SNR$$

这里，

- BW 指的是传输带宽，单位为 Hz；
- NF 指的是接收机的噪声系数，单位为 dB，对于 NB-IoT UE 而言，NF = 8.5dB；
- IM 指的是产品实现余量，单位为 dB，对于低 MCS IM = 2；
- $1/f_{Noise}$ 指的是直流载波泄漏造成的性能损失，单位为 dB,对于 NB-IoT UE 而言，$1/f_{Noise}$ = 0.8dB；
- SNR 指的是在特定信道条件下满足 95%最大吞吐量的 SNR 值，单位为 dB。

根据表 8-40 中的接收机灵敏度参考信道，各家公司在 3GPP RAN4#79 会议提交相应的仿真结果，会议最终通过该参考信道下满足 95%的最大吞吐量的 SNR 水平如表 8-40 所示。根据上述参考灵敏度计算公式以及 NF、IM、$1/f_{Noise}$ 和 SNR 数值，推导获得表 8-41 中的 NB-IoT UE 的参考灵敏度。

表 8-40 接收机灵敏度参考信道[2]

参考信道	NB-IoT
信道带宽（kHz）	200
天线配置	1x1
分配的资源块数	1
每个资源块的子载波数	12
每个无线帧的无线子帧数	10
信道编码	TBCC

续表

参考信道	NB-IoT
调制方式	QPSK
目标码率	1/3
HARQ 传输次数	1
每个子帧的信息比特数	88
传输块 CRC 编码（bit）	24
每个子帧的码块数	1
每个子帧的比特数量	320
LTE CRS 端口数	N/A
NRS 端口数	1
NPDSCH 的重复传输次数	1
信道	AWGN
频率误差	None
时间误差	None

表 8-41　接收机参考灵敏度[2]

子载波间隔	工作模式	SNR	参考灵敏度
15kHz	所有	1.9dB	–108.2dBm

8.3.2.2　最大输入功率

最大输入功率为在保证性能损失不超过额定门限下的最大输入功率值，该最大输入功率为 UE 天线端口处接收的最大平均功率，该功率需要保证大于等于 95%最大吞吐量。NB-IoT UE 的最大输入功率为–25dBm。

8.3.2.3　相邻信道选择性

相邻信道选择性（ACS）指的是在相邻信道存在信号的情况下，UE 接收机接收有用信号的能力。相邻信道选择性定义为信道的接收滤波器在该信道上的衰减和对相邻信道信号的衰减的比值。NB-IoT UE 的 ACS 指标如表 8-42 所示。

表 8-42　NB-IoT UE ACS 指标要求[1]

ACS1 测试参数		
干扰信号	GSM (GMSK)	E-UTRA
NB-IoT UE 有用信号功率（dBm）	REFSENS + 14	
干扰信号功率（dBm）	REFSENS + 42	REFSENS + 47
干扰信号带宽	200 kHz	5 MHz
干扰信号中心频点与 NB-IoT UE 信道带宽边沿间隔	±200 kHz	±2.5 MHz
ACS2 测试参数		
干扰信号	GSM (GMSK)	E-UTRA
NB-IoT UE 有用信号功率（dBm）	−25 −28	−25 −33
干扰信号功率（dBm）	−25	
干扰信号带宽	200kHz	5MHz
干扰信号中心频点与 NB-IoT UE 信道带宽边沿间隔	±200kHz	±2.5MHz

8.3.2.4　阻塞

NB-IoT 终端侧接收机阻塞特性主要包括如下指标规范：（1）带内阻塞；（2）带外阻塞。下面对涉及规范逐一说明。

（1）带内阻塞

带内阻塞指的是当无用干扰信号落入 UE 接收频段内或者在接收频段上下 15MHz 的频域范围内，UE 在规定参考信道下，其吞吐量损失仍然不超过最小指标要求。NB-IoT UE 的带内阻塞指标要求如表 8-43 所示。

表 8-43　NB-IoT UE 带内阻塞指标要求[1]

IBB 1 测试参数	
NB-IoT UE 有用信号功率（dBm）	REFSENS + 6
干扰信号	E-UTRA
干扰信号功率（dBm）	− 56

续表

IBB 1 测试参数	
干扰信号带宽	5
干扰信号中心频点与 NB-IoT UE 信道带宽边沿间隔（MHz）	±7.5+0.007 5
IBB 2 测试参数	
NB-IoT UE 有用信号功率（dBm）	REFSENS + 6
干扰信号	E-UTRA
干扰信号功率（dBm）	–56
干扰信号带宽（MHz）	5
干扰信号中心频点与 NB-IoT UE 信道带宽边沿间隔（MHz）	+12.5 + 0.007 5 到 FDL_high + 15 和 –12.5 – 0.007 5 到 FDL_low–15

（2）带外阻塞

带外阻塞指的是当干扰信号落入 UE 接收带宽上下 15MHz 之外时，UE 在指定信道上接收有用信号的能力，即在规定参考信道下，其吞吐量损失仍然不超过最小指标要求。NB-IoT UE 的带外阻塞指标要求如表 8-44 所示。

表 8-44 NB-IoT UE 带外阻塞指标要求[1]

参数	单位	频率		
		范围 1	范围 2	范围 3
Pwanted	dBm	REFSENS + 6		
Pinterferer	dBm	–44	–30	–15
	MHz	F_{DL_low}–15～F_{DL_low} – 60	F_{DL_low} – 60～F_{DL_low} – 85	F_{DL_low}–85～1
	MHz	F_{DL_high} + 15～F_{DL_high} + 60	F_{DL_high} + 60～F_{DL_high} + 85	F_{DL_high}+85～12750

注 1：当 UE 工作频段为 729 MHz 到 1GH 时，频率范围 3 的指标需要进行修改，干扰信号功率应为（–18）dBm，干扰信号的频率范围应为 FDL_low – (150) MHz 到 FDL_high + (150) MHz；

注 2：当 UE 工作频段为 1805MHz 到 2200MHz 时，频率范围 3 的指标需要进行修改，干扰信号功率应为（–20）dBm，干扰信号的频率范围应为 FDL_low – (200) MHz 到 FDL_high + (200) MHz。

8.3.2.5　杂散响应

杂散响应是在无用连续单音信号的作用下，接收机在指定信道内接收有用信号的能力，需要保证其性能损失满足指标要求。该无用连续单音信号的频率范围是不能满足阻塞特性的其他任一频率的。NB-IoT UE 接收机杂散的指标要求如表 8-45 所示。

表 8-45　NB-IoT UE 杂散响应指标要求[1]

参数	单位	数值
P_{signal}	dBm	REFSENS+6
$P_{Interferer}$ (CW)	dBm	–44
$F_{Interferer}$	MHz	杂散响应频率
杂散响应频率的数量		24（OBB 范围 1，2，3）

注：NB-IoT UE 参考灵敏度参见第 8.3.2.1 节。

8.3.2.6　接收机互调特性

类似于 NB-IoT BS 接收机互调指标要求，两个射频信号的三阶或者更高阶的互调信号会落入有用信号工作频带内，影响带内信号的性能。接收机互调指标主要指的在给定的干扰信号配置条件下，接收机仍然可以保证在指定信道上的性能损失满足协议要求。NB-IoT UE 接收机互调指标如表 8-46 所示。

表 8-46　NB-IoT UE 宽带互调指标要求[1]

宽带互调信号的参数	
NB-IoT UE 有用信号功率（dBm）	REFSENS + 6
连续单音信号功率（dBm）	–46
1.4 MHz E-UTRA 干扰信号功率（dBm）	–46
连续单音载波频域间隔（MHz）	± 2.2
1.4 MHz E-UTRA 干扰信号频域间隔（MHz）	± 4.4

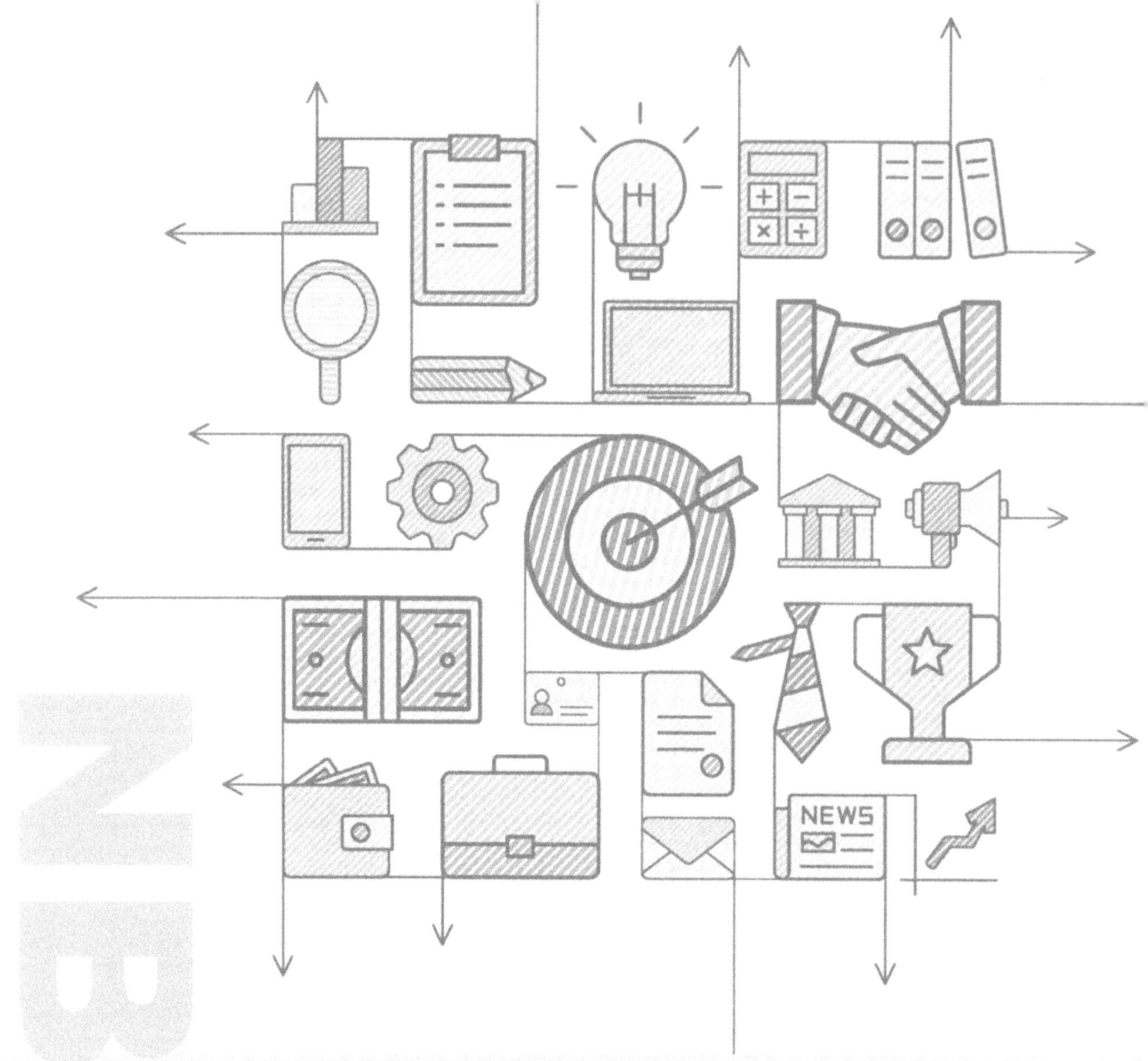

NB-IoT

Chapter 9

第9章

后续演进

9.1 R14 RAN WI 简介

2016 年 6 月，在韩国釜山召开的 3GPP #72 全会上 3GPP 批准了 Rel-14 NB-IoT WI “Enhancement of NB-IoT” [1]，计划在 2017 年 9 月前标准化增强版本的 NB-IoT。Rel-14 NB-IoT 包括 4 个方面的增强：

- 定位增强；
- 多播传输增强；
- 多载波增强；
- 移动性增强。

9.1.1 定位增强

随着物联网的发展以及 MTC 终端的广泛使用，MTC 的定位能力被提到议事进程上。例如在物流应用以及作为 sensor 部署的场景中，定位能力逐渐成为运行商和客户的重要需求。Rel-13 的 NB-IoT 因为带宽的限制无法直接使用能够保证一定精度的已有 LTE 版本的定位技术。另外，传统 LTE 的定位设计也无法满足覆盖增强的部署场景。所以，在 Rel-14 NB-IoT 中，定位增强成为 NB-IoT Rel-14 版本中最重要的组成部分。

3GPP 初步计划在 Rel-14 中支持两类定位方案，即 ECID 和 OTDOA/UTDOA 方式。

Enhanced Cell ID (ECID)：这是从 Rel-8 LTE 版中就存在的定位技术，主要使用蜂窝系统基站侧的信息及终端的辅助测量实现。这种方法定位精度虽然不高但是实现简单，在 Rel-14 支持只需要在 RAN4 中标准化相应的测量过程，无需 RAN1 的讨论。

Observed Time Difference of Arrival/Uplink Time Difference of Arrival (OTDOA/UTDOA)：这是两种基于到达时间测量的定位技术，基本原理类似于 Asisted Global Navigation Satellite System (A-GNSS)定位系统，但时间测量信号使用蜂窝系统自有信号。其中，OTDOA 通过终端测量多个基站的下行信号实现定位，而 UTDOA 则需要在多个基站测量终端的上行信号。两种方案各有利弊。3GPP 决定在 WI 进程中从定位精度、终端实现复杂度和终端功率消耗 3 个方面来评估取舍，初步计划在 3GPP #73 全会上决定使用哪种定位方案。

9.1.2　多播传输增强

针对 MTC 部署中终端固件、软件升级和组消息发送等应用场景，3GPP 决定在 Rel-14 版本中支持多播传输增强，主要研究将集中在增强 Rel-13 中 SC-PTM 技术实现下行的多播传输。在 WI 进程中将考虑 NB-IoT 的窄带特性，并在多播传输中继续支持覆盖增强。

9.1.3　多载波增强

多载波增强是在 Rel-13 中就开始初步讨论的技术。这项技术的原理是部署多个 NB-IoT 载波，各个载波之间通过一定的协作提供整体部署的容量和性能。在 Rel-14 中，3GPP 工作组将研究接入信号（NPRACH）和寻呼信号（Paging）在非锚点（non-anchor）载波上的传输。

9.1.4　移动性增强

Rel-13 版本 NB-IoT 基本针对静止的终端，对移动性的支持有一定限制。在 Rel-14

中，将重点研究对连接态移动性的增强以更好支持用户的服务连续性。

9.1.5　低功率终端

针对形状限制的电池（如纽扣电池）等因素提供低发射功率以及较小的耦合损耗的低功率级别的支持。涉及工作内容：

- 评估并引入新的 UE power class（RAN4）；
- 必要的信令支持（RAN2）；
- 对上下行发射功率确定、资源调度及 UL tone 选择、物理层重复次数的影响等。

9.2　R14 SA WI 简介

2016 年 6 月，在韩国釜山召开的 3GPP SA#72 全会上，3GPP 同意 SA2 开始研究 CIoT 的增强“Study on extended architecture support for Cellular Internet of Things”，计划在 2017 年 3 月前研究完增强版本的 CIoT。CIoT 的增强研究包括：

- UE 与 SCEF 之间的可靠性传输；
- 研究 NB-IoT 系统中的 MBMS 业务；
- 研究位置服务架构以适用控制面优化方案；
- 空闲态移动性增强；
- 控制面优化方案中服务质量的差异性；
- 控制面优化方案中核心网过载控制。

9.3　未来发展

在 Rel-14 中 NB-IoT 的增强是在现有频谱上 LTE 的演进，与此同时，3GPP 从 RAN1

#84bis 工作组会上开始讨论在 5G New Radio (NR) 范畴内进一步的 MTC 演进。

在 5G 部署场景研究的文献 TR 38.913[2]中，3GPP 定义了 3 种最重要的 5G 部署场景：

- 增强宽带移动通信（Enhanced mobile broadband）；
- 巨量机器类型通信（Massive machine-type-communications）；
- 超可靠及低时延通信（Ultra reliable and low latency communications）。

可见，Massive Machine Typye Communication (MMTC) 将是 5G NR 重要部署场景之一。对于 MMTC，NR 中主要的演进方向有 3 点。

（1）连接密度

这是 mMTC 最重要的设计增强目标，最终将保证支持大约 1 000 000 终端/平方千米的密度。如此密度的终端部署，需要解决包括干扰消除、多址和控制优化等一系列问题。

（2）终端功率消耗

MMTC 中进一步降低终端的功率消耗，降低终端的成本。

（3）覆盖增强

MMTC 将继续支持并拓展从 Rel-13 开始支持的覆盖增强。

缩　略　语

AB	Access Barring	接入阻止
ACK	Acknowledgement	肯定应答
APN	Access Point Name	接入点名称
AS	Application Server	应用服务器
AS	Access Stratum	接入层
BPSK	Binary Phase Shift Keying	二进制相移键控
CCDF	Complementary Cumulative Distribution Function	互补累积函数
CM	Cubic Metric	立方度量
CP	Control Plane	控制面
CRC	Cyclic Redundancy Check	循环冗余校验
CRS	Cell-specific Reference Signal	小区专有参考信号
CSFB	CS Fallback	电路业务回退
CSG	Closed Subscriber Group	封闭用户组
CSI	Channel Stated Information	信道状态信息
CSS	Cell-specific Search Space	小区专有搜索空间
DCI	Downlink Control Information	下行控制信息
DL Gap	Downlink Gap	下行传输间隔
DRB	Data Radio Bearer	数据无线承载
EPRE	Energy Per Resource Element	每个资源单元的能量

GBR	Guaranteed Bit Rate	保证比特率
HARQ	Hybrid Automatic Repeat Request	混合自动重传请求
HCO	Header Compression Configuration	头压缩配置
HeNB	Home eNB	家庭基站
HSS	Home Subscriber Server	归属数据存储器
H-SFN	Hyper SFN	超系统帧号
IDC	In-Device Coexistence	设备内共存
IP	Internet Protocol	因特网协议
MBMS	Multimedia Broadcast Multicast Service	多媒体广播组播业务
MBSFN	Multimedia Broadcast Multicast Service Single Frequency Network	多媒体广播组播业务单频网络
MCL	Maximum Coupling Loss	最大耦合损耗
MCS	Modulation and Coding Scheme	调制和编码方案
MDT	Minimization of Drive Tests	最小化路测
MIB-NB	Master Information Block for NB-IoT	NB-IoT 的主信息块
MME	Mobility Management Entity	移动性管理实体
NACK	Negative Acknowledgement	否定应答
NAICS	Network Assisted Interference Cancellation/ Suppression	网络辅助的干扰消除/抑制
NAS	Non Access Stratum	非接入层
NB-IoT	Narrow Band Internet of Things	窄带物联网
NCC	Next hop Chaining Counter	下一跳链接数
NCCE	Narrowband Control Channel Element	窄带控制信道单元
NCP	Narrowband Cyclic Prefix	循环前缀
NH	Next Hop	下一跳
NIDD	Non IP Data Delivery	非 IP 数据传输

NRS	Narrow Reference Signal	窄带参考信号
NSSS	Narrowband Secondary Synchronization Signal	窄带辅同步信号
NPBCH	Narrow band Physical Broadcast Channel	窄带物理广播信道
NPDCCH	Narrowband Physical Downlink Control Channel	窄带物理下行控制信道
NPDSCH	Narrow band Physical Downlink Shared Channel	窄带物理下行共享信道
NPSS	Narrowband Primary Synchronization Signal	窄带主同步信号
NPRACH	Narrowband Physical Random Access Channel	窄带随机接入信道
NPUSCH	Narrowband Physical Uplink Shared Channel	窄带物理上行共享信道
OFDM	Orthogonal Frequency Division Multiplexing	正交频分复用
PAPR	Peak Average Power Ratio	峰均比
PCFICH	Physical Control Format Indication Channel	物理控制格式指示信道
PCID	Physical Cell Identity	物理小区标识
PCO	Protocol Configuration Options	协议配置选项
PDCCH	Physical Downlink Control Channel	物理下行控制信道
PDN	Packet data network	分组数据网络
PDU	Protocol Data Unit	协议数据单元
PGW	PDN Gateway	分组数据网关
PHICH	Physical HARQ Indication Channel	物理 HARQ 指示信道
PHR	Power headroom Report	功率余量报告
PLMN	Public Land Mobile Network	公共陆地移动网络
PRB	Physical Resource Block	物理资源块
PSM	Power Szaving Mode	省电模式
PUCCH	Physical Uplink Control Channel	物理上行控制信道
QAM	Quadrature Amplitude Modulation	正交幅度调制
QPSK	Quadrature Phase Shift Keying	正交相移键控
RAR	Random Access Response	随机接入响应
RAT	Radio Access Technology	无线接入技术

RB	Resource Block	资源块
RE	Resource Element	资源单元
REGR	Resource Element Group	资源单元组
ROHC	RObust Header Compression	健壮性包头压缩
RSRP	Reference Signal Received Power	参考信号接收功率
RSRQ	Reference Signal Received Quality	参考信号接收质量
RU	Resource Unit	资源单元
RV	Redundancy Version	冗余版本
SCEF	Service Capability Exposure Function	业务能力开放功能实体
SCS	Services Capability Server	业务能力服务器
SFBC	Space Frequency Block Code	空频块码
SFN	System Frame Number	系统帧号
SGW	Serving Gateway	服务网关
SIB-NB	System Information Block for NB-IoT	NB-IoT 的系统信息块
SI	System Information	系统信息
SR	Scheduling Request	调度请求
TAU	Tracking Area Update	跟踪区更新
TBCC	Tail Biting Convolution Coder	咬尾卷积编码器
TBS	Transport Block Size	传输块大小
TEID	Tunneling Endpoint Identifier	隧道端点标识
TPC	Transmit Power Control	传输功率控制
TPSK	Tone Phase Shift Keying	音频相移键控
TU	Typical Urban	典型城市
UP	User Plane	用户面
USS	UE-specific Search Space	用户专有搜索空间

参考文献

第 1 章

[1] 3GPP, RP-151621, New Work Item: NarrowBand IOT (NB-IOT), Qualcomm Incorporated, RAN #69.

[2] 3GPP, R1-157741, Summary of NB-IoT evaluation results, Huawei, HiSilicon, RAN1 #83.

[3] 3GPP, RP-152284, Revised Work Item: Narrowband IoT (NB-IoT), Huawei, HiSilicon, RAN #70.

[4] 3GPP, TR 45.820, Cellular system support for ultra-low complexity and low throughput Internet of Things (CIoT), Release 13.

[5] 3GPP, SP-150167, New Study on Architecture enhancements of cellular systems for ultra low complexity and low throughput Internet of Things (Cellular IoT), Qualcomm, Intel, SA #67.

第 2 章

[1] 3GPP, TS 23.401. "GPRS enhancements for E-UTRAN access".

[2] 3GPP, TS 23.682. Architecture enhancements to facilitate communications with packet data networks and applications.

[3] 3GPP, TS 23.272. Circuit Switched (CS) fallback in Evolved Packet System (EPS); Stage 2.

第 3 章

[1] 王映民，孙韶辉，等. TD-LTE 技术原理与系统设计. 北京：人民邮电出版社.

[2] 3GPP, TS 36.300: "Evolved Universal Terrestrial Radio Access (E-UTRA) and Evolved Universal Terrestrial Radio Access (E-UTRAN); Overall description; Stage 2".

[3] 3GPP, TS 36.331: "Evolved Universal Terrestrial Radio Access (E-UTRA); Radio Resource Control (RRC); Protocol specification".

[4] 3GPP, TS 36.304: "Evolved Universal Terrestrial Radio Access (E-UTRA); UE Procedures in Idle Mode".

[5] 3GPP, TS 36.306: "Evolved Universal Terrestrial Radio Access (E-UTRA); User Equipment (UE) radio access capabilities".

[6] 3GPP, TS 36.321: "Evolved Universal Terrestrial Radio Access (E-UTRA); Medium Access Control (MAC) protocol specification".

[7] 3GPP, TS 36.322: "Evolved Universal Terrestrial Radio Access (E-UTRA); Radio Link Control (RLC) protocol specification".

[8] 3GPP, TS 36.323: "Evolved Universal Terrestrial Radio Access (E-UTRA); Packet Data Convergence Protocol (PDCP) Specification".

[9] 3GPP, R2-160414. ZTE. NB-IoT Support for Re-establishment. RAN2 NB-IoT AH#1 Meeting.

[10] 3GPP, R2-162357. ZTE. Considerations on CIoT indications in NB-IoT. RAN2 Meeting #93bis.

[11] 3GPP, R2-162355. ZTE. Msg3 in NB-IoT. RAN2 #93bis.

第 4 章

[1] 王映民，孙韶辉，等. TD-LTE 技术原理与系统设计. 北京：人民邮电出版社.

[2] 3GPP, TS 36.300: "Evolved Universal Terrestrial Radio Access (E-UTRA) and Evolved Universal Terrestrial Radio Access (E-UTRAN); Overall description; Stage 2".

[3] 3GPP, TS 36.331: "Evolved Universal Terrestrial Radio Access (E-UTRA); Radio Resource Control (RRC); Protocol specification".

[4] 3GPP, TS 36.321: "Evolved Universal Terrestrial Radio Access (E-UTRA); Medium Access Control (MAC) protocol specification".

[5] 3GPP, TS 36.322:"Evolved Universal Terrestrial Radio Access (E-UTRA); Radio Link Control (RLC) protocol specification".

[6] 3GPP, TS 36.323: "Evolved Universal Terrestrial Radio Access (E-UTRA); Packet Data Convergence Protocol (PDCP) Specification".

[7] 3GPP R2-162355. ZTE. Msg3 in NB-IoT. RAN2 #93bis.

第 5 章

5.2

[1] 3GPP, R1-160020, Synchronization signal design, Huawei, Hisilicon, RAN1 NB-IoT Ad-Hoc #1.

[2] 3GPP, R1-161957, NB-PSS Signal Design, Huawei, Hisilicon, RAN1 NB-IoT Ad-Hoc #2.

[3] 3GPP, R1-160079, NB-IoT Synchronization Channel Design, Ericsson, RAN1 NB-IoT Ad-Hoc #1.

[4] 3GPP, R1-160157, Synchronization signal design for NB-IoT, MediaTek Inc, RAN1 NB-IoT Ad-Hoc #1.

[5] 3GPP, R1-160129, NB-IoT Primary Synchronization Signal Design, Intel Corperation, RAN1 NB-IoT Ad-Hoc #1.

[6] 3GPP, R1-160105, N-PSS and N-SSS Design, Qualcomm Incorporated, RAN1 NB-IoT Ad-Hoc #1.

[7] 3GPP, R1-160115, Synchronization signal design for NB-IoT, LG Electronics, RAN1 NB-IoT Ad-Hoc #1.

[8] 3GPP, R1-160267, NB-IoT-Synchronization Channel Evaluations, Ericsson, RAN1 #84.

[9] 3GPP, R1-160312, Synchronization Signal Evaluations, Huawei, Hisilicon, RAN1 #84.

[10] 3GPP, R1-160312, On NB-IoT Primary Synchronization Signal Design, Intel, RAN1 #84.

[11] 3GPP, R1-160473, NB-PSS and NB-SSS design for NB-IoT, ZTE, RAN1 #84.

[12] 3GPP, R1-160618, Synchronization signal design for NB-IoT, LG Electronics, RAN1 #84.

[13] 3GPP, R1-160837, Evaluation results for NB-PSS/NB-SSS, MediaTek Inc, RAN1 #84.

[14] 3GPP, R1-160878, NB-PSS and NB-SSS design, Qualcomm Incorporated, RAN1 #84.

[15] 3GPP, R1-161860, NB-IoT-Synchronization Channel Evaluations, Ericsson, RAN1 NB-IoT Ad-Hoc #2.

[16] 3GPP, R1-161863, Remaining issues on PSS and SSS for NB-IoT, ZTE, RAN1 NB-IoT Ad-Hoc #2.

[17] 3GPP, R1-161896, Synchronization and cell search in NB-IoT: Performance evaluations, Intel, RAN1 NB-IoT Ad-Hoc #2.

[18] 3GPP, R1-161963, NB-PSS and NB-SSS design, Qualcomm Incorporated, RAN1 NB-IoT Ad-Hoc #2.

[19] 3GPP, R1-161945, Receiver complexity and performance for NB-IoT synchronization, MediaTek Inc, RAN1 NB-IoT Ad-Hoc #2.

[20] 3GPP, R1-161958, NB-PSS Evaluations, Huawei, Hisilicon, RAN1 NB-IoT Ad-Hoc #2.

[21] 3GPP, R1-161968, Synchronization signal design for NB-IoT, LG Electronics, RAN1.

NB-IoT Ad-Hoc #2.

[22] 3GPP, R1-161981, N-PSS and N-SSS Design, Qualcomm Incorporated, RAN1 NB-IoT Adhoc #2.

[23] 3GPP, R1-156009, Narrowband LTE-Synchronization Channel Design and Performance, Ericsson, RAN1 #82bis.

[24] 3GPP, R1-160130, NB-IoT Secondary Synchronization Signal Design, Intel Corperation, RAN1 NB-IoT Ad-Hoc #1.

[25] 3GPP, R1-160473, N-PSS and N-SSS Design for NB-IoT, ZTE, RAN1 #84.

[26] 3GPP, R1-162976, NB-IoT Secondary Synchronization Signal Design, Intel Corperation, RAN1 Meeting #84bis.

5.3

[1] 3GPP, R1-160042, NB-PBCH design for NB-IoT, ZTE, RAN1 NB-IoT Ad-Hoc #1.

[2] 3GPP, R1-160073, NB-IoT-NB-PBCH design, Ericsson, RAN1 NB-IoT Ad-Hoc #1.

[3] 3GPP, R1-160138, NB-PBCH Design, Samsung, RAN1 NB-IoT Ad-Hoc #1.

[4] 3GPP, R1-160213, WF on NB-PBCH transmission, Huawei, RAN1 NB-IoT Ad-Hoc #1.

[5] 3GPP, R1-161434, WF on NB-PBCH Rate Matching and RE Mapping, Intel Corporation, ALU, ASB, MediaTek, Nokia, ZTE, RAN1 #84.

[6] 3GPP, R1-156802, Downlink Performance Evaluations for In-band Operation, Samsung, RAN1 #83.

5.4

[1] 3GPP, R1-160045, Multiplexing of downlink channels for NB-IoT, ZTE, RAN1 NB-IoT Ad-Hoc #1.

[2] 3GPP, R1-160175, NB-PDCCH Design for NB-IoT, Sony, RAN1 NB-IoT Ad-Hoc #1.

[3] 3GPP, R1-160063, Downlink resource multiplexing for NB-IoT, Sharp, RAN1 NB-IoT

Ad-Hoc #1.

[4] 3GPP, R1-160469, Scheduling of DL and UL Data Channels for NB-IoT, ZTE, RAN1 #84.

[5] 3GPP, R1-160162, Discussion on scheduling timing for NB-IoT, MediaTek, RAN1 NB-IoT Ad-Hoc #1.

[6] 3GPP, R1-160480, Consideration on uplink data transmission for NB-IoT, ZTE, RAN1 #84

[7] 3GPP, R1-160044, NB-PDCCH Design of NB-IoT, ZTE, RAN1 NB-IoT Ad-Hoc #1.

[8] 3GPP, R1-160014, NB-PDCCH design for NB-IoT, Nokia Networks, RAN1 NB-IoT Ad-Hoc #1.

[9] 3GPP, R1-160113, Discussions on NB-PDCCH design for NB-IoT, LG Electronics, RAN1 NB-IoT Ad-Hoc #1.

5.5

[1] 3GPP, R1-160048, Considerations on NB-PDSCH design for NB-IoT, ZTE, RAN1 NB-IoT Ad-Hoc #1.

[2] 3GPP, R1-160211, WF on NB-IoT Transmission Schemes and Transmission Modes, Huawei, HiSilicon, CMCC, Ericsson, Intel, Lenovo, MediaTek, RAN1 NB-IoT Ad-Hoc #1.

5.6

[1] 3GPP, R1-160050, Consideration on TM-RS for NB-IoT, ZTE, RAN1 NB-IoT Ad-Hoc #1.

[2] 3GPP, R1-160001, Downlink reference signal design for NB-IoT, Nokia Networks, RAN1 NB-IoT Ad-Hoc #1.

[3] 3GPP, R1-160083, NB-IoT-DL reference signals, Ericsson, RAN1 NB-IoT Ad-Hoc #1.

[4] 3GPP, R1-160160, Transmission scheme and RS design for NB-IoT, MediaTek, RAN1 NB-IoT Ad-Hoc #1.

[5] 3GPP, R1-160106, Reference Signal Design, Qualcomm Inc, RAN1 NB-IoT Ad-Hoc #1.

[6] 3GPP, R1-160475, Details on NB-RS for NB-IoT, ZTE, RAN1 #84.

[7] 3GPP, R1-161864, Remaining issues on NB-RS for NB-IoT, ZTE, RAN1 NB-IoT Ad-Hoc #2.

[8] 3GPP, R1-161831, NB-IoT-NB-RS, Ericsson, RAN1 NB-IoT Ad-Hoc #2.

[9] 3GPP, R1-161948, Remaining issues on NB-RS, MediaTek Inc, RAN1 NB-IoT Ad-Hoc #2.

[10] 3GPP, R1-161807, Remaining details of downlink reference signal design, Huawei, HiSilicon, RAN1 NB-IoT Ad-Hoc #2.

[11] 3GPP, R4-160989, RRM measurement simulation results for NB-IoT for normal coverage, Ericsson, RAN4 #78.

[12] 3GPP, R4-164142, Link level evaluation for RRM measurements for NB-IoT Stand-alone and In-band deployments, Nokia, RAN4 #79.

[13] 3GPP, R1-168444, Corrections on the presence of NRS for Stand-alone and Guard-band operation mode in TS 36.211, Huawei, HiSilicon, RAN1 #86.

5.7

[1] R1-160474, Remaining issues on Channel Raster for NB-IoT, ZTE RAN1 NB-IoT Ad-Hoc #1.

[2] R1-156924, Analysis of Channel Raster Impact on NB-IoT, HUAWEI RAN1 #83.

[3] R4-164452, 36.104 Change Request 0800.

[4] 3GPP, R1-168507, Phase difference between NRS and CRS, Qualcomm, RAN1 #86.

5.8

[1] 3GPP, R1-157647, Summary of evaluation results, Huawei, HiSilicon. RAN1 #83.

[2] 3GPP, R1-160044, NB-PDCCH Design of NB-IoT, ZTE, RAN1 NB-IoT Ad-Hoc #1.

[3] 3GPP, R1-161859, Remaining Issues on NB-PDCCH Design of NB-IoT, ZTE, RAN1 NB-IoT Ad-Hoc #2.

[4] 3GPP, R1-161822, NB-IoT-Search space design considerations, Ericsson, RAN1 NB-IoT Ad-Hoc #2.

[5] 3GPP, R1-162744, NB-IoT-Remaining issues for NPDSCH design, Ericsson, RAN1 #84bis.

[6] 3GPP, R1-162973, DL gaps and remaining details of timing relationships for NB-IoT, Intel, RAN1 #84bis.

[7] 3GPP, R1-162459, Remaining issues on NB-PDSCH, LG Electronics, RAN1 #84bis.

[8] 3GPP, R1-163011, NB-PDSCH design, Qualcomm, RAN1 #84bis.

[9] 3GPP, R1-162757, Remaining Issues on NB-PDCCH Design of NB-IoT, ZTE, RAN1 #84bis.

第 6 章

6.2

[1] 3GPP, TS 36.211 V13.2.0 Physical channels and modulation.

[2] 3GPP, R1-160053, Uplink Data channel with 15kHz Subcarrier Spacing for NB-IoT, ZTE, RAN1 NB-IoT Ad-Hoc #1.

[3] 3GPP, R1-160061, NB-IoT link level evaluation, Panasonic, RAN1 NB-IoT Ad-Hoc #1.

[4] 3GPP, R1-160122, Discussions on PUSCH design for NB-IoT, LG Electronics, RAN1 NB-IoT Ad-Hoc #1.

[5] 3GPP, R1-167316, Remaining issue on collision of NPUSCH and NPRACH, ZTE, RAN1 #86.

[6] 3GPP, R1-167991, Correction on UL collisions in TS 36.211 Huawei, HiSilicon, RAN1 #86.

6.3

[1] 3GPP, R1-160479, Uplink HARQ-ACK transmission for NB-IoT, ZTE, RAN1 #84.

[2] 3GPP, R1-160055, Uplink HARQ-ACK transmission for NB-IoT, ZTE, RAN1 NB-IoT

Ad-Hoc #1.

[3] 3GPP, R1-160033, UCI for NB-IoT, Huawei, RAN1 NB-IoT Ad-Hoc #1.

[4] 3GPP, R1-160117, Overall discussion on Uplink Transmission for NB-IoT, LGE, RAN1 NB-IoT Ad-Hoc #1.

[5] 3GPP, R1-160168, Considerations on uplink information, MediaTek, RAN1 NB-IoT Ad- Hoc #1.

[6] 3GPP, R1-160772, Preliminary evaluation on NB-PUCCH for ACK/NACK transmission, MediaTek, RAN1 #84.

6.4

[1] 3GPP, R1-155801, Overview on design of uplink for NB-IoT, LG, RAN1 #82bis.

[2] 3GPP, R1-155802, Discussion on PRACH for NB-IoT, LG, RAN1 #82bis.

[3] 3GPP, R1-155973, On the RACH design for SC-FDMA uplink, Huawei, RAN1 #82bis.

[4] 3GPP, R1-156011, Narrowband LTE-Random Access Design, Ericsson, RAN1 #82bis.

[5] 3GPP, R1-156628, Physical Random Access Channel Design of NB-IoT, ZTE, RAN1 #83.

[6] 3GPP, R1-160316, NB-PRACH design, Huawei, RAN1 #84.

[7] 3GPP, R1-160275, NB-IoT Single-tone Frequency NB-PRACH Design, Ericsson, RAN1 #84.

[8] 3GPP, R1-160317, NB-PRACH evaluation, Huawei, RAN1 #84.

[9] 3GPP, R1-160482, Single-tone PRACH for NB-IoT, ZTE, RAN1 #84.

[10] 3GPP, R1-160622, Single-tone random access procedure for NB-IoT, LG, RAN1 #84.

[11] 3GPP, TS36.104.

[12] 3GPP, R1-157424, Narrowband IoT-Random Access Design, Ericsson, RAN1 #83.

[13] 3GPP, R1-161812, NB-PRACH design, Huawei, RAN1 NB-IoT Ad-Hoc #2, March 2016.

[14] 3GPP, R1-161872, Remaining issues on Single-tone PRACH for NB-IoT, ZTE, RAN1 NB-IoT Ad-Hoc #2, March 2016.

[15] 3GPP, R1-161873, UL power control for NB-IoT, ZTE, RAN1 NB-IoT Ad-Hoc #2, March 2016.

[16] 3GPP, R1-162765, Remaining issues on UL power control for NB-IoT, ZTE, RAN1 #84bis.
[17] 3GPP, R1-162780, NB-IoT-Remaining issues for random access procedure, Ericsson, RAN1 #84bis.
[18] 3GPP, R1-168364, Correction on NPRACH in TS 36.211, Huawei, HiSilicon, RAN1 #86.

6.5

[1] 3GPP, R1-160054. Uplink Data Channel with 3.75kHz Subcarrier Spacing for NB-IoT, ZTE, RAN1 NB-IoT Ad-Hoc #1.
[2] 3GPP, R1-160034, NB-PUSCH design, Huawei, HiSilicon, RAN1 NB-IoT Ad-Hoc #1.
[3] 3GPP, R1-161810, NB-DMRS design, Huawei, HiSilicon, RAN1 NB-IoT Ad-Hoc #2.
[4] 3GPP, R1-161979, Remaining issues of uplink DMRS for NB-IoT, Lenovo, RAN1 NB-IoT Ad-Hoc #2.
[5] 3GPP, R1-161871, UCI transmission for NB-IoT, ZTE, RAN1 NB-IoT Ad-Hoc #2.
[6] 3GPP, R1-163017, Remaining details of UL control design, Qualcomm Incorporated, RAN1 #84bis.

[7] 3GPP, R1-163261, Remaining Issues on UCI transmission, MediaTek Inc, RAN1 #84bis.
[8] 3GPP, R1-163806, WF on 3 tone DMRS, Qualcomm, RAN1 #84bis.
[9] 3GPP, R1-160053, Uplink Data Channel with 15kHz Subcarrier Spacing for NB-IoT, ZTE, RAN1 NB-IoT Ad-Hoc #1.
[10] 3GPP, R1-160274, NB-IoT-UL Reference signals, Ericsson, RAN1 #84.
[11] 3GPP, R1-160477, Uplink DM RS design for NB-IoT, ZTE, RAN1 #84.
[12] 3GPP, R1-161851, On UL DMRS design for NB-IoT, Nokia Networks, Alcatel-Lucent, Alcatel-Lucent Shanghai Bell, RAN1 NB-IoT Ad-Hoc #2.
[13] 3GPP, R1-161971, Discussions on uplink narrowband DMRS for NB-IoT, LG Electronics, RAN1 NB-IoT Ad-Hoc #2.
[14] 3GPP, R1-160122, Overall discussion on Uplink Transmission for NB-IoT, LG

Electronics, RAN1 NB-IoT Ad-Hoc #1.

[15] 3GPP, R1-161971, Discussions on uplink narrowband DMRS for NB-IoT, LG Electronics, RAN1 NB-IoT Ad-Hoc #2.

[16] 3GPP, R1-161810, NB-DMRS design, Huawei, HiSilicon, RAN1 NB-IoT Ad-Hoc #2.

[17] 3GPP, R1-161942, Uplink narrowband DM-RS, Qualcomm Inc, RAN1 NB-IoT Ad-Hoc #2.

[18] 3GPP, R1-162023, WF on UL DM-RS Sequence Generation, Qualcomm Inc, RAN1 NB-IoT Ad-Hoc #2.

[19] 3GPP, R1-162762, Uplink DMRS design for NB-IoT, ZTE, RAN1 #84bis.

[20] 3GPP, R1-163437, WF on DMRS Multi-tone evaluation methods, Ericsson, Nokia, Lenovo, LG, ZTE, RAN1 #84bis.

[21] 3GPP, R1-163342, NB-DMRS design, Huawei, HiSilicon, RAN1 #84bis.

[22] 3GPP, R1-162730, UL DMRS sequence for NB-IoT, Lenovo (Beijing) Ltd, RAN1 #84bis.

[23] 3GPP, R1-162462, Remaining issues on narrowband DMRS design, LG Electronics, RAN1 #84bis.

[24] 3GPP, R1-162777, NB-IoT-UL Reference signals, Ericsson, RAN1 #84bis.

[25] 3GPP, R1-162906, On UL DMRS design for NB-IoT, Nokia Alcatel-Lucent Shanghai Bell, RAN1 #84bis.

[26] 3GPP, R1-163016, Remaining details of uplink reference signal design, Qualcomm Inc, RAN1 #84bis.

[27] 3GPP, TS 36.211 V13.2.0 Physical channels and modulation.

6.7

[1] 3GPP, R4-164201, NB IoT UL Transmission Period and Transmission Gaps, Sony.

[2] 3GPP, R4-164008, UL transmission gap, Huawei.

[3] 3GPP, R4-163255, Simulation results of UCG parameters for NB-IoT, Intel.

[4] 3GPP, R4-164246, On UL Gaps for Frequency Error Correction, Qualcomm.

6.8

[1] 3GPP, R1-160882, PAPR and Effective Transmit Power of UL Modulations for NB-IoT, Qualcomm Incorporated, RAN1 #84.

[2] 3GPP, R1-150273, UL spectrum characteristics, relative cubic metric, and performance with PA model, Ericsson, RAN1 #84.

[3] 3GPP, R1-157276, Evaluation of SC-FDMA UL for NB-IoT, Nokia Networks, RAN1 #83.

[4] 3GPP, GP-140842, Narrow band OFDMA- Tone-Phase-Shift Keying Modulation, Qualcomm Incorporated, GERAN #64.

[5] 3GPP, R1-160881, Description of 8-BPSK and TPSK for the NB-IoT uplink, Qualcomm Incorporated, RAN1 #84.

[6] 3GPP, R1-160481, Modulation and PAPR Reduction for Uplink of NB-IoT, ZTE, RAN1 #84.

[7] 3GPP, R1-155517, Narrowband IoT-Performance Evaluations of Uplink Channels, Samsung, RAN1 #82 bis.

[8] 3GPP, R1-156627, PAPR Reduction for Uplink of NB-IoT, ZTE, RAN1 #83.

[9] C. H. Yuen and B. Farhang-Boroujeny, “Analysis of the optimum precoder in SC-FDMA,” IEEE Trans. on Wireless Communications, Nov., 2012.

第 7 章

7.1

[1] 3GPP TS 23.401, "General Packet Radio Service (GPRS) enhancements for Evolved Universal Terrestrial Radio Access Network (E-UTRAN) access".

[2] 3GPP, TS 23.682, Architecture enhancements to facilitate communications with packet data networks and applications.

[3] 3GPP, TS 24.301 "Non-Access-Stratum (NAS) protocol for Evolved Packet System (EPS); Stage 3".

[4] 3GPP, TS 29.274 "3GPP Evolved Packet System (EPS); Evolved General Packet Radio Service (GPRS) Tunnelling Protocol for Control plane (GTPv2-C); Stage 3".

[5] 3GPP, TS 29.128 "Mobility Management Entity (MME) and Serving GPRS Support Node (SGSN) interfaces for interworking with packet data networks and applications".

[6] 3GPP, TS 33.401 "3GPP System Architecture Evolution (SAE); Security architecture ".

[7] IETF RFC 4995 "The RObust Header Compression (ROHC) Framework".

7.2

[1] 3GPP, TS 36.331: "Evolved Universal Terrestrial Radio Access (E-UTRA); Radio Resource Control (RRC); Protocol specification".

7.3

[1] 3GPP, TS 36.322: "Evolved Universal Terrestrial Radio Access (E-UTRA); Radio Link Control (RLC) protocol specification".

[2] 3GPP, TS 36.323: "Evolved Universal Terrestrial Radio Access (E-UTRA); Packet Data Convergence Protocol (PDCP) Specification".

[3] 3GPP, TS 36.331: "Evolved Universal Terrestrial Radio Access (E-UTRA); Radio Resource Control (RRC); Protocol specification".

[4] 3GPP, TS 36.133: "Evolved Universal Terrestrial Radio Access (E-UTRA); Requirements for support of radio resource management".

[5] 3GPP, TS 36.321: "Evolved Universal Terrestrial Radio Access (E-UTRA); Medium Access Control (MAC) protocol specification".

7.4

[1] 3GPP, TS 36.304. Evolved Universal Terrestrial Radio Access (E-UTRA), User Equipment (UE) procedures in idle mode (Release 13).

[2] 3GPP, TS 36.300. Evolved Universal Terrestrial Radio Access (E-UTRA) and Evolved Universal Terrestrial Radio Access Network (E-UTRAN); Overall description; Stage 2(Release 13).

[3] 3GPP, TS 36.413. Evolved Universal Terrestrial Radio Access Network (E-UTRAN); S1 Application Protocol (S1AP) (Release 13).

[4] 3GPP, TS 36.331. Evolved Universal Terrestrial Radio Access (E-UTRA); Radio Resource Control (RRC); Protocol specification (Release 13).

7.6

[1] 3GPP, TS 23.720 V13.0.0 Study on architecture enhancements for Cellular Internet of Things.

[2] 3GPP, TS 36.104 V13.2.0 Base Station (BS) radio transmission and reception.

[3] 3GPP, TS 36.331 V13.2.0 Radio Resource Control (RRC).

[4] 3GPP, TS 23.401 V13.7.0 Evolved Universal Terrestrial Radio Access Network (E-UTRAN) access.

[5] 3GPP, RP-161324, 3GPP WI: Enhancements of NB-IoT, Vodafone, Huawei, HiSilicon, Ericsson, Qualcomm, RAN #72.

7.7

[1] 王映民，孙韶辉，等. TD-LTE 技术原理与系统设计，人民邮电出版社.

[2] 3GPP, TS 36.331: "Evolved Universal Terrestrial Radio Access (E-UTRA); Radio Resource Control (RRC); Protocol specification".

[3] 3GPP, TS 33.401: "3GPP System Architecture Evolution (SAE); Security architecture".

[4] 3GPP, R2-162356. ZTE. Remaining issues for UP solution. 3GPP TSG RAN WG2 Meeting #93bis.

7.8

[1] 3GPP, TS 36.331: "Evolved Universal Terrestrial Radio Access (E-UTRA); Radio Resource Control (RRC); Protocol specification".

[2] 3GPP, TS 36.413: "Evolved Universal Terrestrial Radio Access (E-UTRAN); S1 Application Protocol (S1 AP)".

7.9

[1] 3GPP, TS 23.122 V13.5.0 Non-Access-Stratum (NAS) functions related to Mobile Station (MS) in idle mode.

[2] 3GPP, TS 24.301 V13.6.1 Non-Access-Stratum (NAS) protocol for Evolved Packet System (EPS).

[3] 3GPP, TS 36.304 V13.2.0 User Equipment (UE) procedures in idle mode.

[4] 3GPP, TS 36.331 V13.2.0 Radio Resource Control (RRC).

7.10

7.10.1.1.1

[1] 3GPP, R1-160175, NB-PDCCH Design for NB-IoT, Sony, RAN1 NB-IoT Ad-Hoc 1.

[2] 3GPP, R1-160074, NB-IoT-NB-PDCCH design, Ericsson, RAN1 NB-IoT Ad-Hoc 1.

[3] 3GPP, R1-161841, DCI design for NB-IoT, Nokia Networks, RAN1 NB-IoT Ad-Hoc 2.

[4] 3GPP, R1-161921, Start timing indication method of NB-PDSCH and NB-PUSCH, Panasonic, RAN1 NB-IoT Ad-Hoc 2.

[5] 3GPP, R1-160469, Scheduling of DL and UL Data Channels for NB-IoT, ZTE, RAN1 #84.

7.10.1.1.2

[1] 3GPP, R1-162628, UCI for NB-IoT, Huawei, HiSilicon, RAN1 #84bis.

[2] 3GPP, R1-162907, Remaining issues on UCI, Nokia, Alcatel-Lucent Shanghai Bell, RAN1 #84bis.

[3] 3GPP, R1-163278, Remaining Issues on UCI Transmission, Samsung, RAN1 #84bis.

[4] 3GPP, R1-162980, Remaining details of UCI and DL HARQ-ACK feedback, Intel Corporation, RAN1 #84bis.

[5] 3GPP, R1-163261, Remaining issue on UCI transmission, MediaTek Inc,. RAN1 #84bis.

[6] 3GPP, R1-162778, NB-IoT-Remaining issues for UCI, Ericsson, RAN1 #84bis.

[7] 3GPP, R1-162763, Remaining issues on UCI transmission for NB-IoT, ZTE, RAN1 #84bis.

[8] 3GPP, R1-162836, A/N resource indication for NB-IoT, Sharp, RAN1 #84bis.

7.10.1.2.2

[1] 3GPP, R1-161875, NB-IoT-Uplink control information, Ericsson, RAN1 NB-IoT Ad-Hoc #2.

[2] 3GPP, R1-161910, Discussion on UCI transmission for NB-IOT, MediaTek Inc, RAN1

NB-IoT Ad-Hoc #2.

[3] 3GPP, R1-162763, Remaining issues on UCI transmission for NB-IoT, ZTE, RAN1 #84bis.

7.10.1.3.2

[1] 3GPP, R1-160471, Further Considerations on NB-PDSCH Design for NB-IoT, ZTE, RAN1 NB-IoT Meeting #84.

[2] 3GPP, R1-161860, Further considerations on NB-PDSCH design for NB-IoT, ZTE, RAN1 NB-IoT Ad-Hoc Meeting.

[3] 3GPP, R1-161805, NB-PDSCH design, Huawei, HiSilicon, RAN1 NB-IoT Ad-Hoc Meeting.

7.10.1.4

[1] 3GPP, R1-161866, DL power allocation for NB-IoT, ZTE, RAN1 NB-IoT Ad-Hoc #2.

[2] 3GPP, R1-161814, Downlink power allocation, Huawei, HiSilicon, RAN1 NB-IoT Ad-Hoc #2.

[3] 3GPP, TS 36.213, "Evolved Universal Terrestrial Radio Access (E-UTRA); Physical layer procedures ".

[4] 3GPP, TS 36.331, "Evolved Universal Terrestrial Radio Access (E-UTRA); Radio Resource Control (RRC) protocol specification".

[5] 3GPP, R1-162631, Uplink power control, Huawei, HiSilicon, RAN1 #84bis.

7.10.2.2

[1] 3GPP, R1-160271, NB-IoT-NB-PUSCH design, Ericsson, RAN1 #84.

[2] 3GPP, R1-161885, NB-PUSCH resource allocation, Huawei, HiSilicon, RAN1 NB-IoT Ad-Hoc #2.

[3] 3GPP, R1-161909, Resource allocation of NB-PUSCH, MediaTek Inc, RAN1 NB-IoT Ad-Hoc #2.

[4] 3GPP, R1-161868, Resource allocation of uplink data channel for NB-IoT, ZTE, RAN1

NB-IoT Ad-Hoc #2.
[5] 3GPP, R1-161954, Resource allocation for NB-PUSCH, Sharp, RAN1 NB-IoT Ad-Hoc #2.
[6] 3GPP, R1-161970, Remaining issues on NB-PUSCH design for NB-IoT, LG Electronics, RAN1 NB-IoT Ad-Hoc #2.

7.10.2.3.2

[1] 3GPP, TS 36.213 V13.2.0, Physical layer procedures.
[2] 3GPP, R1-161867, Remain issues on uplink data transmission for NB-IoT, ZTE, 3GPP TSG RAN1 NB-IoT Ad-Hoc Meeting.
[3] 3GPP, R1-160271, NB-PUSCH Design, Ericsson, 3GPP TSG RAN1 Meeting #84.
[4] 3GPP, R1-160880, UL Data Channel Design, Qualcomm Incorporated, 3GPP TSG RAN1 Meeting #82.

7.10.2.4.2

[1] 3GPP, R1-160059, UL power control for NB-IoT, ZTE, RAN1 NB-IoT Ad-Hoc.
[2] 3GPP, R1-161815, Uplink power control, Huawei, HiSilicon, RAN1 NB-IoT Ad-Hoc #2.
[3] 3GPP, R1-161855, UL power control for NB-IoT, Nokia Networks, Alcatel-Lucent, Alcatel-Lucent Shanghai Bell, RAN1 NB-IoT Ad-Hoc #2.
[4] 3GPP, R1-162765, Remaining issues on UL power control for NB-IoT, ZTE, RAN1 #84bis.
[5] 3GPP, R1-162837, Remaining issues on transmit power control for NB-IoT, Sharp, RAN1 #84bis.
[6] 3GPP, R1-163279, Remaining Details on Uplink Power Control, Samsung, RAN1 #84bis.
[7] 3GPP, R1-162978, Remaining details of NB-PUSCH, Intel, RAN1#84bis.
[8] 3GPP, R1-162904, UL power control for NB-IoT, Nokia Networks, Alcatel-Lucent, Alcatel-Lucent Shanghai Bell, RAN1 #84bis.
[9] 3GPP, R1-162921, NB-IoT-Remaining issues on UL power control, Ericsson, RAN1#84bis.
[10] 3GPP, TS 36.101: "Evolved Universal Terrestrial Radio Access (E-UTRA); User

Equipment (UE) radio transmission and reception".
[11] 3GPP, TS 36.321, "Evolved Universal Terrestrial Radio Access (E-UTRA); Medium Access Control (MAC) protocol specification".
[12] 3GPP, TS 36.214: "Evolved Universal Terrestrial Radio Access (E-UTRA); Physical layer-Measurements".
[13] 3GPP, TS 36.331, "Evolved Universal Terrestrial Radio Access (E-UTRA); Radio Resource Control (RRC) protocol specification".
[14] 3GPP, TS 36.133, "Evolved Universal Terrestrial Radio Access (E-UTRA); Requirements for support of radio resource management".

7.11

[1] 3GPP, TS 36.331: "Evolved Universal Terrestrial Radio Access (E-UTRA); Radio Resource Control (RRC); Protocol specification".
[2] 3GPP, TS 36.413: "Evolved Universal Terrestrial Radio Access (E-UTRAN); S1 Application Protocol (S1 AP)".

第 8 章

8.1

[1] 3GPP, R4-162833, Way forward on handling of CDMA and NB-IoT coexistence study, China Telecom, 3GPP RAN4#78bis.
[2] 3GPP, RP-160770, Motivation for new study item on NB-IoT RF requirement for coexistence with CDMA, 3GPP RAN#72.

[3] 3GPP, R4-160173, Updated simulation results for In-band scenario, ZTE, 3GPP RAN4#78.

[4] 3GPP, R4-160174, Updated simulation results for Guard-band scenario, ZTE, 3GPP RAN4#78.

[5] 3GPP, R4-161281, Summary of coexistence results for NB-IoT, Ericsson, 3GPP RAN4#78.

[6] 3GPP, R4-161295, WF on Coexistence Stand-alone, Ericsson, 3GPP RAN4#78.

[7] 3GPP, RP-160973, TR 36.802 V1.0.0: NB-IoT Technical Report for BS and UE radio transmission and reception, Huawei, 3GPP RAN#72.

[8] 3GPP, R4-162805, Summary of coexistence simulation results for In-band and Guard-band, Huawei, Ericsson, Intel, Nokia Networks, ZTE, 3GPP RAN4#78bis.

[9] 3GPP, R4-162806, WF on coexistence simulation results for In-band and Guard-band, Huawei, Ericsson, Intel, Nokia Networks, ZTE, 3GPP RAN4#78bis.

[10] 3GPP, R4-161941, "Summary of power leakage level between LTE and NB-IoT", ZTE, 3GPP, RAN4#78bis.

[11] 3GPP, R4-161942, "Updated simulation results for In-band scenario", ZTE, 3GPP RAN4#78bis.

[12] 3GPP, R4-161943, "Updated simulation results for Guard-band scenario", ZTE, 3GPP RAN4#78bis.

8.2

[1] 3GPP, R4-164452, CR to TS36.104 for NB-IoT feature introduction, 3GPP RAN4#79, Ericsson, Nokia, CMCC, Huawei, NTT Docomo.

[2] 3GPP, R4-77, NB-IoT-0044, In-band power boosting for NB-IoT, Ericsson, 3GPP RAN4#77 NB-IoT AH.

[3] 3GPP, R4-164506, WF on BS RF Rx REFSENS requirement, Ericsson, Huawei, CMCC, Docomo, Nokia, ZTE, 3GPP RAN4#79.

[4] 3GPP, R4-164476, BS RF Rx Dynamic Range requirement, Ericsson, Huawei, ZTE, 3GPP RAN4#79.

8.3

[1] 3GPP, R4-163826, Category NB1 CR for 36.101, Nokia, Interdigital, SONY, Telecom Italia, RAN4#79.

[2] 3GPP, R4-78AH-0231, WF for NB-IoT REFSENS, repetitions and OOB, Nokia, RAN4# NB-IoT Ad-Hoc 2.

第 9 章

[1] 3GPP, RP-161296, New WI proposal on Further Enhanced MTC, Vodapone, RAN #68.

[2] 3GPP, TR 38.913, Study on Scenarios and Requirements for Next Generation Access Technologies.

www.ingramcontent.com/pod-product-compliance
Ingram Content Group UK Ltd.
Pitfield, Milton Keynes, MK11 3LW, UK
UKHW062005290726
14090UKWH00022B/1403